# 오스트리아 홀리데이

# 오스트리아 홀리데이

2023년 7월 20일 개정 2판 2쇄 펴냄

**지은이**　김나성, 우지경
**발행인**　김산환
**책임편집**　윤소영
**디자인**　윤지영
**지도**　글터
**펴낸 곳**　꿈의지도
**출력**　태산아이
**인쇄**　다라니
**종이**　월드페이퍼

**주소**　경기도 파주시 경의로 1100, 604호
**전화**　070-7535-9416
**팩스**　031-947-1530
**홈페이지**　blog.naver.com/mountainfire
**출판등록**　2009년 10월 12일 제82호

979-11-6762-033-0
979-11-86581-33-9-14980(세트)

# AUSTRIA
# 오스트리아 홀리데이

김나성 · 우지경 지음

꿈의지도

# 프롤로그

음악과 요리를 전공한 저에게 오스트리아는 꿈의 나라입니다. 제 취재 소식을 듣고 잘츠부르크에서 유학했던 친구는 울먹이며 그곳을 그리워했습니다. 비엔나에 가봤다는 지인들은 입이 마르고 닳도록 칭송했습니다. 저의 기대감은 풍선처럼 부풀었습니다. 떠나기 전 보았던 영화 〈미션 임파서블 5〉의 첫 장면에는 비엔나 국립 오페라 극장이 등장합니다. 푸치니의 '네순도르마'가 흐르고, 조명보다 더 반짝이는 드레스를 입은 사람들이 스크린을 채웠습니다. 그때부터 심장은 다스리기 힘들 정도로 쿵쾅거렸습니다. 그리고 그 아리아를 흥얼거리며 오스트리아에 첫 발을 내디뎠습니다. 골목마다 모차르트 선율이 흐르고, 커피와 맛난 음식 향이 사방에서 유혹했습니다. 만년설로 치장한 알프스 산맥은 다리에 힘이 풀릴 정도로 아름다웠고, 고개 돌리면 조우하는 클림트와 에곤 실레는 환희를 선사했습니다. 원고에 마지막 점을 찍는 순간까지 행복했습니다. 제 행복의 나라가 여러분에게도 그렇게 다가가기를 바랍니다.

〈오스트리아 홀리데이〉는 국내 최초 오스트리아 단독 가이드북입니다. 처음이라는 것은 설렘과 두려움의 교차점에 있습니다. 적시에 파란불을 켜주고, 끊임없이 심장의 연료를 부어주신 분들께 감사드립니다. 덕분에 옹골진 책을 만들 수 있었습니다.

*Special Thanks to*

〈오스트리아 홀리데이〉의 길라잡이 Nicole Kirchmeyr, Laura Wagner, Verena Hable, 슈퍼맨처럼 적시적소에 나타나준 Elisabeth Grassmayr, Hongmi Kang, Franz Zimmermann, Christiana Campanile, Luzia Gamsjäger, Mr. Habsburg, Bettina Supper, Andreas Murray, 인스부르크의 파도 Markus & Heidi, 영훈이 오빠, Min Bae, June, 크리스 양, 멋진 사진뿐만 아니라 몽클한 마음까지 나눠준 허미리 사진작가님, 세계를 누비며 한국의 맛을 전하고 계신 김소희 셰프님, 기도로 매 순간을 함께 해주신 부모님과 나의 소울 메이트 Cyril, 저를 오늘까지 이끌어주신 유연태 교수님, 외유내강의 포스로 함께 여정을 이끌어주신 서수빈 편집자님과 산불님께 감사의 말씀을 전합니다.

김나성

2014년 봄, 우연히 간 비엔나 관광청 론칭 행사에서 오스트리아의 매력에 눈 떴다. 행사의 스페셜 게스트, 김소희 셰프의 한마디가 결정적이었다. "비엔나는 서울말로는 설명이 안 돼요. 그냥 좋은 게 아니라 억수로 좋아요!" 대체, 억수로 좋은 비엔나는 어떤 곳일까 하는 호기심이 눈덩이처럼 불어나 〈오스트리아 홀리데이〉를 기획하게 됐다. 직접 가보니, 오스트리아는 알면 알수록 새로운 면을 보여주는 팔색조 같은 나라였다. 세상의 모든 예술로 차려놓은 근사한 만찬 같은 비엔나는 말할 것도 없고, 그문덴, 바트 이슐, 할슈타트 등 스쳐 지나기엔 매력적인 도시가 너무도 많았다. 인스부르크 대자연의 품에 안겼을 땐 숨 쉬는 것만으로도 행복했고, 음악의 도시 잘츠부르크에서는 나도 모르게 도레미송을 흥얼거릴 만큼 마음이 몰랑해졌다. 호숫가의 낭만이 흐르는 잘츠카머구트에서는 영혼이 정화되는 것 같았다. 단지 혼자만의 행복했던 추억이 아니라, 멋진 여행을 꿈꾸는 이들에게 오스트리아를 소개하게 돼 마음이 벅차다. 부디, 당신이 유럽 중부의 아주 멋진 나라를 여행할 때, 이 책이 믿을 만한 조력자가 되길 바라며!

*Special Thanks to*

매사에 열정을 쏟아준 조연수 편집자, 든든한 오스트리아 여행의 동반자 김나성 작가, 멋진 책을 만들라는 응원과 지원을 아끼지 않은 비엔나 관광청 한국지사 최보순 대표님, 조다혜 팀장님, 벨베데레 궁전 Britta, 인스부르크 관광청 Peter 정말 고맙습니다! 오스트리아를 더욱 널리 소개할 수 있게 해준 에이비로드 최현주 편집장님과 심민아 기자님, 마이웨딩 이덕진 편집장님, 중앙일보 손민호 팀장님께도 감사드립니다. 마지막으로, 건강하고 맛있는 요리로 기운을 북돋아주신 김소희 셰프님, 변함없는 응원을 보내주는 멋진 남편 찬과 가족, 친구들에게 감사와 사랑의 말을 전합니다. Ich libe dich!

우지경

# 〈오스트리아 홀리데이〉 100배 활용법

오스트리아 여행 가이드로 〈오스트리아 홀리데이〉를 선택하셨군요. '굿 초이스'입니다.
오스트리아에서 뭘 보고, 뭘 먹고, 뭘 하고, 어디서 자야 할지 더 이상 고민하지 마세요.
친절하고 꼼꼼한 베테랑 〈오스트리아 홀리데이〉와 함께라면 당신의 오스트리아 여행이 완벽해집니다.

## 1) 오스트리아를 꿈꾸다
❶ STEP 01 » PREVIEW 를 먼저
펼쳐보세요. 오스트리아의 환상적인
자연경관과 곳곳에 묻어나는 예술가들의
이야기 속으로 안내합니다. 오스트리아로
떠나는 당신이 꼭 봐야 할 것, 해야 할 것,
먹어야 할 것을 알려줍니다. 놓쳐서는 안
될 핵심 요소들을 사진으로 만나보세요.

## 2) 여행 스타일 정하기
❷ STEP 02 » PLANNING 을 보면서
나의 여행 스타일을 정해보세요.
오스트리아가 어떤 나라인지,
각 도시들은 어떤 매력을 품고 있는지
하나하나 알려드립니다. 취향에 맞는
여행지를 고르는 것에 따라 여행 일정과
스타일이 달라집니다.

## 3) 플래닝 짜기
여행 스타일을 정했다면 여행의 밑그림을
그릴 단계입니다.
❸ STEP 02 » PLANNING 에서 언제
갈 것인지, 일정은 어떻게 짤 것인지,
가기 전에 알아야 할 오스트리아의
역사와 문화예술, 음식과 쇼핑 정보를
통해 구체적인 여행의 플랜을 짜봅니다.

## 4) 여행지별 일정 짜기
여행의 콘셉트와 목적지를 정했다면 이제
여행지 별로 동선을 짜봅니다. 당신 여행의
디테일을 책임질 ❹ 오스트리아 지역편
에서 지역별로 관광지, 쇼핑, 레스토랑 등을
둘러보는 효율적인 여행의 동선을
제시해줍니다. 추천하는 루트만 따라도
이동경로를 짜는 것이 수월해집니다.

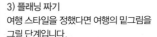

**5) 교통편 및 여행 정보**
각 도시마다 다양한 매력을 품고 있는
오스트리아는 교통편과 여행자가 꼭
알아야 할 여행 정보도 많습니다.
**5 오스트리아 지역편**에서는
지역과 도시별로 여행지를
찾아가거나 여행지에서 이동할 수
있는 다양한 교통편을 제시합니다.

**6) 숙소 정하기**
어디서 자느냐가 여행의 절반을 좌우할
정도로 중요합니다.
**6 오스트리아 » SLEEP**에서 지역별
여행지마다 가격 대비 만족스러운 곳을
엄선해 보여줍니다. 예술의 나라답게
갤러리 같은 호텔부터 저렴한
게스트 하우스까지 다양한 숙소들이
있습니다. 본인의 여행 스타일에
맞는 숙소를 정해보세요.

**7) D-day 미션 클리어**
여행 일정까지 완성했다면 책 마지막의
**7 여행준비 컨설팅**을 보면서 혹시
빠뜨린 것은 없는지 챙겨보세요.
여행 60일 전부터 출발 당일까지
날짜별로 챙겨야 할 것들이 리스트 업
되어 있습니다.

**8) 홀리데이와 최고의 여행 즐기기**
이제 모든 여행 준비가 끝났으니 〈오스트리아 홀리데이〉가 필요 없어진 걸까요?
여행에서 돌아올 때까지 내려놓아서는 안 돼요. 여행 일정이 틀어지거나
계획하지 않은 모험을 즐기고 싶다면 언제라도 〈오스트리아 홀리데이〉를 펼쳐야
하니까요. 〈오스트리아 홀리데이〉는 당신의 여행을 끝까지 책임집니다.

# CONTENTS

OSAKA BY STEP
## 여행준비&하이라이트

# AUSTRIA BY AREA
# 오스트리아 지역별 가이드

오스트리아
Austria

체코 Czech Republic

독일 Germany

슬로바키아
Slovakia

바하우밸리
Wachau

잘츠부르크
Salzburg

그문덴 Gmunden

비엔나
Vienna

바트 이슐 Bad Ischl
할슈타트 Hallstatt

오스트리아 Austria

인스부르크 Innsbruck

장크트 길겐&장크트 볼프강
St. Gilgen&St. Wolfgang

스위스
Switzerland

헝가리
Hungary

이탈리아 Italy

슬로베니아 Slovenia

© Innsbruck

Step 01
**Preview**

오스트리아를
**꿈꾸다**

# 오스트리아
# MUST SEE

문화 예술적인 볼거리와 감탄
이 절로 나오는 자연경관이 공
존하는 오스트리아. 비엔나,
잘츠부르크, 인스부르크 등 각
도시마다 다른 매력으로 여행
자의 발길을 끈다.

## 1 성 슈테판 대성당

오스트리아 최대의 고딕 성당, 모차르트의
결혼식과 장례식도 거행됐다 ▶ 096p

## 2 왕궁

600년간 오스트리아를
통치한 합스부르크 왕가의
겨울 궁전, 왕궁 ▶ 100p

**3** 미술사 박물관
왕실 미술 컬렉션의 모든 것 ▶ 133p

**4** 벨베데레 궁전
구스타프 클림트의 〈키스〉 원본을 영접할
수 있는 벨베데레 궁전 ▶ 152p

**7**

## 미라벨 정원

잘자흐 강 너머 잘츠부르크의 구시가지가
한눈에 들어오는 미라벨 정원 ▶ **199p**

**8**

## 쇤부른 궁전

빈 필하모닉 오케스트라의 '쇤부른 여름 콘서트'가 열리는 쇤부른 궁전
▶ **164p**

# 9 오르트성

트라운 호수 위에 세운 순백의 고성古城 ▶ **254p**

**1** 비엔나 국립 오페라 극장에서 명품 공연 보기(110p)

# 오스트리아
# MUST DO

눈길 닿는 곳마다 우아한 건물이
자태를 뽐내는 도시를 거닐 때도,
엽서에서 툭 튀어나온 듯한
호숫가 마을을 둘러볼 때도
낭만이 넘친다. 어딜 가나
로맨틱한 오스트리아의 빛나는
순간들, 아낌없이 즐겨보자.

**4** 예술가들이 사랑한 백 년 카페에서 커피 홀짝이기(071p)

**2** 영화 〈비포 선라이즈〉의 주인공처럼
알베르티나, 프라터에서 멋진 추억 만들기(112p)

**3** 도심 속 녹색 쉼표,
비엔나의 공원 거닐기

**5** 빈티지한 빨간 트램 타고 링도로 누비기(083p)

**6** 모차르트 생가부터 모차르트 단골 카페,
모차르트 콘서트까지 모차르트 선율 따라 잘츠부르크 여행하기(188p)

**9** 인스부르크 곳곳의 전망대에 올라 알프스 산맥과
도심이 어우러진 풍광 내려다보기(274p)

**10** 비엔나 또는 잘츠부르크에서
피아커 타고 구시가지 한 바퀴(094p)

**7** 천상의 목소리, 비엔나 소년 합창단이
　 노래하는 왕실 교회 미사 참석하기(103p)

**8** 그문덴 도자기 박물관 체험(255p)

**11** '사운드 오브 뮤직' 투어로
　　 영화 촬영지 돌아보기(202p)

이것 빼고 어찌 오스트리아
문학과 예술을 논하랴
커피(120p)

오스트리아 대표 디저트
자허토르테(119p)

깊고 진한 맛,
초콜릿 디저트의 진수
안나토르테(118p)

PREVIEW **03**

# 오스트리아 **MUST EAT**

요제프 황제와 시시 황후도
반한 촉촉한 케이크
구겔후프(127p)

모차르트 초상이 그려진,
잘츠부르크가 원조인 초콜릿,
모차르트쿠겔(206p)

고급진 웨하스? 바삭한
웨이퍼와 헤이즐넛 크림의
환상적 만남! 마너(127p)

만두의 탈을 쓴 치즈 디저트
토펜크뇌델(256p)

수플레가 이 정도는 돼야지
노케를(207p)

오스트리아 식탁에 빠지지
않고 등장하는 빵
젬멜(232p)

빵 반죽을 소용돌이처럼
돌돌 말아 구운
슈트루델(279p)

얇은 송아지 고기에 빵가루
입혀 튀긴 오스트리아 대표 음식
비너 슈니첼(122p)

맑은 국물에 팬케이크 반죽을
얇게 썰어 넣은 수프
프리타텐주페(208p)

오스트리아를 음악과 미술의 나라, 알프스 산맥을 따라 형성된 아름다운 곳으로만
알고 간다면 화들짝 놀랄 것이다. 커피, 디저트, 육류, 해산물, 하다못해 길거리표
소시지까지 탐스러운 먹거리가 넘쳐난다. 맛있는 오스트리아를 만나보자.

소 엉덩이 살과 야채를 삶아
국물과 함께 먹는
타펠슈피츠(066p)

헝가리 굴라쉬의 오스트리아식
재해석 린츠굴라쉬(066p)

빙하 호수에서 갓 잡은
생선구이(233p)

수도에 와이너리를 가진
나라답게 맛도 가격도 끝내주는
와인(171p)

모차르트가 즐겨 마신 맥주
스티글(204p)

## Step 02
## Planning

....................

오스트리아를
**그리다**

# 오스트리아를 말하는 **7가지 키워드**

동유럽과 서유럽 사이에 위치한 오스트리아는 '중유럽'의 중심이다. 교통이 좋아 일찍이
동·서방 문화교류의 요지였고, 합스부르크 왕가의 통치를 거치며 음악, 건축, 미술 등
'예술'을 꽃피웠다. 비엔나, 잘츠부르크 같이 고고한 예술의 도시와 인스부르크, 그문덴 등
알프스의 대자연을 품은 도시가 공존한다. '예술, 자연, 삶'이 왈츠처럼 경쾌한 3박자를 이룬다.

## 1. 클래식 음악 Classical Music / Klassische Musik

오스트리아 사람들은 비엔나 필하모닉의 신년 음악회로 한 해를
시작하고, 여름이면 '잘츠부르크 페스티벌'이나 '쇤부른 여름 콘
서트'를 만끽한다. 수많은 음악가들이 묻힌 비엔나 중앙 묘지에
꽃 한 송이 바치는 일도 잊지 않는다. 천재 음악가 모차르
트, 왈츠의 왕 요한 슈트라우스 2세, 교향곡의 아버지 하
이든, 가곡의 왕 슈베르트, 낭만주의 작곡가 구스타프 말
러. 일일이 열거하기 어려울 만큼 많은 음악가
들이 오스트리아 출신인 것은 결코 우연이 아
니다. 6세기가 넘게 유럽을 호령한 합스부르
크 왕가의 아낌없는 후원이 이뤄낸 결과다. 악우협회,
비엔나 콘서트홀 등 클래식 선율의 풍부한 울림을 느낄
수 있는 연주회장도 세계 최고 수준을 자랑한다. 비엔나
국립 오페라 극장은 매일 다른 공연을 무대에 올린다. 클
래식 음악이 일상이 되는 나라, 바로 오스트리아다.

## 2. 합스부르크 왕가

Habsburg Haus (1273년~1918년)

유럽에서 가장 긴 역사와 전통을 자랑하는 명문가. 1273년 합스부르크의 루돌프 백작이 신성로마제국의 황제로 선출되며 가문의 중흥을 맞았다. 이후 카를 1세가 퇴위할 때까지 약 650년간 권세를 누리며 곳곳에 화려한 성당과 궁전, 대학 등을 남겼다. 특히, 마리아 테레지아 여제와 링도로를 건설한 프란츠 요제프 황제의 재위 기간에 지은 궁전과 공연장은 오스트리아 여행의 주요 볼거리. 한편 합스부르크 왕가가 세력을 확장한 비결은 각국 왕가와의 정략결혼이었다. '다른 이들은 전쟁을 하게 하라. 행복한 오스트리아여 그대는 결혼을 하라!'라는 가훈이 대대로 이어올 정도. 16세기 에스파냐(스페인)와 성공적인 혼사로 최대의 전성기를 맞았고, 이후 헝가리, 발칸반도, 독일, 스위스, 이탈리아의 파르마에 이르기까지 막대한 영향을 끼쳤다.

## 3. 알프스 Alps

대개 알프스 하면 스위스를 떠올리지만 알프스는 스위스, 오스트리아, 이탈리아에 걸쳐 있는 거대한 산맥이다. 오스트리아의 대표 알프스 지역으로, 인강 옆 험준한 산맥 아래 자리한 고원 도시 인스부르크를 들 수 있다. 그보다 치명적인 오스트리아 알프스의 매력은 험준한 산Berg과 호수See가 어우러져 절경을 이룬다는 것(독어로 산은 베르크Berg, 호수는 제See인데, 영어 씨See와 헷갈리지 말자). 해발 2,000m가 넘는 산봉우리 사이로 76개의 호수가 반짝이는 잘츠카머구트가 바로 그곳이다. 잘츠카머구트에 가면, 호숫가 동화의 마을 할슈타트, 영화 〈사운드 오브 뮤직〉의 배경이 된 장크트 길겐&장크트 볼프강, 호수 위의 순백의 성Schloss이 고고한 자태를 뽐내는 그문덴 등 아름다운 풍경이 열두 폭의 병풍처럼 이어진다.

## 4. 키스 KISS

구스타프 클림트의 대표작 〈키스〉는 세상에서 가장 많은 복제품이 만들어진 그림 중 하나다. 고로, 〈키스〉를 사랑하는 클림트의 팬들에게 비엔나의 벨베데레 궁전은 키스의 진품을 '알현'하러 오는 '성지'라 하겠다. 실제로 〈키스〉를 마주한 이들의 반응은 한결같다. 알록달록한 꽃이 가득한 절벽 끝에서 키스하는 연인들의 찬란하면서도 애잔한 모습에 압도돼 차마 발길이 떨어지지 않는다고. 그 어떤 순간에도 당신은 나의 꽃이요, 빛이라 말하는 듯 여인을 끌어안고 입 맞추는 남자의 몸짓이 뭉클한 감동으로 다가온다고 입을 모은다. 황금빛 화가라는 별명답게, 금색 물감과 금박을 섞어 사용해 장식적인 기교 또한 눈이 부시다. 연인과 함께라면 두 손을 꼭 잡고 바라보고 싶어지는 불후의 명작이라 하겠다.

## 5. 사운드 오브 뮤직 Sound of Music

어린 시절, 도레미 송을 흥얼거려본 사람들은 다 안다. 1965년에 개봉한 명작, 〈사운드 오브 뮤직〉의 주인공 마리아와 8남매들이 노래를 부르며 뛰어다니던 곳이 오스트리아, 잘츠부르크라는 것! 잘츠부르크 미라벨 정원 앞에서 출발해 영화 속 촬영지를 찾아가는 '사운드 오브 뮤직 투어'는 남녀노소 모두를 만족시켜주는 여행 코스라 하겠다. 영화 사운드 트랙의 이름에 맞춰 호숫가 저택과 그림 같은 마을, 마리아가 폰트랍 대령과 결혼식을 올린 성당 등을 둘러보다 보면 푸석했던 마음이 촉촉해지고, '주말의 명화'를 보던 어린 시절의 추억이 방울방울 되살아난다. 단, '추억의 명화'를 보고 자란 세대에 한함!

© Tourismus Salzburg

## 6. 클래식 카페 Classic Café

1683년 비엔나 최초의 카페가 문을 연 이래, 왕궁과 국립 오페라 극장을 중심으로 수많은 카페들이 가지를 뻗었다. 음악가와 화가들이 카페에서 작품을 구상하고, 예술을 논하며 고유의 카페 문화가 꽃피웠다. 지금도 링도로 곳곳에 백 년이 훌쩍 넘는 클래식 카페가 성업 중이다. 카페가 발달한 만큼, 특유의 커피와 디저트 문화도 발달했다. 시간이 흘러 2011년 비엔나 전통 카페 문화는 유네스코 문화유산에 등재됐을 정도. 오래전 예술가들이 글을 쓰거나 악상을 떠올리던 카페에 앉아 마시는 달콤한 커피 한 잔은 시간여행을 떠나온 듯한 낭만을 선사한다. 모차르트의 도시, 잘츠부르크 구시가지에도 비엔나 카페 못지않게 유서 깊은 카페들이 남아 있다.

## 7. 소금 Salz

잘츠부르크와 잘츠카머구트는 왜 '잘츠Salz'로 시작할까? 잘츠란 독어로 소금이란 뜻으로, 둘의 공통점은 오래전 '소금 산업'으로 부를 축적한 지역이라는 것. 어딜 가나 소금 팍팍 뿌린 요리를 맛볼 수 있는 것은 기본, 질 좋은 소금을 기념으로 구입할 수도 있다. 소금을 테마로 한 관광지도 만날 수 있다. 이를 테면 세계 최초의 소금 광산, '할슈타트 소금 광산' 같은 곳. 오래전 어떻게 소금을 채취했는지, 빙하기 후 어떻게 이 땅이 변화했는지 생생하게 느껴볼 수 있는 이색 여행지다. 호기심 많은 아이들과 함께라면 더욱 흥미진진한 여행의 한 페이지를 채울 수 있을 터.

© Holiday Region Traunsee

## PLANNING 02

# 한눈에 쏘옥! **지역별 여행 포인트**

오스트리아는 알프스 산맥을 끼고 동서로 길게 뻗어 있다. 축복받은 자연환경과
넘치는 예술가 이야기로 도시마다 치명적 매력을 뿜어낸다. 콕콕 짚어보자.
당신 마음의 길라잡이가 돼줄 것이다.

## 비엔나

오스트리아의 수도다. 합스부르크 왕가와 함께 발전한 예술의 수
도이기도 하다. 도시 중심에는 왕궁과 성 슈테판 대성당이 있고,
이름처럼 동그란 '링도로'를 따라 비엔나 국립 오페라 극장, 비엔
나 콘서트홀, 알베르티나 미술관, 문화복합단지 MQ, 미술사 박
물관, 자연사 박물관이 있다. 그 사이사이를 성당, 정원, 광장
등이 메우고 있다. 휴식을 취하기 좋은 커피하우스에서 아인슈페
너에 자허토르테를 곁들여보자. 식사로 비너 슈니첼과 타펠슈피
츠는 필수.

© Tourismus Salzburg

## 잘츠부르크

도시 전체가 유네스코 세계문화유산으로 지정
된 그림 같은 곳이다. 잘자흐 강을 중심으로 신·
구시가지로 나뉘는데, 주요 스폿은 모두 걸어서
갈 수 있다. 모차르트가 태어난 곳답게 그의 자
취를 따라 도시를 둘러봐도 좋다(189p). 모차
르트 다음으로 잘츠부르크를 유명하게 만든 건
영화 〈사운드 오브 뮤직〉. 마리아와 아이들이 도
레미송을 부르던 미라벨 정원을 시작으로 '사운
드 오브 뮤직 투어'가 있다(202p). 도시 정상에 있는 호헨잘츠부르크성, 논베르크 수도원도 꼭 가봐
야 할 곳. 하루의 마무리는 모차르트 디너(209p)로 해보자.

## 잘츠카머구트

바다가 없는 오스트리아는 크고 작은 호수 덕에 촉촉하다. 잘츠카머구트에는 알프스 산맥 사이사이 76개의 호수가 있고, 호수 주변으로 각기 다른 매력을 뽐내는 도시들이 있다.

### 장크트 길겐&장크트 볼프강

볼프강 호수를 사이좋게 품은 두 마을이다. 장크트 길겐은 영화 〈사운드 오브 뮤직〉의 배경이자 모차르트 어머니의 고향이다. 케이블카를 타고 츠뵐퍼호른 정상에 올라가면 동화 같은 도시가 한눈에 들어온다(218p). 장크트 길겐에서 유람선(217p)으로 40여 분이면 장크트 볼프강에 도착한다. 주민보다 관광객이 더 많은 이곳의 명물은 빨간색 산악열차(221p). 가파른 철로를 달려 해발 1,783m의 절경을 선사한다.

© Wolfgangsee Tourismus Gesellschaft

### 바트 이슐

황후의 불임치료로 유명해진 온천의 도시로, 유럽온천 리조트(230p)가 그 명성을 잇고 있다. 왕가가 사랑한 휴양지답게 황제의 여름 별장 카이저 빌라(229p)가 있다. 다양한 수공예 매장은 관광의 별미. 지역 대표 디저트 차우너스톨렌(232p)은 꼭 맛봐야 할 음식이다.

### 할슈타트

잘츠카머구트 지역 중 한국 여행자에게 가장 유명하다. 할슈타트 호수를 끼고 있는 동화 같은 풍경은 아무리 봐도 질리지 않는다. 마을을 발전시킨 소금 광산(243p)과 얼음동굴, 파이브 핑거스가 있는 다흐슈타인(244p)은 꼭 가봐야 할 장소.

### 그문덴

도자기의 수도다. 국민 도자기로 통하는 '그문덴 도자기'(255p)는 이곳에서만 만들어지는데, 공장 견학이 그 어떤 관광보다 흥미롭다. 시립 박물관(253p)은 고정관념에서 탈피, 도자기로 이런 걸 만들 수 있어? 할 만한 전시품이 있다. 호수 위에 떠 있는 오르트성(254p)은 그문덴의 상징처럼 유명하다.

## 인스부르크

동계 올림픽을 두 차례 개최한 겨울 스포츠 왕국답게 베르기젤 스키점프대(274p)나 노르트케테(268p)에서 알프스가 선사하는 대자연의 아름다움을 만끽할 수 있다. 중세의 옷을 입은 세련된 도시는 또 다른 매력. 마리아 테레지아 거리(266p)를 시작으로 왕궁(271p), 시의 첨탑(271p), 황금지붕(270p)이 도심에 있다. 만년설만큼 마음을 설레게 하는 스와로브스키(275p, 280p)의 고향이기도 하다.

© Innsbruck

© Innsbruck

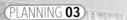

## PLANNING 03
# 나만의 오스트리아 **여행 레시피**

당신에게 주어진 시간을 가장 효율적으로 써보자.
5일부터 2주까지 다양한 일정에 맞춘 최적의 스케줄을 제안한다.

## [4박 5일 코스] 비엔나+잘츠부르크

마음 같아서는 일주일, 열흘이고 머물며 찬찬히 보고 싶지만, 현실이 어디 그런가. 그렇다고 수박
겉핥기식으로 다녀왔다는 소리는 듣기 싫다. 그렇다면 주목! 오스트리아 대표 도시 두 곳의 엑기
스만 쏙쏙 뽑았다. 이제 당신에게 필요한건 에너자이저 같은 체력뿐.

### Day 1
비엔나

**09:00** 비엔나의 상징 '성 슈테판 대성당'(096p)

**10:00** 합스부르크 왕가의 '왕궁'(100p)

**12:00** 점심식사-'카페 첸트랄'(120p) 추천

**13:00** '시민 정원' 산책(108p)

**13:30** '미술사 박물관'(133p) 또는
'자연사 박물관'(132p) 중 택1

**15:00** '성 베드로 성당'(109p)
무료 오르간 연주 놓치지 않기

**16:00** '카페 자허'(119p) 또는 '데멜'(118p)에서
커피타임

**17:00** 클림트의 베토벤프리즈 보러 '비엔나
분리파 전시관'(149p)

**18:00** '나슈 시장'(154p) 구경 및 저녁식사-
'우마피쉬'(155p) 추천

**20:00** 잠들기 아쉬운 밤이라면
'카페 슈페를'(157p)

### Day 2
비엔나

**09:00** 왕가의 여름궁전 '쇤부른 궁전'(164p)
점심식사는 궁전 내 글로리에뜨
카페에서

**12:30** 산책하듯 '시청'(139p), '비엔나 대학'
(141p), '보티브 교회'(138p)

**14:00** 그리스 신전을 닮은 '국회의사당'(138p),
휴식이 필요하다면 '카페 란트만'
(143p)

**15:00** '비엔나 박물관 지구 MQ'(136p)
레오폴드 미술관, 무목, 쿤스트할레 빈.
체력에 맞게 선택 관람할 것

**17:30** 저녁식사-'플라후타스 가스트하우스
추어 오퍼'(122p)의 비너 슈니첼 추천

**19:00** '비엔나 국립 오페라 하우스'(110p)에서
공연보기

**21:30** 야식 생각이 간절하다면 '1516 브루잉
컴퍼니'(125p)에서 맥주 한 잔

**Day 3**
비엔나

09:30 클림트의 키스가 있는 '벨베데레 궁전'(152p)
12:00 점심식사 – 클림트와 에곤 실레의 단골집
　　　'카페 무제움'(158p) 추천
13:00 '칼스 성당'(151p), '오토 바그너 전시관'(156p)
　　　바로크와 아르누보 양식 비교
14:00 '알베르티나 미술관'(112p) 영화 〈비포 선라이즈〉의
　　　한 장면처럼 기념사진 찰칵
16:00 '왕궁 정원'(108p) 산책 후 '팔멘하우스'(123p)에서
　　　커피 마시기
17:00 '팔라이스 페르스텔'(128p), '마너'(127p), '호어
　　　마르크트 광장'(114p)에서 쇼핑
19:00 저녁식사 – '피글뮐러'(123p) 또는 '오펜로흐'(124p)
20:15 성당이나 작은 궁에서 열리는 연주로 아쉬운 마음을
　　　토닥토닥(111p)

**Day 4**
잘츠
부르크

08:00 잘츠부르크로 이동(기차로 2시간 30분 소요)
11:00 '호헨잘츠부르크성'에서 잘츠부르크 전망 감상
13:00 점심식사 – '헤르츨'(206p) 추천
14:30 '레지던스 광장'(191p), '잘츠부르크 대성당'(192p),
　　　'돔콰르티에 잘츠부르크'(198p)
17:00 '모차르트 광장'(190p) 벤치에서 휴식
17:30 '모차르트 생가'(193p)부터 '게트라이데
　　　거리'(197p)까지 누비기
19:30 저녁식사 – '모차르트 디너'(209p)

© Tourismus Salzburg

**Day 5**
잘츠
부르크

09:00 영화의 감동을 다시 한 번!
　　　'사운드 오브 뮤직 투어'(202p)
14:00 '미라벨 정원'(199p)에서 도레미 송 부르며
　　　투어 마무리
15:00 마카르트 다리에서 '논베르크 수도원'(194p)을
　　　마음에 담고, '카페 퓌르스트'(206p)에서
　　　모차르트쿠겔 맛보기
16:00 최고령 수도원 '성 베드로 수도원&묘지'(196p)
17:00 바로크 양식의 걸작 '대학성당'(196p)
17:30 '카피텔 광장'(194p) 장터 구경
18:30 저녁식사 – '블라우에 간스'(208p)의
　　　프리타텐주페로 시작하는 만찬
20:00 '스티글켈러'(208p). 잘츠부르크 전망을
　　　감상하며, 모차르트의 맥주 한 잔

## [6박 7일 코스] 비엔나+바트 이슐+할슈타트+잘츠부르크+인스부르크

"오스트리아 가봤어"라고 말할 수 있는 최단 코스. 도시 한두 군데 본 것과는 비교 불가. 오스트리아를 대하는 당신의 마음가짐이 달라질 것이다.

### Day 1
비엔나

09:00 '왕궁'(100p)의 박물관 투어

11:00 '스페인 승마학교' 공연 보기
일요일이라면 '비엔나 궁정 예배당'(103p)
에서 빈 소년 합창단과 미사 먼저 관람
(09:15~10:30), 이후 왕궁 박물관 투어

12:00 점심식사–'팔멘하우스'(123p)에서 식사 후,
'왕궁 정원'(108p) 산책

13:30 '성 슈테판 대성당'(096p)
예배당 구석구석과 탑까지 살펴보기

15:00 한국어 오디오 가이드와 함께 '미술사
박물관'(133p) 관람

16:30 '레오폴드 미술관'(137p)에서 에곤 실레
작품 감상

17:30 저녁식사–'오펜로흐'(124p)에서
오스트리아 No.1 타펠슈피츠 먹기

19:00 '비엔나 국립 오페라 극장'(110p)

© Schloß Schönbrunn

### Day 2
비엔나

**09:00** 으리으리한 궁전과 정원을 보고 싶다면
'쇤부른 궁전'(164p),
클림트의 〈키스〉를 보고 싶다면
'벨베데레 궁전'(152p)

**12:00** 점심식사–'피글뮐러'(123p)에서 110년 전통
비너 슈니첼

**13:30** 건물부터 예술, '알베르티나 미술관'(112p)

**15:00** '데멜'에서 커피와 초콜릿 케이크로 휴식

**16:00** '콜마르크트 거리'부터 '케른트너 거리'
(099p)로 이어지는 쇼핑 찬스

**17:30** 저녁식사–'플라후타스 가스트하우스 추어
오퍼'(122p) 추천

**19:00** 생기 넘치는 젊은 밤을 위하여!
'나슈 시장'(154p) 또는 '그린칭'(171p)

### Day 3
바트이슐

**08:00** 바트 이슐로 이동 (기차로 3시간 소요)

**12:00** 점심식사–'콘디토라이 차우너'(232p).
반드시 차우너스톨렌을 후식으로 먹을 것

**13:30** 황제의 여름 별장 '카이저 빌라'(229p)

**15:00** '쿠르 공원' 산책

**16:00** 호텔에서 변신한 '바트 이슐 시립 박물관'
(231p)

**17:00** '유럽온천 리조트'(230p) 온천의 도시에서
제대로 힐링

**19:30** 저녁식사–'골데너 오흐스'(233p)
생선구이 맛보기

**Day 4**
할슈타트

09:00 할슈타트로 이동(할슈타트에서 타 지역으로
이동하려면 바트 이슐을 거쳐야 한다.
짐을 들고 이동하는 것이 부담스럽다면,
바트 이슐에 2박하며 둘째 날 할슈타트를
당일로 다녀오는 게 좋다.
바트 이슐에서 할슈타트는 기차 25분,
버스 35분 소요)
10:00 '할슈타트 호수'(240p), '마르크트
광장'(241p) 산책
11:00 '할슈타트 소금 광산'(243p) 투어
12:30 점심식사–'레스토란테 춤 잘츠바론'(246p)
가슴 트이는 호수 전망은 특제양념
14:00 '다흐슈타인'(244p) 얼음동굴,
파이브 핑거스에서 인생 사진 건지기
18:00 저녁식사–'브로이가스트호프 로비서'
(246p)
20:00 바트 이슐로 이동

**Day 5**
잘츠
부르크

08:00 잘츠부르크로 이동(버스로 1시간 30분 소요)
10:30 '잘츠부르크 대성당'(192p), '돔콰르티에
잘츠부르크'(198p)에서 잘츠부르크
역사공부
12:00 점심식사–'블라우에 간스'(208p) 추천
13:00 '미라벨 정원'에서 〈사운드 오브 뮤직〉
주인공처럼 도레미 송 부르기
14:30 그의 고향에 왔으니, '모차르트 생가'(193p)
15:30 쇼핑 천국 '게트라이데 거리'(197p)
16:30 '카페 퓌르스트'(206p)에서 휴식
17:30 모차르트 미사곡 다단조가 초연된
'성 베드로 수도원 & 묘지'(196p)
18:30 '카피텔 광장'(194p)에서 기념 사진
19:30 저녁식사–'모차르트 디너'(209p)
21:30 '잘자흐 강'(200p)가 산책하며
'호헨잘츠부르크성'(195p) 야경 감상

©Tourismus Salzburg

### Day 6
인스
부르크

08:00 인스부르크로 이동(기차로 2시간 소요)
11:00 '노르트케테'(268p)에서 알프스의 절경 감상.
       점심식사–'제그루베'(269p) 추천
14:00 로코코 양식의 '왕궁'(271p)
15:00 '궁정 교회'(272p)와
       '티롤 민속 박물관'(277p)
17:30 옹기종기 모여 있는 '황금 지붕'(270p),
       '시의 첨탑'(271p), '성 야콥 대성당'(272p)
       둘러보기
19:30 저녁식사–'바이세스뢰슬'(278p)에서 티롤
       전통식
21:00 '마리아 테레지아 거리'(266p) 산책 또는
       '리히트블릭 360°'(278p)에서 야경 감상

### Day 7
인스
부르크

10:00 유럽 박물관의 초기 모델 '암브라스성'
       (274p)
12:30 점심식사–'크뢸'(279p)에서 슈트루델

## 오스트리아 완전 정복 2주

오스트리아의 매력을 제대로 느낄 수 있는 스케줄. 오스트리아 전문가가 되어 돌아온다. 하지만 애인과 이별할 때처럼 가슴 시린 순간을 감수해야 하는 게 단점.

| 비엔나 | | | |
|---|---|---|---|
| **Day 1** | **Day 2** | **Day 3** | **Day 4** |
| 스페인 승마학교 ↓ 왕궁 ↓ 성 베드로 성당 ↓ 성 슈테판 대성당 ↓ 호어 마르크트 광장 | 벨베데레 궁전 ↓ 나슈마르크트 ↓ 비엔나 분리파 전시장 ↓ 오토 바그너 전시관 ↓ 칼스 성당 ↓ 시립 공원 | 쇤부른 궁전 ↓ 알베르티나 미술관 ↓ 비엔나 박물관 지구, MQ ↓ 비엔나 국립 오페라 또는 하우스 음악회 관람 | 미술사 박물관 ↓ 자연사 박물관 ↓ 시청 ↓ 보티브 교회 ↓ 국회의사당 ↓ 그린칭 |

**Tip** 일요일에 머물게 된다면 '비엔나 궁정 예배당'에서 빈 소년 합창단 감상과 미사를 드려도 좋겠다. '성 베드로 성당'에서는 매일 오후 3시 무료 오르간 연주가 있다.

| 그문덴 | 바트 이슐 | 할슈타트 |
| --- | --- | --- |
| **Day 5** | **Day 6** | **Day 7** |

### 그문덴 — Day 5

그문덴 도자기 공장 투어
↓
오르트성
↓
그문덴 시립 박물관
↓
라트하우스 광장을 시작으로
프란츠 요제프 황제 공원,
마르크트 광장까지
걸어서 시내 탐방

**Tip** 트라운 호수 전경을 보고 싶다면 그륀베르크 케이블카를 타고 산 정상으로 올라가자. 아이들의 놀거리가 많아 어린이 동반 가족여행이라면 더욱 추천.

### 바트 이슐 — Day 6

카이저 빌라
↓
바트 이슐 시립 박물관
↓
쿠르 공원
↓
수공예 매장 쇼핑
↓
유럽온천 리조트

### 할슈타트 — Day 7

다흐슈타인
↓
소금 광산
↓
마르크트 광장
↓
할슈타트 박물관
↓
할슈타트 호숫가 산책

**Tip** 일찌감치 다흐슈타인을 방문한다 해도 정오 전에 마치기 힘들다. 점심식사는 다흐슈타인 통나무 산장 '로지' 추천. 바트 이슐에 2일 머물며, 할슈타트를 당일로 다녀와도 된다. 짐을 들고 이동하지 않아도 되니 편하다.

© Eurotherme

## 장크트 길겐&장크트 볼프강

### Day 8

장크트 볼프강
↓
샤프베르크 산악열차
(장크트 길겐으로 이동)
↓
츠뵐퍼호른
↓
모차르트 광장 및 마을 산책

**Tip** 샤프베르크 산악열차를 타고 정상에 올라가면, 돌아오는 열차 좌석을 예약하자. 예약자 우선으로 탑승한다.

## 잘츠부르크

### Day 9

잘츠부르크 대성당
↓
돔콰르티에 잘츠부르크
↓
호헨잘츠부르크성
↓
모차르트 생가와
게트라이데 거리

**Tip** 호헨잘츠부르크성으로 올라가는 케이블카 탑승역은 카피텔 광장 근처에 있다. 오고 가는 길에 광장 투어도 하자.

### Day 10

사운드 오브 뮤직 투어
↓
미라벨 정원
↓
성 베드로 수도원&묘지
↓
대축전 극장
↓
모차르트 디너

**Tip** '사운드 오브 뮤직 투어'는 오전 9시에 시작해 5시간 소요된다. 투어 중 자유시간에 점심식사를 각자 해결해야 한다.

## 인스부르크

| Day 11 | Day 12 | Day 13 |
|--------|--------|--------|
| 황금 지붕<br>↓<br>시의 첨탑<br>↓<br>헬블링하우스<br>↓<br>성야콥 대성당<br>↓<br>노르트케테<br>↓<br>마리아 테레지아 거리<br>↓<br>티롤 민속 공연 | 왕궁<br>↓<br>궁정 교회<br>↓<br>티롤 민속 박물관<br>↓<br>스와로브스키 크리스털월드<br>↓<br>개선문<br>↓<br>인 강가 산책 | 베르기젤 스키점프대<br>↓<br>티롤 파노라마 박물관<br>↓<br>암브라스성 |

**Tip** 저녁식사를 마치고 '리히트블릭 360°'에 갈 것을 추천. 360° 통유리로 된 바는 하루의 긴 여정을 마무리하기에 안성맞춤이다.

PLANNING **04**

# 오스트리아의 교통

여행준비로 설렘 반, 두려움 반이라고?
먼저 교통을 완전 정복해보자.
어디서 어떻게 이동할지 정확히 계획을
세운다면, 마음이 든든해질 테니.

## 오스트리아 입국하기

### 1. 한국 → 오스트리아(비엔나) | 항공

인천국제공항에서 비엔나 슈베하트Schwechat국제공항까지 주7회 직항이 있다. 대한항공과 에어프
랑스가 공동운항한다. 1회 경유 노선은 다양한 항공사에서 매일 운항한다. 오스트리아에는 총 6개
의 국제공항이 있지만, 비엔나 이외의 지역은 2회 경유로 장시간 소요된다.

| 항공사 | 경유지 | 비행시간 | 비고 |
|---|---|---|---|
| 대한항공 Korean Air | 직항 | 11시간 20분 | 주 4회 (월·수·금·일) |
| 루프트한자 Lufthansa | 프랑크푸르트 | 15시간 35분 | 매일 |
| | 뮌헨 | 15시간 55분 | |
| 네덜란드 항공 KLM | 파리 | 16시간 55분 | 매일 |

※ 상기 일정은 2022년 10월 기준. 항공사 사정 및 출발일에 따라 일정 변경 가능

## 2. 주변 국가 → 오스트리아 ㅣ 항공

인접해 있는 다양한 국가에서 직항으로 올 수 있다. 복수 국가 여행을 계획 중이라면 참고하자.

| 출발지 | | 목적지별 소요시간 | | | 항공사 |
|---|---|---|---|---|---|
| | | 비엔나 | 잘츠부르크 | 인스부르크 | |
| 독일 | 프랑크푸르트<br>Frankfurt | 11시간 25분 | | 1시간 10분 | 루프트한자 Lufthansa |
| | 뮌헨<br>Munich | 55분 | | | 오스트리안 항공 Austrian Airlines<br>루프트한자 Lufthansa |
| 스위스 | 취리히<br>Zurich | 1시간 20분 | | | 오스트리안 항공 Austrian Airlines |
| 체코 | 프라하<br>Praha | 50분 | | | 오스트리안 항공 Austrian Airlines |
| 영국 | 런던 히드로<br>Heathrow | 2시간 15분 | | | 영국 항공 British Airways<br>오스트리안 항공 Austrian Airlines |
| | 런던 스탠스테드<br>Stansted | | 2시간 10분 | | 라이언 항공 Ryanair |

※ 상기 일정은 2022년 10월 기준. 항공사 사정 및 출발일에 따라 일정 변경 가능

　(소요시간은 시간대별로 상이하나, 가장 짧은 시간을 기준으로 기재했다.)

## 3. 주변 국가 → 오스트리아 ㅣ 기차

이웃 국가에서 DBDeutsche Bahn(독일철도) 또는 ÖBBÖsterreichische Bundesbahnen(오스트리아 연방 철도)를 이용해 오스트리아로 입국할 수 있다. 노선의 특성상 DB로 이동하는 것이 효율적이다.

| 출발지 | 목적지별 소요시간 | | |
|---|---|---|---|
| | 비엔나 | 잘츠부르크 | 인스부르크 |
| 뮌헨 Munich | 4시간 10분 | 1시간 30분 | 1시간 45분 |
| 프라하 Praha | 4시간 50분 | 5시간 50분 | 7시간 40분 |
| 부다페스트 Budapest | 2시간 40분 | 5시간 15분 | 7시간 05분 |
| 취리히 Zurich | 7시간 50분 | 5시간 25분 | 3시간 31분 |

※ 상기 일정은 2022년 10월 기준. 기차 사정 및 출발일에 따라 일정 변경 가능

**※ 참고사이트**
**DB**(독일철도) www.bahn.de
**ÖBB**(오스트리아 연방 철도) www.oebb.at
**유레일** www.eurail.com
**레일유로** www.raileurope.com

PLANNING **05**

# 떠나기 전에 인물로 보는 **오스트리아 왕가의 역사**

오스트리아 왕가의 역사는 합스 부르크 왕가의 역사라고 해도 과 언이 아니다. 프란츠 요제프 1세, 마리아 테레지아, 막시밀리안 1세 등 오스트리아 어딜 가나 자주 듣게 되는 황제와 여제가 누구인 지 쓱 한번 살펴보자. 뭐든 아는 만큼 보이는 법이니까.

**마지막 기사**
## 막시밀리안 1세 Maximilian I

오스트리아를 강대국으로 등극시킨 황제로 평가받는다. 1493년 막시밀 리안 1세가 프리드리히 3세의 제위 를 물려받았을 때 합스부르크 왕가 는 위기에 봉착해있었다. 제후들은 사사건건 황제의 발목을 잡았고 프 랑스의 군주들은 부르군트와 이탈리 아에서 황제를 곤경에 빠뜨렸다. 이 상황을 극복하기 위해 그는 결혼과 전쟁을 선택했다. 부유한 부르군트 상속녀인 마리아와 결혼해 유럽 최 고의 상업 중심지를 확보했다. 또 스 페인 및 보헤미아-헝가리 왕실과 이 중결혼 동맹을 맺어 합스부르크 왕 가의 세력을 넓혔다.

#### 유럽의 장모, 오스트리아의 국모
## 마리아 테레지아 Maria Teresia

신성로마제국의 황제 카를 6세의 장녀로 태어나 합스부르크 왕가의 유일한 여성 군주가 됐다. 합스부르크의 상속권은 넘겨받았지만, 신성로마제국의 황제는 여성이 승계할 수 없다는 조항 때문에 남편 프란츠 1세를 명목상 황제로 즉위시키고, 황후의 신분으로 오스트리아와 신성로마제국을 통치했다. 남편의 사망(1765년) 후에는 아들 요제프 2세와의 공동통치로 바꿨다. 의무교육을 제도화하고 농민의 착취를 막는 등 국가 개혁을 성공적으로 이끌었으며, 18세기 유럽 열강의 세력 각축전에서 오스트리아를 견고히 지켜낸 뛰어난 정치가였다. 슬하에 자녀는 16명이었다. 정치적 라이벌인 프랑스 부르봉 왕가와 동맹을 맺기 위해 막내딸 마리 앙투아네트를 루이 16세와 결혼시켰지만, 프랑스 혁명이 일어나 참수형 당했다.

#### 가장 오래 오스트리아를 통치한
## 프란츠 요제프 1세 Franz Joseph I

1848년 12월 2일, 겨우 18살의 나이에 황제가 돼 68년간 오스트리아를 통치했다. 당시 비엔나 혁명이 일어나던 시기였다. 시대의 흐름에 따라 군주제와 공화제 사이에서 아슬아슬한 줄타기를 하며 균형과 안정을 꾀했다. 1857년 12월 20일, 프란츠 요제프 황제는 비엔나의 옛 성곽을 없애고 링도로를 건설하며, 비엔나 근대화에 박차를 가했다. 1867년 오스트리아-헝가리 이중 제국 체제를 구축하기도 했다. 이전에는 오스트리아와 헝가리가 한 나라였다면, 오스트리아-헝가리 이중 제국 하에 헝가리 국민은 외교, 군대, 일부 재정 부문 외에는 거의 완전한 자치를 누리는 19세기형 연방제 국가로 거듭나게 되었다. 그러나 두 차례의 전쟁에서 패배하며 오스트리아는 점점 쇠락해갔다. 1916년 제1차 세계대전 중 프란츠 요제프 1세는 86세 나이로 세상을 떠났고, 2년 후 오스트리아 제국이 붕괴됐다.

#### 합스부르크 왕가의 태조
## 루돌프 1세 Rudolf I

1218년, 루돌프 1세가 태어났을 때만 해도 합스부르크가는 봉건 영주에 불과했다. 루돌프 1세가 당시 슈타우펜 왕가와 돈독한 관계를 유지하면서 서서히 가문을 일으켰다. 1273년, 그가 신성로마제국의 왕위에 오르며 합스부르크 가문은 어엿한 왕가의 반열에 들어섰다. 또한, 왕권을 공고히 하기 위해 선제후들과 친인척 관계를 맺는 정략결혼 전략을 펼쳤다.

# 선율이 흐르는 오스트리아,
## 대표 음악가를 소개합니다.

오스트리아는 음악의 나라. 합스부르크 왕가의 영향으로 독일 음악과
밀접한 관계를 유지하며 발전했다. 비엔나 전통 양식이 더해져 현재까지
세계 음악계에 지대한 영향을 미치고 있다.

### 프란츠 요제프 하이든
#### Franz Joseph Haydn (1732~1809)

'교향곡의 아버지'다. 100여 곡이 넘는 교향곡을 작곡하며 고전파 기악곡의 전형을 만들었다. 특히 1악장을 구성하는 소나타 형식을 완성한 인물이다. 1740년부터 성 슈테판 대성당 소년합창단에서 활동했는데, 이때 마리아 테레지아 여제의 총애를 받으며 음악 인생을 시작한다. 귀족 집안의 궁정악장을 역임하며 소나타 형식의 전형으로 간주되는 '러시아 4중주곡'을 만들었는데, 친구 모차르트에게도 영향을 준 작품이다. 1790년부터 5년간의 영국 연주 여행 중 작곡한 '잘로몬 교향곡'으로 크게 성공했고, 이로 인해 옥스퍼드 대학교에서 명예음악박사 칭호를 받았다. 영국에서 돌아온 하이든은 비엔나에서 베토벤과 처음 만났고, 그에게 음악을 가르쳤다.

### 볼프강 아마데우스 모차르트
#### Wolfgang Amadeus Mozart (1756~1791)

'음악의 신동', '천재 음악가'로 불리는 오스트리아의 대표적 음악가. 아마데우스는 신의 은총이란 뜻인데, 이름처럼 천부적 재능으로 고전주의 음악에 한 획을 그었다. 잘츠부르크에서 태어난 모차르트는 5세 때 궁정악단 부악장이었던 아버지에게 클라비에를 배웠다. 6세가 되던 해에 첫 작곡을 했고, 비엔나와 뮌헨의 왕궁에서 연주했다. 이후 독일, 이태리, 프랑스, 스위스 등 세계를 누볐다. 35년이라는 짧은 삶을 살았고, 그중 1/3은 연주여행을 했다. 그가 남긴 1천여 곡이 넘는 작품은 혼을 불어넣은 듯 생명력 넘치는 선율이 특징이다. 오페라 '마술피리', '돈조반니', '피가로의 결혼' 등으로 우리에게 친숙하다.

### 프란츠 페터 슈베르트
#### Franz Peter Schubert (1797~1828)

'겨울 나그네', '송어', '아베마리아', '마왕'을 비롯 650여 곡을 남긴 '가곡의 왕'이다. 사실 가곡이라는 예술장르는 이전까지 별 주목을 받지 못했다. 그러나 슈베르트의 물 흐르는 듯한 선율과 아름다운 화성이 세상을 움직였고, 마침내 독립된 음악의 한 부분으로 인정받았다. 슈베르트를 빼고 가곡을 논할 수 없을 정도이며, 슈만, 브람스 등의 음악에 그의 흔적이 짙게 남아 있다. 슈베르트의 삶은 화려한 음악가와 거리가 멀었다. 비엔나의 가난한 가정에서 태어나 생계를 위해 교사로 일하며 음악은 거의 독학으로 공부했다. 천재성을 알고 있는 주변인들이 그의 음악을 세상에 알리려 노력했으나, 번번이 실패했다. 안타깝게도 슈베르트가 세상을 떠난 후 재조명받았다.

## 요한 슈트라우스 2세 Johann Strauss II (1825~1899)

비엔나 왈츠의 전성기를 만든 '왈츠의 왕'이다. 아버지인 슈트라우스 1세는 '왈츠의 아버지'로 왈츠의 정형을 완성한 사람. 아들이 자기 뒤를 이어 음악가가 되는 것을 반대해 은행 관련 업무를 배우게 했다. 그러나 음악에 대한 열정은 막을 수 없었고, 어머니의 도움으로 아버지 몰래 음악 공부를 했다. 19세였던 1844년, 처음으로 자신의 악단을 만들었고, 1876년 미국 연주 여행을 통해 세계적 명성을 얻었다. '예술가의 생애', '황제', '빈 숲속의 이야기' 등 170여 곡의 왈츠를 작곡했고, 특히 '아름다운 푸른 도나우'는 걸작으로 꼽힌다. '집시 남작', '박쥐' 같은 오페레타도 유명하다.

## 안톤 브루크너 Anton Bruckner (1824~1896)

오스트리아의 작곡가이자 오르가니스트인 브루크너는 가톨릭 집안의 영향으로 그는 미사곡을 들으며 음악에 눈을 떴고, 성가대에서 노래하며 음악성을 키웠다. 1848년 성 플로리안 교회의 오르가니스트로 일하며 본격적으로 음악가의 삶을 시작, 40대 이후에 주요 작품들을 남긴 대기만성형 작곡가이다. 교회 음악 작곡에 사명감을 갖고 미사곡, 모테트(성악곡의 일종으로 종교적 합창곡) 등을 다수 남겼다. 그의 교향곡은 오르간의 화성적 구조를 오케스트라 선율에 입혀 종교적 색채가 강한 것이 특징이다.

## 구스타프 말러 Gustav Mahler (1860~1911)

말러의 교향곡은 방대한 악기 편성, 현란한 선율로 연주가 어렵다. 그럼에도 꾸준히 사랑받는 것은 그의 음악 속에는 사람과 인생이 있기 때문. 시를 쓰고, 철학을 공부했던 그가 반영돼 있다. 피아니스트로 세상의 주목을 받으며 15세 때 비엔나 음악원에 들어갔다. 화성학, 작곡을 공부하며 지휘자로 거듭나 당대 음악가로는 최고 자리인 비엔나 국립 오페라 극장의 음악감독이 된다. 유태인이라는 꼬리표 때문에 여론이 술렁였으나, 세계 최고의 공연을 선사하며 논란을 불식시켰다. 교향곡 '천명의 교향곡', '대지의 노래', 가곡 '방랑하는 젊은이의 노래' 등이 대표작.

## 아르놀트 쇤베르크 Arnold Schönberg (1874~1951)

12음기법의 창시자다. 이전 음악에는 '다 장조'라면 '도', '마 단조'라면 '미'가 으뜸음이 되는 주종관계가 있었다. 12음기법은 이 주종관계를 없애고 한 옥타브 안 12개 음(흰 건반 7개, 검은 건반 5개)에 동등한 자격을 주는 것이다. 장조, 단조 같은 개념이 없어져, 무조음악이라고도 한다. 그가 처음으로 12음기법을 사용한 것은 '피아노를 위한 모음곡'이다. 당시 그의 음악을 이해한 사람은 거의 없었으나, 제자 베르크와 베베른이 더욱 발전시켜 하나의 기법으로 정착했다. 주요 작품으로는 '달에 홀린 피에로', '정화된 밤' 등이 있다.

# 오스트리아가 제 2의 고향인 음악가들

## 루드비히 반 베토벤

Ludwig van Beethoven (1770~1827) 국적 독일

'악성'(음악의 성인) 베토벤. 독일에서 태어나 피아니스트, 오르가니스트로 명성을 얻던 중 하이든의 가르침을 받게 된다. 승승장구하던 20대 후반부터 청력의 이상을 느꼈던 그는 이내 청력을 잃지만 굴하지 않고 교향곡 '영웅', '전원', '합창' 등을 써내려갔다. 고전파 음악에 절정기를 가져오고, 낭만파의 길을 연 인물. 소나타 형식의 개혁을 일으켜 완성했다. 1792년 비엔나로 옮겨 음악 활동을 계속하다 생을 마쳤다.

## 요하네스 브람스

Johannes Brahms (1833~1897) 국적 독일

낭만주의 시대의 화려함 속에서 고전파의 전통을 지킨 작곡가다. 소박한 인품이 더해져 독자적 작풍으로 유명하다. 그의 천재성을 발견한 슈만을 통해 세상에 널리 알려졌다. 그의 진면목은 1876년에 작곡한 '제1 교향곡'에서 나타났는데, 베토벤 9번 교향곡을 잇는 10번 교향곡이라고 칭송받았다. 이후 매년 '독일 레퀴엠', '승리의 노래' 같은 걸작을 발표한다. 독일에서 태어나 29세 때 비엔나로 이주했다. 비엔나 최고의 음악가로 추대됐고, 1872년부터 음악협회 지휘자를 역임했다.

## 리하르트 슈트라우스

Richard Strauss (1864~1949) 국적 독일

신기에 가까운 관현악법으로 교향시 부분 최대의 업적을 남겼다. 22세 때 교향시 '돈 환'으로 말러에게 인정, 그 후 다채롭고 새로운 기법을 묘사하며 전성기를 맞는다. 6세에 첫 피아노 작품을 시작으로 12세 때 '축제행진곡'을 작곡한 신동. 오페라의 꽃을 피운 인물로도 평가된다. 뮌헨, 베를린 등 오페라 극장 지휘자를 역임, 1919년부터 비엔나 국립 오페라 극장의 음악감독으로 일했다. 안익태를 지도하기도 했다. '장미의 기사', '돈키호테', '짜라투스트라는 이렇게 말했다', '살로메' 등이 우리에게 친숙하다.

> (Tip) **오스트리아의 대표 극장**
>
> 〈비엔나〉
> • 비엔나 국립 오페라 극장 www.wiener-staatsoper.at
> • 비엔나 콘서트홀 www.konzerthaus.at　• 악우협회 www.musikverein.at
> • 국민 오페라 극장 www.volksoper.at
>
> 〈잘츠부르크〉
> • 대축전 극장 www.salzburgerfestspiele.at　• 모차르테움 www.mozarteum.at

PLANNING **07**

# 오스트리아 대표 화가
# 3인방의 오묘한 세계

구스타프 클림트, 에곤 실레, 오스카 코코슈카. 미술관에서 19세기 말 화가의 작품을
보는 것은 오스트리아 여행의 또 다른 묘미다. 숙제하듯 미술관 문턱을 넘지 말자.
성큼성큼 다가가 놀라운 작품들 사이를 천천히 음미하며 거닐어보자.
그림 뒤에 감춰진 화가의 뜨거운 열정과 교감하는 짜릿한 순간을 만나게 될 테니.
그저 열린 마음과 여유로운 시간이면 충분하다.

### '모든 예술은 에로틱하다'
## 구스타프 클림트 Gustav Klimt (1862~1918)

〈키스〉, 〈유디트〉, 〈베토벤 프리즈〉 등 황금 액자 안 그림부터 벽화까지 금빛 찬란한 작품을 남기고 간 클림트. 금 세공사인 아버지와 빈 공예미술학교에서 익힌 장식 미술 기법으로 자신만의 세계를 구축했다. 그의 주제는 언제나 여성이었다. 에로틱하다는 비판에도 굴하지 않고 관능적인 이미지를 화려한 색채로 표현하며 성性과 사랑, 죽음에 대한 알레고리로 많은 이들을 매혹시켰다. 전통적인 미술에 대항해, '비엔나 분리파(제체시온)'를 결성, 세기말 미술계를 이끌기도 했다. 그의 대표작을 감상하려면 〈키스〉, 〈유디트〉가 있는 벨베데레 궁전과, 〈죽음과 삶〉이 있는 레오폴드 미술관, 〈베토벤 프리즈〉가 있는 제체시온으로 가야 한다. 그의 아틀리에가 궁금하다면 클림트 빌라를 추천. 미술사 박물관이나 부르크 극장에 가면 클림트가 꽃청춘 시절에 남긴 벽화도 볼 수 있다.

### 벌거벗은 영혼
## 에곤 실레 Egon Schiele (1890~1918)

요절한 표현주의 화가 에곤 실레. 그의 그림 속에는 앙상하게 마른 육체들이 자유로운 선처럼 뒤엉켜 있다. 인물들의 시선이 어두운 색감, 암울한 분위기를 뚫고 나올 듯 당당하다. 그의 관심사는 주로 죽음에 대한 불안과 성적 욕망, 그리고 인간의 실존을 둘러싼 고통스러운 투쟁이었다. 그의 삶 역시 그림만큼 강렬했다. 초기에는 멘토 클림트의 영향을 받아 그림을 그리다가 점차 독자적인 스타일을 선보였다. 클림트 사망 후 에곤 실레는 오스트리아를 이끄는 화가로 등극. 하지만 같은 해 10월, 아내와 뱃속의 아기가 스페인 독감에 걸려 사망하고, 슬퍼하던 실레 역시 같은 병으로 세상을 떠나고 말았다. 그의 나이 28살이었다. 그가 남긴 수많은 자화상, 인물화 등은 레오폴드 미술관에서 만나볼 수 있다. 그밖에 〈포옹〉, 〈가족〉 등 몇몇 작품은 벨베데레 궁전에 전시돼 있다.

### 영혼을 묘사하는
## 오스카 코코슈카 Oskar Kokoschka (1886~1980)

화가이자 시인, 극작가였던 오스카 코코슈카도 '비엔나 분리파'에 큰 영향을 받아 표현주의를 주도했다. 차갑고 어두운 색채와 거친 붓 터치가 특징. 코코슈카는 1914년 구스타프 말러Gustav Mahler의 미망인 알마 말러Alma Mahler와의 격정적인 사랑을 소재로 한 〈바람의 신부(폭풍우)〉를 통해 명성을 얻었다. 코코슈카는 알마가 그로피우스와 재혼한 뒤에도 그녀에 대한 사랑을 접지 못해, 7년간 기이한 행동을 보였다. 자신의 비참한 모습을 그린 〈인형과 함께 있는 남자〉를 마지막으로 알마를 포기한 코코슈카는 당대 최고의 화가의 반열에 올랐다. 특히, 인물의 영혼까지 꿰뚫어 묘사하는 '심리적 초상화'에 뛰어나다고 평가받는다.

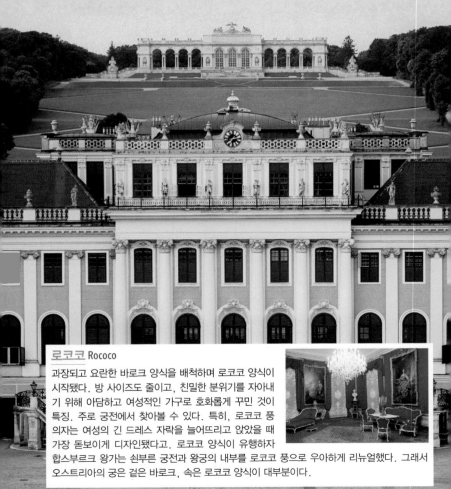

PLANNING **08**

# 알수록 빠져든다,
## 시대별 건축물

건축은 시대정신을 반영한다. 고로 '왜 그렇게 지었나?' 배경을 알고 건축물을 보면 더 흥미롭다. 오스트리아 여행에서 무수히 마주치는 풍경이 저마다 다른 자태를 뽐내는 멋진 건물들 아니던가. 그래서 정리했다. 바로크부터 포스트 모더니즘까지 오스트리아 건축사.

### 로코코 Rococo

과장되고 요란한 바로크 양식을 배척하며 로코코 양식이 시작됐다. 방 사이즈도 줄이고, 친밀한 분위기를 자아내기 위해 아담하고 여성적인 가구로 호화롭게 꾸민 것이 특징. 주로 궁전에서 찾아볼 수 있다. 특히, 로코코 풍 의자는 여성의 긴 드레스 자락을 늘어뜨리고 앉았을 때 가장 돋보이게 디자인됐다고. 로코코 양식이 유행하자 합스부르크 왕가는 쇤브룬 궁전과 왕궁의 내부를 로코코 풍으로 우아하게 리뉴얼했다. 그래서 오스트리아의 궁은 겉은 바로크, 속은 로코코 양식이 대부분이다.

## 바로크 Baroque

17세기 후반 르네상스 이탈리아에서 시작돼 유럽으로 확산된 바로크 양식은 역동적이고, 비대칭적이며, 위압적일 만큼 화려하다. 그 점이 세력을 과시하고 싶은 합스부르크 왕가의 취향을 저격해, 오스트리아의 궁전과 성당 건물에 크게 유행했다. 궁전에서는 축제도 많이 열렸기 때문에, 궁전 정원을 '축제의 장'으로 활용한 '정원 궁전' 개념도 그때 탄생했다. 바로크 양식의 대표 건축으로는 쇤부른 궁전, 카를스 성당, 벨베데레 궁전이, 대표 건축가로는 피셔 폰 에를라흐Fischer von Erlach가 있다.

## 모더니즘 Modernism

'장식은 죄악이다'라고 주장한 아돌프 로스Adolf Loos에 의해 시작됐다. 그는 미국에서 기능주의 건축 양식을 공부한 후 1899년 장식을 철저히 배제한 '카페 무제움'을, 1910년 왕궁 입구에 '로스 하우스'를 지으며 큰 파장을 일으켰다. 흔한 벽장식조차 없는 로스 하우스는 공사중지를 먹을 만큼 분란을 일으켰으나, 지금은 모더니즘 건축의 시조라 칭송받고 있다.

## 포스트 모더니즘 Post Modernism

세월이 흘러 유럽의 주류가 된 모더니즘 건축에 반기를 든 건축가, 한스 홀라인Hans Hollein. 그는 밋밋한 벽과 사각 창을 일률적으로 배치한 건축 양식이 지루하다며, 유리와 콘크리트로 만든 커브형 건물 하스 하우스를 선보였다. '포스트 모더니즘'의 시작이었다. 당시에는 맹비난을 받았지만 지금은 슈테판 대성당과 함께 비엔나의 랜드마크가 됐다. 하스 하우스의 유리창이 아름다운 거울처럼 슈테판 대성당의 모습을 비추어 여행자의 발길을 멈추게 한다.

## 유겐트스틸 Jugendstil

'청춘양식'이란 의미의 유겐트스틸은 '새로운 예술'이란 뜻의 아르누보Artnouveau 독일어 버전. 온 유럽에 아르누보 바람이 불던 19세기 말, 오스트리아에도 장식미를 추구하는 유겐트스틸이 대세였다. 대표 건축가는 오토 바그너 Otto Wagner로 지금도 비엔나의 U-bahn U4, U6와 카를스 광장에서 그의 작품 세계를 엿볼수 있다. 그의 또 다른 작품으로 집합주택, 마욜리카하우스&메달리온하우스도 있다.

비엔나 축제

잘펠덴 재즈축제

# 일생에 한 번은
# 오스트리아의 음악 축제를!

오스트리아는 음악을 빼고 논하기 어렵다. 음악의 나라답게 곳곳에서 크고 작은
음악 축제가 열린다. 일생에 한 번쯤은 볼 만한 가치가 있는 대표 음악 축제를 소개한다.

슈베르트 축제

### 비엔나 축제

Wiener Festwochen (5~6월)
유럽 문화 예술의 중심 비엔나가
2차 세계대전으로 피폐해지자,
회복을 위해 시작된 행사. 1951
년 이후 매해 5~6월에 진행되
어 '봄의 축제'로도 불린다. 시
청 광장 야외 무대에서 개막공연
이 열린다. 클래식, 재즈, 연극,
무용, 영화 등 다양한 장르의 공
연이 진행된다. 쇤부른 궁전 야
외 공연도 비엔나 축제의 일부.
5~6주간 180여 회 공연이 열리
며, 평균 18만 명이 관람한다.
www.festwochen.at

### 잘펠덴 재즈축제

Jazzfestival Saalfelden (8월)
1979년 시작한 유럽의 대표 재
즈축제. 클래식 음악이 먼저 떠
오르는 오스트리아지만, 세계
적으로 유명한 재즈 음악가들이
최고의 악기로 연주하는 잘펠
덴 재즈축제도 빼놓을 수 없다.
4일간 30여 회의 공연이 열린
다. 새벽부터 밤까지 도시가 재
즈에 취해 있는 셈이다. 도시와
시골의 중간쯤 되는 잘펠덴의
독특한 분위기와 함께 재즈를
즐겨보자.
www.jazzsaalfelden.com

### 슈베르트 축제

Schubertiade Festival (5~10월)
슈베르트가 친구들과 나눴던 '음
악과 사교의 밤, 슈베르티아데
Schubertiade'에서 비롯된 이름이
다. 독일 성악가 헤르만 프라이
Hermann Prey가 1976년에 공식
화했다. 슈바르젠베르크Schwarzen
berg와 호헤넴스Hohenems에서
진행되며, 슈베르트의 가곡, 피
아노 등 약 80회 공연과 학생들
이 유명 연주자에게 직접 배울 수
있는 마스터 클래스가 진행된다.
www.schubertiade.at

브레겐츠 축제

그라페네크 음악축제

### 브레겐츠 축제
Breganz Festival (7~8월)
1946년, 휴가로 방문한 사람들을 위해 시작한 오페라 축제. 극장을 세울 여력이 없어 보덴호 Lake Constance에 바지선을 2대 띄웠다. 하나에는 모차르트 오페라 〈바스티앙과 바스티엔〉 무대를, 다른 하나에는 비엔나 심포니 오케스트라가 채워졌다. 첫 공연 이후, 현재까지 대표적 여름 음악축제로 운영 중. 2년마다 작품이 교체된다. 영화 〈007 퀀텀 오브 솔러스〉에도 등장한다.
www.bregenzerfestspiele.com

### 잘츠부르크 축제
Salzburger Festspiele (7~8월)
오스트리아를 대표하는 음악축제. 모차르트 연구기관 모차르테움의 음악회에 뿌리를 두고 있다. 1920년 공식 축제가 되었으며, 지금까지 첫 공연은 연극 〈예더만〉이 담당. 매해 5~6주간, 오페라, 콘서트, 연극 등 약 200회의 공연이 열린다. 축제를 위해 3천여 명을 고용할 정도로 큰 규모. 독일 바이로이트, 스코틀랜드 에든버러 축제와 함께 유럽 3대 음악축제다.
www.salzburgerfestspiele.at

### 그라페네크 음악축제
Musikfestival Grafenegg (6~9월)
루돌프 부흐빈더Rudolf Buchvinder가 예술 감독을 담당하고 있는 국제 음악축제. 그는 5세 때 비엔나 국립음대에 입학, 10세에 데뷔한 천재 피아니스트다. 그가 이끄는 오케스트라 연주를 비롯, 각종 콘서트가 2007년부터 여름마다 진행되고 있다. 바로크 양식의 고성에 둘러싸인 형이상학적 야외무대에서 주공연이 열린다. 비엔나에서 차로 40분 거리라 여행자들에게도 인기.
www.grafenegg.com

# 알수록 맛있다!
# 오스트리아 음식 백과사전

많은 유럽 나라들이 그랬듯 오스트리아의 국경선도 들쑥날쑥했다. 영토를 뺏기도,
혹은 빼앗기기도 하면서 문화, 예술과 함께 음식도 서로에게 영향을 미쳤다.
특히 먹거리에서는 이태리, 독일, 폴란드, 헝가리 등 이웃나라들의 흔적을 쉽게
찾을 수 있다. 덕분에 독특하지만 낯설지 않은 음식들이 여행의 재미를 더한다.
여기, 핵심을 정리했다. 쓱! 읽고 떠나자. 맛있고 즐거운 오스트리아가
당신을 기다린다. "Guten Apetit(구텐 아페티트, 맛있게 드세요)."

## 언제, 어떤 메뉴를 먹으면 좋을까?

**아침 오전 7시**
버터와 잼을 곁들인 빵과 커피.

**점심 오후 2~3시**
레스토랑에서 합리적 가격으로 오늘의 메뉴(단품 또는 2~3코스) 판매. 대부분 3시부터 브레이크 타임, 5시~6시에 저녁 영업 재개.

**점심과 저녁 사이**
티타임. 자허토르테나 모차르트쿠겔을 곁들여 커피 한 잔.

**저녁 오후 6~7시**
식전주(아페리티프)로 시작. 다양한 육류를 와인이나 과일주스와 함께 즐김. 과일 브랜디 같은 달콤한 주류가 식후주(디제스티프)로 제공.

> **계절별 키워드**
> **봄** 아스파라거스, 야생 마늘Bärlauch,
> 마이복Maibock(5월의 맥주라는 뜻)
> **여름** 살구(바하우 지역), 물고기(잘츠카머구트 지역 빙하 호수), 맥주, 초콜릿
> **가을** 버섯, 가금류, 햇와인, 거위 요리
> **겨울** 바닐레키페를Vanillekipferl
> (초승달 모양 비스킷), 와인, 커피, 레브쿠헨
> Lebkuchen(생강과 꿀을 넣은 과자)

## 어디서, 어떤 메뉴를 팔까?

**비르츠하우스wirtshaus, 가스트하우스Gasthaus**
여인숙, 여관이란 뜻으로 숙소를 겸한 작은 식당에서 비롯된 명칭. 지역 특산 메뉴를 중심으로 가정식 같은 부담 없는 음식을 판매한다.

**레스토란트Restaurant**
일반 식당을 지칭하는 말로 피자, 파스타부터 오스트리아 전통 음식점, 미슐랭 스타까지 광범위한 식당을 뜻한다.

**바이즐Beisl**
주류와 간단한 먹거리를 판매하는 로컬 펍Pub이다.

**카페Cafe, 카페하우스Kaffeehaus**
커피, 디저트와 함께 간단한 식사류를 판매한다. 대부분 음식 수준이 좋은 편이나 가스트하우스혹은 일반 식당보다 가격이 비싸다.

**콘디토라이Konditorei**
전통적인 케이크 하우스. 초콜릿과 커피 등도 판매한다.

**호이리거Heuriger**
햇와인을 파는 술집을 뜻한다. 주로 와인 생산지 주변에 있고, 합리적 가격의 먹거리를 판매한다.

**브라우에라이엔Brauereien**
직접 양조하는 소형 맥주 전문점이다.

**임비스투베Imbissstube,**
**뷔르스텔스탄트Würstelstand**
길거리에 있는 스낵바 또는 소시지 판매대를 뜻한다.

> • 가능하다면 예약하는 것이 현명하다.
>   특히 관광지의 소문난 맛집은 30분 이상 기다려야 하거나, 예약에 의해서만 운영되기도 한다.
> • 고급 레스토랑의 경우 인당 커버차지가 있다.
> • 대부분 신용카드를 쓸 수 있다.
> • 10% 내외의 팁을 지급하는 것이 일반적이다.

# \ 추천 메뉴 /

### 프리타텐주페 Fritattensuppe

맑은 수프인 콘소메Consomme의 일종이다. 팬케이크 반죽을 국
수처럼 얇게 썰어 넣은 것이 특징. 모래알처럼 작은 당근과 파가
아삭한 식감과 개운함을 선사한다.

### 비너 슈니첼 Wiener Schnitzel

왕돈가스처럼 생긴 오스트리아의 대표 음식. 전통적으로 송아지
고기를 사용하나, 간혹 돼지고기를 쓰기도 한다. 함께 나오는 레
몬을 쭉 뿌리면 먹을 준비 완료. 호박씨 오일을 뿌린 감자가 사이
드 메뉴로 제격이다.

### 타펠슈피츠 Tafelspitz

우둔살을 각종 야채와 함께 푹 삶은 음식이다. 작은 단지에 국물
과 함께 제공되는데, 나이프가 필요 없을 정도로 부드럽다. 서양
고추냉이인 홀스래디쉬 소스를 곁들여 먹으면 좋다.

### 린츠굴라쉬 Rindsgulasch

헝가리에서 건너온 메뉴로 소고기, 돼지고기, 양고기 등 다양한
재료로 만들 수 있다. 전골이나 스튜처럼 야채와 함께 걸쭉하게
끓여 국물이 일품. 파프리카나 캐러웨이 같은 향신료로 독특한
맛을 낸다.

### 차르 Char

곤들매기과의 생선. 구이로 먹는 게 일반적이다. 호수를 품고 있
는 잘츠카머구트 지역에 간다면 반드시 먹어봐야 하는 메뉴. 바
닥까지 보일 것 같은 맑은 호수 덕에 별 양념 없이 숯불에 쓱 굽
기만 해도 끝내주는 맛이 난다.

### 브라트부어스트 Bratwurst

오스트리아인들이 가장 많이 먹는 소시지다. 소고기, 돼지고기
또는 송아지 고기로 만들기도 한다. 통통한 소시지를 폭신한 빵
사이에 넣어 머스터드나 케첩을 뿌려 먹으면 환상적인 핫도그가
된다. 좀 더 날씬하고 긴 소시지는 프랑크푸르터스Frankfurters.

### 스펙 Speck

염장 훈제한 돼지고기를 자연바람에 수 개월간 건조한 것. 프로슈토Prosciutto처럼 얇은 것부터 판체타Pancetta처럼 도톰한 것까지 다양하게 있다. 와인 마실 때 꼭 기억해야 할 잇 아이템.

### 슈트루델 Strudel

소용돌이라는 뜻의 이름처럼 패스츄리 반죽을 돌돌 말아 구운 것. 시럽에 졸인 사과를 넣은 아펠슈트루델Apfelstrudel이 가장 익숙하다. 하지만 햄, 치즈, 시금치 등을 넣은 것은 현지인들이 즐겨먹는 간식거리.

### 노케를 Nockerl

오스트리아인들이 사랑하는 수플레다. 상상을 초월하는 점보 사이즈로, 기본이 3~4인용. 달콤함과 폭신함의 끝을 경험할 수 있다. 조리하는데 25분 정도 걸리니, 시간적 여유를 갖고 주문할 것.

### 토펜크뇌델 Topfenknödel

치즈와 계란 넣은 반죽을 동글게 말고, 빵가루를 입혀 튀긴 것. 경단 혹은 물만두 같이 생겼다. 일단 하나 먹으면 담백 고소한 치즈 맛에 손이 멈추지 않는다. 과일을 설탕에 졸인 컴포트를 곁들여 주거나 아예 반죽 안에 넣어 튀기기도 한다.

### 자허토르테 Sacher Torte

오스트리아를 대표하는 케이크. 초콜릿 스펀지 사이에 살구 잼을 바르고 다크 초콜릿을 씌워 마무리! 원조는 비엔나의 카페 자허이지만, 오스트리아 카페라면 어디서든 맛볼수 있다.

### 카이저슈마른 Kaiserschmarrn

도톰하고 폭신한 팬케이크를 무심한 듯 툭툭 작은 조각으로 자른 것. 위에 슈가파우더를 솔솔 뿌리고 컴포트와 곁들여 준다. 원래는 디저트 메뉴이나, 젊은이들 사이에는 브런치 메뉴로 인기 있다.

# 취향 따라 마시는
# 오스트리아 와인 vs 맥주

오스트리아는 와인파도 맥주파도 룰루랄라 즐거운 음주생활을 만끽할 수 있는 나라다.
알프스 산맥이 지나는 서부에서는 독일 버금가는 밀 맥주와 필스너 스타일
라거 맥주가, 동부에서는 고퀄리티의 화이트 와인이 생산된다.
어딜 가나 수준급 와인과 맥주를 즐길 수 있다는 말씀!

### 화이트 와인 천국, 오스트리아

세계 와인 생산량에서 오스트리아 와인이 차지하는 비중
은 1%. 오스트리아의 동부, 니더외스터라이히주와 부르겐
란트주가 오스트리아 와인의 양대 산지다. 소규모 와인 생
산자 2만 3천 명이 와인을 만들지만 내수로 거의 소비되고
만다. 고로, 오스트리아 여행은 오스트리아 와인 맛을 볼
수 있는 절호의 기회인 셈.

### 오스트리아 대표 와인 그뤼너 벨트리너

니더외스터라이히주의 '그뤼너 벨트리너Grüner Veltliner'로
만든 화이트 와인이 오스트리아의 간판스타. 오스트리아
전체 와인밭의 30%를 그뤼너 벨트리너가 차지할 정도.
레스토랑 와인리스트에도 상위권을 차지하고 있다. 그저
'그뤼~너 벨트리너'라 읽고, 레몬과 복숭아향이 감도는
신선한 와인 맛을 즐기면 된다.

> (Tip) 같은 그뤼너 벨트리너라도 지역에 따라 맛이 차이 난
> 다. 그뤼너 벨트리너 중 상급 와인은 바하우Wachau,
> 크렘스탈Kremstal, 캄프탈Kamptal 마을을 중심으로 생산되
> 며, 프랑스 부르고뉴Bourgogne산 화이트 와인에 버금가는
> 품질을 자랑한다.

### 오스트리아의 레드 와인

레스토랑의 레드 와인 리스트에 빠지지 않고 등장하는 츠
바이겔트Zweigelt는 오스트리아에서 가장 많이 생산되는
적포도 품종이다. 부드러운 타닌에 검은 자두와 딸기향
이 어우러진 우아한 와인이다. 좀 더 강력한 타닌과 스파
이시한 향을 원한다면 블라우프랭키쉬Blaufränkisch 품종을
주문해보자.

### 오스트리아의 맥주

밀 맥주의 본고장 남부 독일 바이에른과 가까운 잘츠부르크
근교에서 만든 밀 맥주는 수준급이다. 맥주에는 물, 몰트,
홉, 효모밖에 넣지 않는다는 '맥주 순수령'을 지켜온 독일
과 달리 다양한 허브를 배합해 개성 있는 맛을 선보이는 것
이 오스트리아 맥주의 특징. 그중에서도 오스트리아의 국
화 이름을 딴 '에델바이스Edelweiss'는 알프스의 허브가 가미
된 프리미엄 밀 맥주. 15세기부터 수녀원에서 빚어온 '괴
서Gösser'나, 모차르트가 즐겨 마셨다는 '스티글Stiegl'도 한
번쯤 마셔보자.

# 예술가들이 사랑한 **백 년 카페**

그곳에 가면, 19세기에 멈춰버린 시간을 만날 수 있다. 백 년 전 가난한 예술가들이 글이나 곡을 쓰고 작품을 구상했던 카페들이다. 많은 카페들이 비엔나 링도로 주변에 옛 모습 그대로 남아 있다. 100살은 훌쩍 넘긴 연륜 있는 카페의 낡은 의자에 몸을 기대 마시는 향긋한 커피 한 잔은 오스트리아 여행을 더욱 달콤하게 만들어준다.

### 카페에서 무얼 마실까?

비엔나의 카페에 '비엔나 커피'는 없다. 비엔니즈들이 즐겨 마시는 커피는 비너 멜랑쥐. 우리에게 '비엔나 커피'로 알려진 커피의 정식 명칭은 아인슈페너! 그 밖에도 커피 종류만 수십 가지.

**브라우너 Brauner**
에스프레소 위에 크림을 올려주는 커피.

**슈바르처 Schwarzer**
검다는 뜻의 슈바르처는 에스프레소에 물을 부어주는 블랙커피.

**비너 멜랑쥐 Winer Melange**
우유를 넣은 커피에 우유 거품을 살포시 올려주는 비엔나 스타일 카페 라테.

**피아커 Fiaker**
피아커를 모는 마부들이 즐겨 마시던 커피로, 럼주 또는 브랜디를 넣은 에스프레소.

**카푸치너 Kapuziner**
더블 에스프레소에 휘핑 크림을 얹어 마신다. 이탈리아 카푸치노와 비슷.

**프란치스카너 Franziskanerr**
우유를 넣은 커피 위에 우유거품 대신 휘핑크림을 얹어준다.

**마리아 테레지아**
Maria Theresia
오렌지 리큐어를 넣은 더블 에스프레소에 크림을 얹어 마시는 커피.

**아인슈페너 Einspanner**
'한 마리의 말이 끄는 마차'라는 뜻으로 에스프레소 위에 휘핑크림을 듬뿍 올린 커피.

비너 멜랑쥐

프란치스카너

아인슈페너

## 비엔나 3대 클래식 카페

### 140년 역사가 깃든
### 첸트랄 Café Central

1876년 문을 연 첸트랄은 프로이트, 트로츠키, 히틀러도 단골이었다. 150년 전통의 유명 카페답게 아침부터 밤까지 관광객들의 발길이 끊이지 않는다. 입구에선 시인 페터 알텐베르크의 실물 크기 인형이 손님을 맞는다. 페터 알텐베르크는 문턱이 닳도록 들락거리다 못해, 주소까지 첸트랄로 옮겨놓고 글을 썼다고. 시그니처 메뉴는 에스프레소에 살구 리큐어를 넣고 휘핑크림을 올린 카페 첸트랄 커피. 푸짐한 아침 메뉴도 인기다. 비엔나 120p

### 비포 선라이즈 속 배경
### 카페 슈페를 Café Sperl

한눈에 봐도 세월의 흔적이 고스란히 묻어나는 아늑한 카페. 135년째 같은 자리에서 성업 중이다. 요한 슈트라우스 2세 다음으로 성공한 오페레타 작곡가, 프란츠 레하르도의 단골 카페였다. 1990년대 수많은 남녀들의 가슴을 설레게 한 영화 〈비포 선라이즈〉의 촬영지로 더욱 유명하다. 주인공 셀린느(줄리 델피)가 친구와 전화통화를 하며 제시(에단 호크)에게 고백하는 장면을 여기서 촬영했다. 비엔나 157p

### 클림트와 에곤 실레가 처음 만난
### 카페 무제움 Café Museum

구스타프 클림트, 에곤 실레, 오스카 코코슈카 등 19세기 말 젊은 예술가의 아지트였던 곳. 구스타프 클림트와 에곤 실레가 이곳에서 처음 만났다. 근대 건축의 선구자, 아돌프 로스가 인테리어를 맡아 더욱 화제가 됐다. 당시에는 군더더기 없이 실용적인 디자인이 '허무주의 카페'라 조롱받을 만큼 파격적이었다고. 무지엄 콰르티에 빈, MQ나 국립 오페라 극장을 오가는 길에 들르기 좋은 위치다. 비엔나 158p

$\boxed{\text{PLANNING } \textbf{13}}$

# 입꼬리가 올라가는 **쇼핑리스트**

여행지 느낌이 팍팍 나면서도 받는 사람 입꼬리가 승천할 선물 고르기가 어디
쉬운 일인가? 가족, 친구 선물 챙기다 보면 나를 위한 선물 살 시간이 부족하다.
미리 체크해서 가면 쇼핑이 두 배로 즐거워진다. 초콜릿&과자, 액세서리 등
오스트리아에서 장만하면 이득인 아이템을 카테고리별로 정리했다.

## 커피&디저트류 --------------------------------------------------------

**마너 Manner**
오스트리아의 국민간식. 진
하고 달콤한 맛의 헤이즐넛
크림 웨하스가 스테디셀러
다. 여러 명에게 나눠주기 좋
게 낱개 포장돼 사무실에 뿌
리기도 딱 좋다.

**자허토르테 Sachertorte**
살구잼을 바른 초콜릿 스펀
지 케이크를 다시 초콜릿으로
코팅한 케이크. 자허토르테
의 원조 카페 자허에 가면 선
물용으로 한 판을 구입할 수
있다.

**모차르트쿠겔 Mozartkugel**
모차르트 초상이 그려진 수
제 초콜릿의 원조는 잘츠
부르크 퓌르스트 카페Fürst
cafe다.

**차우너스톨렌 Zaunerstollen**
바트 이슐의 대표 디저트로,
콘디토라이 차우너Konditorei
Zauner에서만 판다. 작은 박
스 포장돼 있고 유통기한이
넉넉하다. 단지 가격이 비쌀
뿐. 소중한 사람을 위한 달콤
한 선물로 강추!

**율리우스 마이늘 Julius Meinl**
150년째 오스트리아의 커피
산업을 이끌어온 커피 브랜드.
비엔나 율리우스 마이늘 숍이
나 마트의 커피 코너에서 원두
를 살 수 있다.

**달마이어 Dallmayr**
18세기 독일 황실에 납품한
커피로 알려진 달마이어. 오
스트리아의 마트에서도 흔히
볼 수 있다. 프로모션 기간에
사면 더욱 저렴하다.

## 액세서리

### 스와로브스키 Swarovski
세계적인 크리스털 주얼리 브랜드 스와로브스키
의 고향은 오스트리아! 블링블링한 크리스털 펜
던트 달린 목걸이가 닫힌 지갑을 열게 만든다.

### 프라이 빌레 Frey Wille
클림트, 훈데르트바서 등 거장의 작품에서 영감
을 받은 화려한 색감의 주얼리 브랜드. 여성용
반지, 팔찌와 남성용 커프스 등이 인기.

## 도자기&와인 잔

### 아우가르텐 Augrten
마리아 테레지아 여제의 사
랑을 한 몸에 받은 왕실 도자
기 브랜드로 비엔나와 잘츠부
르크 등에 매장이 있다. 가장
유명한 라인은 '비엔나의 장
미' 시리즈!

### 그문덴 도자기 Gmundner Keramik
500년이 넘는 역사를 자랑하
는 도자기 브랜드. 이름처럼
그문덴의 명물이지만 비엔나에
서도 살 수 있다. 수작업으로
그린 사슴과 스키 선수 문양의
그릇과 잔이 인기.

### 리델 Ridel
10대째 대를 이어온 와인잔의
명가. 그중 수작업으로 만드
는 '소믈리에 시리즈'가 유명하
다. 뉴욕 현대 미술관에 '20세
기 명품'으로 선정됐을 정도.
와인잔과 함께 디캔터도 인기
다. 기계로 만든 잔은 수제 잔
의 반값.

**Tip 쇼핑의 즐거움, 세금 환급 Tax Refund!**
국내 가격보다 저렴하게 구매했는데, 세금 환급까지 받으면 이게 웬 떡이냐 싶을 만큼 만족감이
올라간다. 오스트리아는 75유로 이상 구매 시, 세금 환급이 가능하다. 합산 금액이 75유로가 넘으
면 무조건 '택스 리펀Tax Refund' 서류를 달라고 하자. 출국 시 공항에서 이 서류와 여권, 구매 상품을
보여주면 현금 또는 카드로 환급받을 수 있다.

# 오스트리아 **여행 체크리스트**

설렘을 가득 안고 떠나는 여행, 막상 가려니 걱정이 앞선다고?
그래서 준비했다. 가기 전에 알아두면 유용한 정보 총정리!

### Q1. 오스트리아 여행, 언제가 좋을까?

중부 유럽이라는 지리적 특성상, 동쪽은 대륙성,
서쪽은 해양성 기후의 영향을 받는다. 전체적으
로 겨울이 길고 여름이 짧으며, 겨울은 흐린 날의
연속이다. 연평균 기온은 14~18도지만, 사계절
일교차가 커서 감기를 조심해야 한다. 고로 여행
하기 좋은 계절은 늦봄(5월), 여름(6~8월), 초가
을(9월)이다. 단, 크리스마스 마켓 구경과 스키가
목적이라면 12월이 좋다.

### Q2. 오스트리아의 화폐와 물가는?

유로Euro를 쓴다. 1유로=1,397원(2022년 10월
기준). 독어로 유로가 아니라 '오이로'라고 발음
하니 참고할 것. 맥주, 와인은 저렴하나 교통비
와 식비가 서울보다 1.2배 비싼 편. 주요 관광지
입장료도 10~20유로 이상이다. 여비를 잡을 때
입장료, 공연 관람 비용 등을 미리 계산해서 잡아
야 모자라지 않는다.

### Q3. 한국에서 오스트리아 가는 법은?

오스트리아의 수도 비엔나까지 직항이 있다. 대
한항공이 비엔나 직항 노선 정기편을 주 3회(매
주 화, 목, 토) 운항한다. 그밖의 항공사를 이용
할 경우 프랑크푸르트, 취리히, 파리 등을 경유
해 비엔나로 들어간다. 직항은 약 11시간 40분,

경유 시엔 약 13~18시간 정도 소요된다. 경유를
이용할 경우 잘츠부르크나 인스부르크로 입국할
수도 있다. 또한 뮌헨(독일), 프라하(체코) 등 주
변 국가의 도시에서 오스트리아로 갈 경우 기차
나 버스를 이용하는 것도 방법이다.

### Q4. 독일어를 못해도 여행할 수 있을까?

오스트리아의 모국어는 독일어. 하지만, 오스트
리아 사람들에게 어설픈 독일어로 질문하면 유창
한 영어로 답해줄 만큼 영어를 잘하는 편이다. 특
히, 비엔나, 잘츠부르크, 인스부르크 등 도시에서
는 영어가 잘 통한다.

### Q5. 시차는 얼마나 날까?

우리나라보다 8시간 느리다. 한국이 밤 12시일
때 오스트리아는 전날 오후 4시. 단, 3월의 마지
막 일요일부터 10월 마지막 일요일까지는 서머
타임에 적용돼 7시간 느려진다.

## Q6. 비자가 필요한가?

솅겐 조약 가입 국가로, 비자 없이 여권만 보여
주면 입국 가능하며, 무비자로 최대 90일까지
머물 수 있다. 출입국 카드도 작성할 필요 없다.
독일, 체코 등 솅겐 조약 가입 국가를 경유할 경
우 입국 심사 창구에서 여권만 보여주면 된다.

> **Tip** **솅겐 조약**Schengen agreement**이란?**
> 유럽 각국이 출입국 관리 정책을 통일
> 해 국가 간의 통행에 제한이 없게 하는 조약.
> 2015년 현재 EU 28개 회원국 중 벨기에, 이
> 탈리아, 오스트리아 등 22개국과 스위스, 노
> 르웨이, 아이슬란드, 리히텐슈타인 등 비EU 4
> 개국이 가입하고 있다.

## Q7. 계절별 옷차림은 어떻게 할까?

**초봄(3월, 4월) 및 늦가을(10월)** 추운 겨울 날씨
와 따뜻한 봄 날씨가 교차되므로 가벼운 패딩이
나 코트는 입는 게 좋다. 머플러와 모자까지 있
으면 금상첨화.
**늦봄(5월)** 따뜻한 편. 반팔부터 긴팔까지 가벼
운 복장에 야상 점퍼 정도 필요하다.
**여름(6월, 7월, 8월)** 대체로 더운 날씨가 이어진
다. 한국만큼 덥지는 않으며 습도도 그리 높지 않
다. 우천 시 기온이 급하강할 수 있으니, 봄 점퍼
나 니트는 필요하다.

**초가을(9월)** 한국의 10월 정도의 날씨라 보면 된
다. 야상이나 트렌치 코트로 멋내기 좋은 날씨.
일교차가 심하니 스카프는 필수다.
**겨울(11월, 12월, 1월, 2월)** 두꺼운 겨울옷은 필
수. 털모자, 장갑, 핫팩 등 단단히 준비해야 한다.

## Q8. 오스트리아에서 심카드 이용하는 법

여행 중 구글맵, 검색, SNS 등 데이터를 맘껏
쓰려면 데이터로밍보다 심Sim카드가 경제적이
다. 공항이나 시내의 통신사 AI, T-mobile 등
에서 구입할 수 있다. 마트에서도 구입가능하
다. 그중 호퍼Hofer에서 판매하는 Hot이 가장 저
렴한 편. 10유로 정도 충전하면 2주 이상 사용
가능하다. 심카드를 구입 후 원하는 만큼 충전해
서 사용할 수 있다.

> **Tip** 심카드를 사지 않을 경우 무료 와이파이
> 를 최대한 활용하는 것도 방법이다. 비엔
> 나, 잘츠부르크, 인스부르크의 경우 호텔, 호
> 스텔은 물론 레스토랑과 카페에서 무료 와이파
> 이를 제공하는 경우가 많다. 호텔 체크인 및 레
> 스토랑/카페에서 주문 시 직원에게 와이파이
> 사용가능 여부와 패스워드를 문의해보자.

Austria
# By Area

오스트리아
**지역별 가이드**

비엔나
잘츠부르크

잘츠카머구트
인스부르크

# 비엔나 | 빈

## VIENNA BY AREA

클래식 선율이 흐르는 오스트리아의 수도 비엔나. 600여 년간 유럽을 호령한 합스부르크 왕가는 이 도시에 화려한 문화유산을 남겼고, 클림트, 모차르트, 베토벤, 요한 슈트라우스 2세 등 다 나열하기 힘들 만큼 많은 예술가들이 영원불멸의 작품을 남겼다. 눈길 닿는 곳마다 역사적으로 의미 있는 건물이 존재감을 발산하고, 커피향이 번지는 거리마다 예술가들의 이야기가 깃들어 있다. 이토록 찬란한 비엔나에서는 일상도 예술이 된다.

Vienna

# PREVIEW

*예술의 도시 비엔나에는 보고, 듣고, 즐길 거리가 가득하다. 다행인 것은 프란츠 요제프 황제가*
*성벽을 허물고 만든 링도로에 명소가 밀집해 있다는 것. 성 슈테판 대성당을 중심으로 시청사,*
*미술사 박물관, 비엔나 국립 오페라 극장, 시립 공원 등이 원을 그리듯 늘어서 있다.*
*데멜, 카페 란트만 바임 부르크테아터 등 명소 옆 카페도 입을 즐겁게 해준다. 링도로 밖에도*
*쇤부른 궁전, 벨베데레 궁전, 훈데르트바서 하우스 등 볼거리가 한둘이 아니다.*

**SEE**

클림트의 〈키스〉가 있는 벨베데레 궁전, 합스부르크 왕가의 미술사 박물관,
에곤 실레의 그림 220점을 소장한 레오폴드 미술관은 미술 애호가 마음을 설레게
한다. 모차르트의 〈돈 조반니〉를 초연한 비엔나 국립 오페라 극장과 비엔나 필하모
닉 오케스트라의 신년 음악회가 열리는 무지크페라인이 클래식 마니아의 발길을
끈다. 공연장과 미술관 사이사이 싱그러운 공원이 여유를 더한다.

**EAT**

비엔나에 비엔나커피는 없다. 비엔나소시지도 없다. 대신 클래식한 카페에는
수십 가지의 커피와 자허토르테, 카이저슈마렌 등 달콤한 디저트가 있고,
레스토랑마다 돈가스의 조상격인 비너 슈니첼(송아지 고기 커틀릿)을 판다.
프란츠 요제프 황제의 다이어트 메뉴로 유명한 타펠슈피츠도 꼭 맛보자.
정통 비너 슈니첼은 플라후타스 가스트하우스 추어 오퍼, 타펠슈피츠는 오펜로흐를
추천. 김소희 셰프가 눈앞에서 요리해주는 레스토랑 김도 찾아가보자.

**BUY**

쇼핑가는 성 슈테판 대성당 주변 그라벤, 케른트너, 콜마르크트 거리에 집중돼
있다. 유럽 어디서나 볼 수 있는 SPA브랜드부터 스와로브스키, 아우가르텐 등
각종 숍이 빼곡하다. 비엔나 다녀온 티 팍팍 나는 선물을 찾는다면 마너,
비엔나의 커피향을 선물하고 싶다면 율리우스 마이늘이 답이다. 센스 돋는
기념품을 찾는다면 헤맬 필요 없이 더 월드 투 고로 Go! 장인 정신 깃든
아이템을 사고 싶다면 마리아 스트란스키의 문을 열어보자.

**SLEEP**

살랑살랑 걸어서 주요 명소를 누비고 싶다면 링도로 주변에 숙소를 잡는
것이 베스트! 다만, 링도로 주변에는 파크 하얏트 비엔나, 그랜드 호텔 등
럭셔리 호텔이 대부분. 쇤부른 궁전 근처 스타 인 호텔 빈 쇤부른이나
남역 근처 호텔 샤니 비엔나 등 외곽으로 갈수록 가격 대비 좋은 호텔이 많다.
비엔나에 오래 머물 계획이라면 비앤비를 통해 로컬들 사는 동네에 묵어보는
것도 색다른 재미. 배낭여행자들이 머물 만한 호스텔 중에는 움밧이 인기다.

Vienna
# GET AROUND

 어떻게 갈까?

## 1. 항공

인천국제공항에서 비엔나, 슈베하트 국제공항까지 대한항공이 주3회(수, 금, 일) 운항한다. 서울→비엔나는 약 11시간 20분, 비엔나→서울은 약 10시간 10분 소요된다. 단, 유럽 내 일부 저가항공은 슈베하트국제공항이 아니라 슬로바키아의 브라티슬라바 공항을 이용하기도 하니 주의할 것.

## 2. 기차

비엔나는 주변 국가에서 기차로 가기 쉽다. 독일 뮌헨과 체코 프라하에서 4시간, 부다페스트에서 2시간 40분. 비엔나의 기차역은 총 4개(중앙역Winer Hauptbhanhof, 미테역Bahnhof WienMitte, 서역Westbahnhof, 비엔나 마이들링역Bahnhof Wien Meidling)다. 모두 지하철U-bahn과 연결돼 시내로 이동이 편리하다.

**Tip** 한눈에 보는 비엔나 기차역

|  | 중앙역 | 미테역 | 서역 | 마이들링역 |
|---|---|---|---|---|
| 특징 | 구 남역에서 중앙역으로 승격. 장거리, 야간열차 모두 정차 | 2012년 공항철도 CAT가 오가는 도심 공항터미널 | 주간열차가 정차 공항버스 1187번 연계 | 구 남역을 오가던 노선 이용, 공항버스 1187번 연계 |
| 국제선 | 독일, 스위스, 이탈리아, 체코, 헝가리 등 |  |  | 스위스, 체코, 폴란드 등 |
| 국내선 | 린츠, 잘츠부르크 등 |  | 잘츠부르크, 인스부르크 등 | 린츠, 잘츠부르크 등 |
| 편의 시설 | 관광안내소, 대형쇼핑몰, 반호프시티Bahnhofcity | 종합쇼핑몰, 더몰The Mall | 관광안내소, 대형쇼핑몰, 반호프시티Bahnhofcity |  |
| 주소 | Alfred–Adler–Straße 107 | Landstraßer Hauptstraße | Europaplatz 2 | Eichenstraße 25 |

## 3. 버스

- **에르베르크 버스 터미널**Erberg Busbahnhof
  U-bahn U3 에르베르크Erberg역과 연결되며, 유로라인 등 대부분의 국제선 버스가 발착한다.
- **스타디온 센터 버스 터미널**Station Center Busbahnhof
  U-bahn U2 에르베르크Erberg역과 연결된다. 체코 프라하에서 스튜던트 에이전시 버스로 오거나, 오렌지웨이 버스로 헝가리 부다페스트에서 올 경우 이 터미널로 들어온다.

## | 슈베하트 국제공항에서 비엔나 시내 가기 |

공항에서 시내까지 약 18Km. 대중교통을 이용해도 20~30분이면 도착한다. 가장 빠른 수단은 공항철도, 가장 저렴한 방법은 경전철!

### 1. 공항철도 CAT City Airport Train

항공 스케줄이 비엔나 인-아웃일 경우 왕복으로 구매하면 더 저렴하다. 공항철도+비엔나 카드 티켓도 판매하니 비엔나에 이틀 이상 머물 계획이라면 십분 활용해보자!

**Data** Cost 편도 14.9유로, 왕복 24.9유로 Open 06:06~23:36(30분 간격)
Web www.cityairporttrain.com

### 2. 경전철 S-bahn

저렴한 교통수단으로 배낭여행자들에게 인기다. 미테역까지 소요시간은 25분, 가격은 공항철도의 1/3 정도. 승차권은 공항 내 관광안내소나 기차역 자동판매기에서 구입 가능하다. 공항 입국장 한층 아래 플랫폼에서 S7번을 타면 미테역까지 간다. 유럽 전역에서 이용할 수 있는 기차 티켓인, 유레일패스로 승차권을 대신할 수도 있다. 단, 처음 쓴 날부터 유레일패스 사용일로 세니 신중히 사용할 것.

**Data** Cost 4.2유로 Open 04:53~00:17(약 30분 간격) Web www.obb.at

### 3. 공항버스 Vienna airport lines

포스트버스에서 운행하는 공항버스 노선이 따로 있다. 그중 1185번 버스를 타면 약 20분 만에 U-bahn U1·4, 트램 1·2 번이 연결되는 슈베덴플라츠Schwedenplatz역에 도착한다. 1187번을 타면 마이들링역을 거쳐 서역까지 간다. 서역까지는 약 45분 걸린다.

**Data** Cost 편도 9.5유로, 왕복 16유로
Open 04:00~24:00(약 30분 간격) Web www.postbus.at

> **Tip 슬로바키아 블라티슬라바 공항에서 비엔나 시내 가기**
> 만일 블라티슬라바로 도착하는 저가항공 티켓을 샀다면, 버스를 타고 비엔나로 들어오면 된다.

| | 슬로박라인<br>Slovak Line | 포스트버스<br>Postbus | 블라구스 슬로바키아<br>Blaguss Slovakia | 유로라인<br>Euroline |
|---|---|---|---|---|
| 가격 | 8유로 선 | | 7.5유로~ | 10유로~ |
| 소요 시간 | U-bahn U1<br>쥐드티롤러플라츠Südtirolerplatz역까지 2시간 | | U-bahn U3<br>에르드베르크Erdberg역까지 1시간 15분 | |
| 홈페이지 | www.slovakline.sk | www.postbus.at | www.blaguss.sk | www.eurolines.at |

## 어떻게 다닐까?

트램Strassenbahn, 지하철U-Bahn, 버스Bus 노선이 비엔나 시내를 거미줄처럼 촘촘히 연결한다. 승차권 1장으로 모든 교통수단을 이용할 수 있어 더욱 편하다. 명소가 모여 있는 링도로의 안쪽 이너 시티Inner City(092p)는 걸어서 충분히 둘러볼 수 있고, 링도로의 북부North of Ringstraße(130p)를 둘러볼 땐 트램이 필수. 링도로의 남부South of Ringstraße(146p)는 벨베데레 궁전을 제외하면 카를스 광장을 기점으로 도보로 이동할 만하다. 기타 지역Further Afiled(160p)를 둘러볼 땐 트램, 지하철, 버스를 적절히 이용하면 된다.

> **Tip** **개찰 안 하면 무임승차!**
> 뭘 타든 승차권은 첫 이용 시 파란색 개찰기에 넣어 펀칭 한 번이면 끝. 이후 내리고 탈 때는 아무 절차가 없다. 에이, 그럼 승차권 없이 막 타고 되겠네 하는 생각은 절대 금물이다. 불시 검문에서 걸리면 벌금이 100유로! 승차권이 없어도 무임승차지만, 승차권은 있어도 개찰을 안 했으면 무임승차로 간주하니 반드시 개찰하고 탈 것.

## 1. 트램 Strassenbahn

독어로 스트라센반이지만 편의상 트램으로 표기한다. 총 29개의 노선 중 유용한 노선은 링도로를 지나는 1, 2, D, 71번. 잘 환승하면 링도로 한 바퀴도 가능하다. 비엔나 국립 오페라 극장 앞 케른트너 링/오퍼 정류장에서 1번을 타고 슈베덴플라츠까지 가서, 2번으로 갈아타고 케른트너 링/오프 정류장으로 돌아오면 된다. 링도로 밖도 얼마든지 갈 수 있다. 트램 1번은 프라터와 훈데르트바서 하우스, 2번은 아우가르텐, D와 18번은 벨베데레 궁전, 38번은 그린칭, 71번은 중앙묘지로 연결된다.

> **Tip** **한눈에 보는 트램 노선**

| 번호 | 주요 노선 |
| --- | --- |
| 1 | 카를스플라츠→케른트너링/오퍼→호프부르크→라트하우스(시청)→슈베덴플라츠→프라터 하우프트 알레 |
| 2 | 타보스트라세→슈베덴플라츠→슈타트파르크→케른트너링/오퍼→호프부르크→라트하우스(시청)→오타크링어스트라세 |
| D | 콰르티어 벨베데레→슐로스 벨베데레→케른트러링/오퍼→호프부르크→라트하우스(시청)→하일리겐슈타트(빈 숲) |
| 18 | 빈 서역→콰르티어 벨베데레 |
| 38 | 쇼텐토어역→그린칭 |
| 71 | 첸트랄프리드호프→케른트러링/오퍼→호프부르크→라트하우스(시청) |

## 2. 지하철 U-bahn

비엔나의 지하철은 U-bahn이라 쓰고 우반이라고 읽는다(독일어로 U=우). 평일엔 새벽부터 자정까지, 금~토, 공휴일 전날은 24시간 운행하는 든든한 교통수단. U1, U2, U3, U4, U6 총 5개의 노선이 있으며 각각 빨강, 보라, 노랑, 초록, 갈색의 노선색으로 구분된다. 여행자들이 주로 이용하는 노선은 링도로의 서쪽을 연결하는 U2(보라), 링도로의 동쪽에서 쇤부른 궁전까지 운행하는 U4(초록), 중앙역에서 슈테판 광장을 잇는 U1(빨강). U1, 2, 4 세 노선의 환승역 카를스플라츠Karlsplatz역을 제외하면 한산한 편. 복잡다단한 서울의 지하철 좀 타본 사람들에겐 환승쯤은 누워서 떡 먹기다.

### Tip 자동문이 아니니 주의!

문이 열리겠지 하고 기다리다간 못 내린다. 문에 달린 손잡이를 힘차게 돌리거나 버튼을 꾹 눌러야 열린다! 자칫 늦게 문을 열 경우 못 내릴 수도 있으니 미리 문 열 준비를 하는 편이 좋다.

## 3. 버스 Bus

버스 노선은 자그마치 145개. 하지만 여행자들에게 주로 타는 버스는 38A번! 38A만 타면 그린칭Grinzing을 거쳐 칼렌베르크Kahlenberg까지 갈 수 있다. N으로 시작하는 나이트 버스도 26개 노선이 있다. 나이트 버스는 00:30~05:00 사이 30분 간격으로 운행한다.

## 4. 택시 Taxi

택시 승강장에서 타도 되고 지나가는 택시를 세워도 된다. 콜택시를 부를 경우 아래 번호로 전화하면 된다. 공항용 택시는 별도로 있다. 택시 요금 계산 사이트가 있어, 목적지를 알면 미리 계산해볼 수 있다.

**Data** Tel 콜택시 31300/40100/60160
**Cost** 기본요금 3.8유로(23시 이후 할증)
**Web** 택시요금 계산 사이트
www.taxi-calculator.com

## | 비엔나 대중교통 승차권 |

승차권 하나로 U-bahn, 트램, 버스를 모두 탈 수 있다. 꼼꼼히 비교해보고 일정에 맞는 승차권을 구입해보자.

|  | 요금 | 유효 기간 | 비고 |
|---|---|---|---|
| 1회권<br>Einzelfart | 2.4유로(버스, 트램에서<br>구입시 2.6유로) | 1회 | 환승 가능 |
| 24시간권<br>24 Stunden-Wien | 8유로 | 펀칭 후 24시간 | |
| 48시간권<br>48Stunden-Wien | 14.1유로 | 펀칭 후 48시간 | 조금만 보태면<br>비엔나 카드를<br>살 수 있는 가격 |
| 72시간권<br>72Stunden-Wien | 17.1유로 | 펀칭 후 72시간 | |
| 1주일권<br>WochenKarte | 17.1유로 | 월요일 00:00~<br>다음 월요일 09:00 | 월요일에 사야 이익 |

> **(Tip)** **비엔나 카드** *Vienna Card*
> 트램Strassenbahn, 지하철U-Bahn, 버스Bus, 경전철S-Bahn을 몽땅 이용할 수 있는 교통 카드에 각종 명소 입장 할인 혜택을 더한 비엔나 카드가 비엔나 시티 카드와 비엔나 빅버스 카드 2가지로 업그레이드 됐다. 비엔나 빅버스를 사면 빅버스 투어가 24시간 동안 무료(단, 대중교통은 불포함). 두 가지 모두 벨베데레 궁전, 알베르티나 미술관, 레오폴드 미술관 등 210곳에서 5~25%의 할인을 받을 수 있다. 비엔나에 이틀 이상 머물 경우 유용하다. 특히, 쇤부른 궁전이나 클림트 빌라 등 링도로 밖의 명소까지 돌아보면 본전 뽑는다. 관광안내소, 기차역, 홈페이지 등에서 구입할 수 있다.
>
> **Data** Cost 비엔나 시티 카드 24시간 17유로, 48시간 25유로, 72시간 29유로 / 비엔나 시티 카드 빅 버스 24시간 46유로, 48시간 54유로, 72시간 58유로 **Web** www.wien.info/en/travel-info/vienna-card

## | 스페셜 투어 |

### 링 트램 Ring Tram
노란색은 관광용 순환 트램이다. 슈베덴플라츠에서 타면 링도로 일주가 가능하다. 영어, 독일어 등 오디오 가이드도 비치돼 있다. **Cost** 9유로

### 피아커 Fiaker
또각또각 경쾌한 말발굽 소리를 내며 달리는 피아커는 4인용 관광마차. 피아커 운전으로 잔뼈가 굵은 마부가 가이드까지 완벽하게 소화한다. 미하엘러 광장이나 슈테판 대성당 앞에 항시 대기 중이라 택시보다 타기 쉽다.
**Cost** 20분 55유로, 40분 95유로, 60분 120유로

### 비엔나 사이트싱 Vienna Sightseeing
원하는 정류장에서 자유롭게 내렸다 탈 수 있는 홉온홉오프Hop on-Hop off형 투어버스로 링도로 주변, 쇤부른~벨베데레 궁전 등 5개 노선이 있다. 오디어 가이드 투어는 기본 (단, 한국어는 없음), 버스 안에서 와이파이도 쓸 수 있다. 티켓은 홈페이지에서 예약하거나 버스에서 직접 구입 가능하다.
**Cost** 24시간 33유로, 48시간, 39유로, 72시간 45유로
**Web** www.viennasightseeing.at/en

---

### INFO

#### 관광안내소 Tourist-info Vienna
**Data** **Map** 093C
**Access** 트램 1, 2, D, 71번 케른트너 링/오퍼 정류장에서 도보 4분. 비엔나 국립 오페라 극장 뒤 알베르티나 광장 오른편에 위치
**Add** Albertinaplatz, Vienna **Tel** 1-24-555
**Open** 09:00~19:00 **Web** vienna.info

#### 한국 대사관
**Data** **Access** 40A 버스를 타고 그레고르 멘델 스트라세Gregor Mendel Strasse 정류장 하차 후 도보 5분 **Add** Gregor Mendel Strasse 25, Vienna **Tel** 1-478-1991
**Open** 월~금 09:00~16:00(점심시간 12:00~14:00), 오스트리아 및 한국 국경일 휴무
**Web** auf.mofa.go.kr

비엔나 U-bahn 노선도

Vienna

# THREE FINE DAYS

합스부르크 왕가가 남긴 문화유산과 내노라 하는 미술관이 밀집해있는
링도로부터 쇤부른 궁전까지 돌아보려면 3일은 필요하다. 고풍스러운 건물
사이를 지나는 빨간 트램을 타고 비엔나 곳곳을 누벼보자.

## 1일차

**왕궁**
스페인 승마 학교 관람
또는 왕궁 예배당의
빈 소년 합창단 미사 참여

도보 4분 →

**왕궁 정원**
왕의 개인 정원 거닐기

도보 2분 →

**팔멘하우스**에서
점심식사

도보 10분

**미술사 박물관**
합스부르크 왕가의
방대한 소장품 감상

← U-bahn
10분

**성 베드로 성당**
오후 무료 오르간
연주 즐기기

← 도보 2분

**성 슈테판 대성당**
탑에 올라 비엔나
시내 내려다보기

도보 8분

**시청사**
야경 감상 또는
시청 앞 광장
이벤트 즐기기

트램 20분 →

**그린칭 호이리어**에서
흥겨운 저녁식사

## 2일차

**쇤부른 궁전**
합스부르크 왕가의
여름 별궁 산책

→ U-bahn 30분 →

**알베르티나** 전시 보거나
비엔나 국립 오페라 극장을
배경으로 기념사진 찍기

→ 도보 2분 →

**그라벤, 케른트너 쇼핑 거리**
탐색, 율리우스 마이늘
커피와 초콜릿 쇼핑

↓ 도보 5분

**플라후타스 가스트하우스**
추 오퍼 정통 비너
슈니첼 맛보기

← 도보 5분 ←

**비엔나 국립 오페라 극장**
명품 오페라 감상

## 3일차

**벨베데레 궁전**
금빛 찬란한 클림트의
〈키스〉 마주하기

→ 트램 15분 →

**라미엔** 도삭면 또는
베트남 쌀국수 한 그릇

→ 도보 2분 →

**카페 슈페를** 또는
**카페 무제움에서**
커피 한잔의 여유

↓ 도보 10분

**나슈마르크트**
왁자지껄한 노천
레스토랑에서 저녁식사

← U-bahn 5분 ←

**레오폴드 미술관**
에곤 실레의 작품 만나기

← 도보 10분 ←

**제체시온~카를스 대성당**
주변 산책. 클림트와
빈 분리파 흔적 따라 걷기

칼렌베르크 전망대
Kalenberg Ausssichsturm 방향

그린칭

그린칭
Grinching

A

B

도나우 카날
Donaukanal

Adalbert-Stifter-Straße

링도로 북부

Währinger-Straße

성 슈테판 대성당
St. Stephansdom

E

F

비엔나 대학
Universitat Vienna

시청
Rathaus

부르크 극장
Burgtheater

국회의사당
Parlament

왕궁
Hofburg

Koppstraße

왕궁 정원
Burggarten

Gablenzgasse

미술사 박물관
Kunsthistorisches Museum

비엔나 국립
오페라 극장
Wiener Staatsoper

비엔나 박물관지구
MQ MQ MuseumsQuartier Wien, MQ

악우협회
Musikverein

나슈 시장
Naschmarkt

칼스
Karlski

서역
Westbahnhof

스타 인 호텔 빈
Star Inn Hotel Wien

I

링도로 남부

클림트 빌라 비엔나
Klimt Villa Wien 방향

J

움밧 나슈마르크트
Wombat Naschmarkt

쇤부른 궁전
Schloss Schönbrunn

비엔나 전도
Vienna

0      1km

다뉴브 타워
Donauturm

비엔나 인터내셔널 센터
Vienna International Centre

Wagramer Straße

비엔나 기타 지역

아우가르텐 궁&정원
Augarten

노이에 도나우
Neue Donau

도나우
Donau

Taborstraße

Praterstraße

Dampfschiffstraße

프라터 놀이공원
Prater

훈데르트바서 하우스
Hundertwasser House

미테역
Bahnhof Wien Mitte
(도심공항터미널)

Ringstraße

Schüttelstraße

시립 공원
Stadtpark

이너 시티

nbrunn

벨베데레 궁전
Schloss Belvedere

중앙역
Hauptbhanhof

Baumgasse

호텔 샤니 빈
Hotel Schani Wien

Prinz Eugen-Straße

비엔나 중앙묘지
Wiener Zentralfriedhof 방향

# 이너 시티
## Inner City

골목마다 음악이 흐른다. 거리 악사는 피아노를 들고 나와 연주한다.
수백 년 된 커피하우스에서 달콤한 자허토르테 한입 물면 콧노래가 절로 나온다.
고풍스러운 국립 오페라 극장에서는 아리아 '공주는 잠 못 이루고'가 흘러나온다.
영화 〈비포 선라이즈〉의 주인공이 아침, 저녁으로 찾았던 알베르티나는 건물
자체가 예술이다. 위용 넘쳤던 왕궁의 잔디밭은 공놀이하는 아이들 차지.
느릿느릿 거리를 누비노라면, 수도 없이 모차르트, 클림트와 조우한다.
이곳에서 여행자에게 필요한 것은 조금 더 녹녹해진 마음뿐.

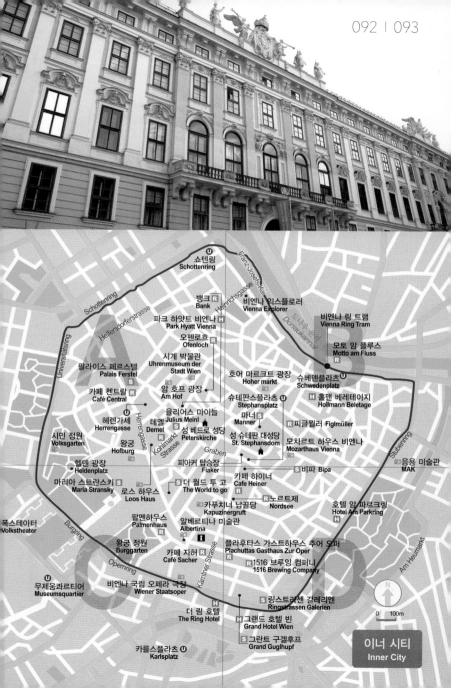

💬 | Theme |

## 링도로를 따라, 비엔나 한눈에 보기

*링도로(링스트라세 Ringstraße)는 이름처럼 동그란 모양의 길. 1857년, 프란츠 요제프 황제가 성벽을 허물고 만들었다. 이곳을 중심으로 정부기관 건물 및 극장, 박물관들이 지어졌다. 비엔나에서 이 도로를 따라가면, 웬만한 유명 볼거리들을 섭렵할 수 있다.*

## 링도로 자세히 들여다보기

황제는 링도로 주변에 화려하고 다양한 건축양식의 건물을 짓게 했다. 비엔나 국립 오페라 극장, 부르크 극장, 비엔나 콘서트홀, 알베르티나, MAK이 그 결과물. 9개 구역으로 나눠진 링도로는 자전거를 타거나 트램 1번과 2번을 갈아타며 돌아볼 수 있다. 비엔나 링 트램은 지정 정거장에서 탑승해 링도로 한 바퀴 도는 데 25분 소요된다. 오디오 설명도 들으며 편하게 둘러볼 수 있다.

### 링도로의 명물, 피아커! Fiaker!

두 마리의 말이 끄는 오픈형 마차다. 비엔나 시내에 58대의 마차가 등록, 관리되고 있다. 전통의상을 입은 마부가 주요 관광지를 설명해준다. 슈테판 광장에 가장 많은 마차가 대기하고 있으며, 알베르티나 광장, 헬덴 광장, 왕궁 앞 미하엘러 광장에서도 탑승할 수 있다. 짧은 코스는 주로 구시가지를, 긴 코스는 링도로 주변의 많은 스폿을 볼 수 있다.

**Data** Map 093B
**Access** U-Bahn U1, U3 슈테판스플라츠Stephansplatz역 하차 후 도보 1분(출구에서 성 슈테판 대성당 정문을 바라보고 좌측)
**Add** Stephansplatz, Vienna
**Open** 10:00~22:00 **Cost** Short city tour(20분 소요) 55유로, Big city tour(40분 소요) 95유로
**Web** www.fiaker-wien.at

## 링도로를 따라 비엔나 둘러보기. 방법 셋!

### 하나. 자전거 렌탈

**빈 모바일** Wien Miobile rad

비엔나 도심에 200개 시티바이크 정거장, 3,000대 자전거 보유. 스마트 폰에서 nextbike 또는 WienMobil 앱을 다운받아, 자전거에 부착된 QR코드를 스캔하거나 핫라인 +43 (0)1 385 01 89을 통해 대여 가능.

**Data** Add 티바이크 빈 정거장 위치는 앱으로 확인 가능 Open 24시간(연중무휴) Cost 표준 요금 최초 30분 0.6유로, 24시간 이용 시 최대 14.9유로

**비엔나 익스플로러** Vienna Explorer

자전거 렌탈, 자전거 그룹투어, 비엔나 근교 소규모 그룹 투어 등이 가능한 전문 업체.

**Data** Map 093B Access U-Bahn U2, 4 쇼텐링Schottenring역 하차 후 도보 5분 Add Franz-Josefs-Kai 45, Vienna Open 09:00~17:00(일요일 휴무) Cost 4~8시간 19유로, 24시간 23유로 Tel 1-890-9682 Web www.viennaexplorer.com

### 둘. 트램 1번&2번

**Data** Access 링도로 주변 트램 정거장에서 슈베덴플라츠Schwedenplatz 방향 트램 2번 탑승-슈베덴플라츠역 하차-트램 1번으로 환승(트램 2번은 슈베덴플라츠역에서 도나우강을 건너 북쪽으로 이동) Open 트램 운행시간 05:00~24:00(정거장별, 요일별 상이) Cost 성인 2.4유로, 15세 이하 1.2유로, 24시간 8유로, 48시간 14.1유로, 72시간 17.1유로(1일권 8유로-매표기, U-Bahn 역 내 매표소 또는 온라인 구매 시 해당/성인 2.6유로, 15세 이하 1.4유로-트램에서 구매 시) Web www.wien.info/en/travel-info/transport/tickets

### 셋. 비엔나 링 트램 Vienna Ring Tram

**Data** Map 093B Access U-Bahn U1, 4 슈베덴플라츠역 앞 Open 10:00~17:30, 매시 정각과 30분에 출발(소요시간 25분) Cost 성인 10유로, 15세 이하 5유로(티켓은 트램 안에서 구매) Web www.wienerlinien.at

## SEE

Writer's Pick!

비엔나의 간판
# 성 슈테판 대성당 St. Stephansdom | 장크트 슈테판스돔

비엔나의 혼, 비엔나의 심장, 비엔나의 상징이라고 불리는 성 슈테판 대성당. 1160년에 최초의 기독교 순교자 '성 슈테판'을 기념하며 지었다. 길이 10m, 높이 136m의 오스트리아 최대의 고딕 성당이다. 이곳에서 모차르트가 결혼식을 올렸고, 하이든은 대성당의 소년합창단 대원이었다. 성당 내부에는 중앙제단을 비롯, 총 18개의 제단이 있다. 황제 프리드리히 3세의 무덤, 아기 예수를 안고 있는 성모 마리아의 성상, 4명의 주교 흉상이 새겨진 설교단도 눈여겨봐야 할 포인트. 성 슈테판 성당에서 가장 높은 곳은 남탑이다. 343개의 계단을 헉헉거리며 올라가야 하지만, 그럴 만한 가치가 있다. 23만 개 타일로 만든 아름다운 성당 지붕을 가장 가까이 볼 수 있기 때문. 합스부르크 왕가의 문장도 새겨져 있다. 뿐만 아니라 비엔나의 가장 번화가인 슈테판 광장을 한눈에 볼 수 있다. 그 어떤 전망대가 부럽지 않다. 성당을 방문하는 것은 무료이나, 탑이나 제단, 설교단 등을 자세히 보기 위해서는 각각 해당 투어 프로그램을 유료로 이용해야 한다.

**Data** Map 093B
**Access** U-Bahn U1, U3 슈테판스플라츠Stephansplatz역 하차 후 도보 1분
**Add** Stephansplatz 3, Vienna **Tel** 1-515-523-054 **Open** 월~토 06:00~22:00, 일·공휴일 07:00~22:00 **Cost** 무료 **Web** www.stephanskirche.at

💬 |Theme|
# 성 슈테판 대성당 제대로 보는 5가지 방법

성 슈테판 성당은 구역별로 나뉘어, 구역 입구마다 매표소가 있다. 성당 내부 중앙에 위치한
통합매표소에서도 각 구역별 관람권 및 통합 관람권(14.9유로)을 살 수 있다.

## 1. 오디오 가이드 투어
예배당 내부의 제단, 설교단, 성모 마리아
성상 등을 둘러볼 수 있다.
**Data** Open 월~토 09:00~11:30,
13:00~16:30, 일·공휴일 13:00~16:30
Cost 성인 6유로, 14세 이하 2.5유로

## 2. 남탑 투어
343개 계단을 올라가면, 성 슈테판 성당
에서 가장 높은 남탑(137m)에 도착한다.
**Data** Open 09:00~17:30
Cost 성인 5.5유로, 14~18세 학생 3.5유로,
6~14세 어린이 2유로

## 3. 북탑 투어
엘리베이터 이용하여 올라갈 수 있다.
**Data** Open 09:00~20:30
Cost 성인 6유로, 14세 이하 2.5유로

## 4. 보물 투어
성당 정문 우측 엘리베이터를 이용, 2층 보
물 전시관을 관람한다. 소량의 전시물은 다
소 실망스럽지만, 성당 내부에서 가장 높은
곳인 덕에 끝내주는 전경을 선사한다.
**Data** Open 월~토 09:00~17:00,
일·공휴일 13:00~17:00
Cost 성인 6유로, 14세 이하 2.5유로

## 5. 가이드 투어
비엔나 전문 가이드의 설명과 함께 돌아볼
수 있다.
**Data** Open 월~토 10:00~13:30,
13:30~16:30, 일·공휴일 13:30~16:30
Cost 성인 3.5유로

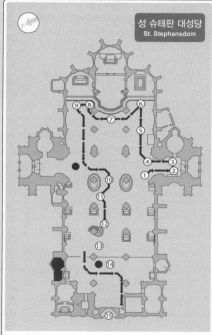

성 슈테판 대성당
St. Stephansdom

❶ 시작
❷ 터키 해방 기념비
❸ 캐터린 예배당
❹ 성모 마리아 성상
❺ 신 오르간
❻ 황제 프리드리히
　3세의 무덤
❼ 중앙 제단과
　스테인드 글라스
❽ 루돌프 공작 기념비
❾ 비너 노이슈타트 제단
❿ 구 오르간
⓫ 오르간 예배당
⓬ 설교단
⓭ 가이드 투어 집합 장소
⓮ 안내소
⓯ 성당 입구

## 💬 | Theme |
## 신발이 닳도록 다닐 수밖에 없는 거리 Top 3

비엔나의 심장 성 슈테판 대성당을 중심으로 거리들이 혈관처럼 뻗어 있다.
그중 가장 중요한 3개의 거리를 먼저 파악해보자. 주요 스폿과
쇼핑 매장이 밀집해 있어, 자연스레 여러 번 지나게 된다. 차량 진입이
통제되어 여유롭게 걷기 딱이다. 비엔나의 중심을 만끽해보자.

### 그라벤 거리 Graben Straße

성 슈테판 대성당에서 성 베드로 성당을 지나는 길이다. 그라
벤은 호塵라는 뜻인데 링도로가 성벽이던 시절의 모습에서 유
래됐다. 명실상부 비엔나의 가장 번화한 곳이고 베토벤이나
슈베르트의 전기에 자주 등장하는 곳이다. 그라벤 거리의 중
간 지점을 떡하니 차지하고 있는 높은 조각품은 삼위일체 탑이
다. 1687년경 만연하던 페스트가 사라지자 이를 퇴치한 하나
님께 감사하는 의미로 지었다. '페스트 탑'이라고도 불린다. 주
변은 레스토랑 야외 테이블과 관광객, 쇼핑객으로 밤낮없이 빼
곡하다.

성 슈테판 대성당
St. Stephansdom 📷

Singer
비

Trattnerhof
Seilergasse
성 베드로 성당
Peterskirche 📷
Spiegelgasse
그라벤 거리 Graben Straße
Dorotheergasse

루이 비통 Louis Vuitton S
샤넬 Chanel S
Braunerstraße
Habsburggasse

율리어스 마이늘 S
Julius Meinl

콜마르크트 거리 Kohlmarkt Straße

티파니 Tiffany&Co. S
S 몽클레르 Moncler

데멜 Demel R

왕궁 Hofburg 📷

## 케른트너 거리 Kärntner Straße

링도로 쪽 입구에서 성 슈테판 성당을 이어주는 길이다. 비엔나 국립 오페라 극장이 문지기처럼 케른트너 거리의 입구를 지키고 서 있다. 비엔나에 왔으면 꼭 먹어야 하는 자허토르테의 원조, 카페 자허를 시작으로 하이너 등 유명 커피하우스, 스와로브스키, H&M, 포에버21 같은 매장들이 있다. 걸음이 절로 느려지는 곳이다.

포에버21 Forever21 S

카페 하이너
Café Heiner R

케른트너 거리 Kärntner Straße

스와로브스키 Swarovski S

H&M S

카페 자허 Café Sacher R

비엔나 국립 오페라 극장
Wiener Staatsoper

## 콜마르크트 거리 Kohlmarkt Straße

석탄 시장을 가리키는 Coal Market에서 유래된 이름이다. 14세기에는 이곳에 석탄 시장이 있었기 때문. 지금은 럭셔리 매장이 밀집해 있다. 180도 변신이라는 말도 부족할 판이다. 샤넬, 루이비통, 몽클레르, 티파니 등 이름만 들어도 가슴 두근대는 명품 매장들이 무심한 듯 줄지어 있다. 두리번거리며 정신없이 걷다 보면 어느새 왕궁으로 들어가는 입구, 미하엘러 광장에 도착한다. 마차인 피아커가 줄지어 손님을 기다리고 있다.

Writer's Pick!

합스부르크 왕가의 궁전
## 왕궁 Hofburg | 호프부르크

왕궁(호프부르크Hofburg)은 합스부르크 왕가가 머물던 곳이다. 13세기에 지어진 후, 수세기 동안 지속적으로 확장되었다. 권력을 쥔 왕의 취향과 당시 건축양식이 반영되어 다양한 모습을 갖고 있다. 왕궁은 크게 구왕궁과 신 왕궁으로 나뉜다. 주로 왕가의 겨울 궁전으로 사용됐고, 쇤부른 궁전이 여름 별궁이었다. 우리네 남대문 격인 성문(부르그토어Burgtor)를 통해 링도로 남쪽에서, 또는 미하엘러 광장을 통해 북쪽에서 진입할 수 있다.

**Data** Map 093A

© HB_Eingang

Tip **합스부르크 왕가는?**

루돌프 1세(1273년)부터 카를 1세(1918년)까지 640년 넘게 오스트리아를 지배한 왕가다. 신성 로마제국 시대 작은 공작영지 중 하나였던 오스트리아가 신성 로마제국을 지배하는 주객전도의 상황을 만든 것이 바로 합스부르크 왕가이다. 세계사 시간에 들어봤음직한 막시밀리안, 프란츠 요제프 1세, 카를 5세, 필리프 1세 같은 황제들이 합스부르크 왕가 출신이며, 마리아 테레지아, 마리 앙투아네트, 시시라는 애칭으로 더 유명한 엘리자베스가 합스부르크의 여인들이다.

## | 구 왕궁 Alte Burg | 알테 부르크 |

왕궁에서 가장 먼저 지어진 건물이며 13세기부터 합스부르크 왕가가 머물렀던 곳이다. 구 왕궁에 는 은식기 박물관, 시시 박물관, 황제의 아파트, 비엔나 궁정 예배당, 왕궁 보물관, 스페인 승마 학교가 있다. 콜마르크트 거리에서 미하엘러 광장을 통해 들어가는 것이 가장 빠르다.

**Data** Access U-Bahn U3 헤렌가세Herrengasse역 하차 후 도보 3분

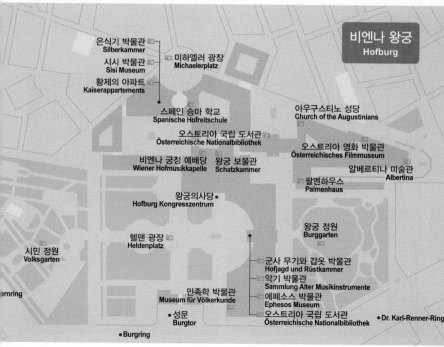

## 👑 은식기 박물관 Silberkammer | 질버카머
## 시시 박물관 Sisi Museum | 시시 무제움
## 황제의 아파트 Kaiserappartements | 카이저아파르트먼츠

세 곳이 연결돼 있어 하나의 박물관처럼 둘러볼 수 있다. 은식기 박물관에는 합스부르크 왕가의 일상과 크고 작은 행사들을 책임졌던 식기, 주방용품이 있다. 처음 일반에게 공개된 것은 1923년, 개보수를 거쳐 현재의 모습으로 단장한 것은 1995년이다. 1,300㎡ 공간에 7천여 점이 전시되어 있다. 시시 박물관은 뛰어난 미모로 17세에 황후가 되었으나 비극적 죽음을 맞은 황후 시시의 생활공간이다. 유명작가의 그림에서 보았던 그녀의 드레스들도 전시되어 있다. 화장과 머리손질을 받던 방도 있다. 하루에 2~3시간씩 그 방에 머물렀는데, 그러는 동안 어학 공부를 하여 영어, 불어, 헝가리어, 그리스어에 능했다. 그야말로 엄친딸이었던 황후 시시. 날씬한 몸매는 수백 년 전에도 필수였나 보다. 키 172cm, 몸무게 45kg, 허리 20인치를 유지하기 위해 그녀가 매일 운동했던 방도 볼 수 있다. 황제의 아파트에는 집무실이 가장 인상적이다. 새벽 5시 이전에 업무를 시작했던 프란츠 요제프의 책상에는 부인, 아이들 그리고 손자들의 초상화와 그들에게서 받은 선물들이 놓여 있다. 생전 그는 가족에게서 힘과 영감을 얻어 나라를 이끌어갔다고 고백했다.

\* 내부 사진 촬영 금지. 오디오 가이드 또는 세부설명 브로슈어 비치

**Data** Map 101
**Access** 미하엘러 광장에서 구 왕궁으로 진입 후 바로 우측
**Add** Hofburg-Michaelerkuppel, Vienna
**Tel** 1-533-7570
**Open** 09:00~17:30(9~6월), 09:00~18:00(7~8월)
**Cost** 성인 17.5유로, 6~18세 11유로, 학생 16.5유로/ 은식기 박물관+시시 박물관+황제의 아파트 관람(별도 관람 불가) 오디오 가이드 포함 금액

> **Tip** 시시 티켓 사용 가능
> 은식기 박물관+시시 박물관+황제의 아파트+쇤부른 궁전+왕실 가구 박물관:성인 40유로, 6~18세 27유로
> **Data** Web www.hofburg-wien.at

은식기 박물관

시시 박물관

황제의 아파트

황제의 아파트

## 👑 왕궁 보물관 Schatzkammer | 샤츠카머

왕궁 보물관에는 합스부르크 왕가가 수집하고 사용한 보물들과 수천 년 유럽의 역사를 둘러볼 수 있는 진귀한 전시품들이 있다. 21개의 방으로 구성된 이 박물관은 크게 종교적, 비종교적 전시로 나눌 수 있다. 종교적 전시는 기념상과 제단들을 포함하고 있고, 비종교적 전시에는 신성 로마제국 황제의 관부터 왕관, 다이아몬드로 장식된 터키식 검, 황금 양모 기사단의 보물, 15세기 브르고뉴 공작의 수집품 등이 있다. 황실 보물 박물관은 구왕궁에서도 가장 오래된 스위스 왕궁에 있다. 16세기 보수되어 르네상스 양식을 갖춘 현재의 모습이 되었다.

**Data** Map 101 **Access** 구 왕궁 내 슈바이처문Schweizertor 지나 좌측 **Add** Schweizerhof, Hofburg, Vienna **Tel** 1-525-242-500 **Open** 수~월 09:00~17:30 (화 휴관) **Cost** 성인 14유로(비엔나 카드 제시 시 13유로),19세 이하 무료, 콤비 티켓(미술사 박물관+신 왕궁+왕궁 보물관) 24유로, 오디오 가이드 5유로, 가이드 투어 6유로 **Web** www.tourism.khm.at

## 👑 비엔나 궁정 예배당 Wiener Hofmusikkapelle | 비너 호프무지크카펠레

1449년에 완공된 왕가의 예배당이다. 매주 일요일 진행되는 미사는 현지인뿐만 아니라 관광객도 많이 몰린다. 빈 소년 합창단이 성가대로 참가하기 때문. 빈 소년 합창단은 1498년 막시밀리안 1세가 궁정 음악가는 반드시 6명의 소년대원을 포함해야 한다는 칙령을 내린 데서 시작됐다. 슈베르트, 안톤 부르크너, 한스 리히터 등이 구성원이었다. 1924년부터 현재까지 세계 곳곳에서 공연하고 있다. 해외 공연팀과 국내 미사팀으로 나뉘고, 미사팀은 하이든, 모차르트, 베토벤 등 미사곡에 따라 다시 나뉜다. 미사 참석 티켓은 온라인 사이트를 통해 살 수 있고, 미사 당일 오전 8시부터 궁정 예배당에서 수령할 수 있다. 미사 시작 전에 일찌감치 입장하는 것이 좋다. 빈 소년 합창단과 오케스트라가 연습하는 것을 들을 수 있는데, CD를 틀어놓은 것 같은 착각이 들 정도. 미사는 독어와 영어로 진행된다. 왕이 예배드리던 곳에서 천사들의 합창을 들어보자. 신자가 아니더라도 특별한 경험이 될 것이다. 미사 중에는 사진 촬영 금지. 빈 소년 합창단은 미사 말미에 방문객들에게 사진 찍을 시간을 준다.

**Data** Map 101
**Access** 구 왕궁 내 슈바이처문
Schweizertor 지나 우측
**Add** Schweizerhof, Hofburg,
Vienna **Tel** 1-533-9927
**Open** (일 미사) 매주 일 09:15~
10:30 **Cost** 12~43유로
**Web** www.hofmusikkapelle.
gv.at

© Spanische Hofreitschule_Stefan Seelig

## 👑 스페인 승마 학교 Spanische Hofreitschule | 스파니셰 호프라이트슐레

비엔나에서 가장 오래된 승마 학교다. 전통 승마술을 전수하는 세계에서 가장 유명한 곳이기도 하다. 1565년 시작해 2015년에 성대한 450주년 기념행사가 있었다. 승마술은 전투 목적으로 시작했고, 후에는 귀족들의 필수과목처럼 전파됐다. 현재 스페인 승마 학교에서 보유한 말 대부분은 리피차너Lipizzaner 종인데, 스페인에서 건너온 덕에 스페인 승마 학교라는 이름을 갖게 됐다. 어린 말들은 연한 회색을 띠고, 자랄수록 하얀색으로 바뀐다. 18세기 왕의 지시에 따라 백마만 수용하던 전통이 아직까지 이어지고 있다. 이곳은 대중에게 개방되어 아침 연습, 공연, 가이드 투어 등 다양한 방법으로 말을 볼 수 있다. 실제 말들은 오전 7시부터 훈련을 시작하는데, 매일 10시에 공연장에서 기본 훈련하는 모습이 공개된다. 말들의 점프나 다양한 기술을 보기 위해서는 공연이 좋다. 슈베르트 군대 행진곡, 모차르트 교향곡, 쇼팽 폴로네즈에 맞춰 춤추듯 움직인다. 남녀노소 모두 그들의 팬이 될 수밖에 없다.

© Spanische Hofreitschule_Michael Rzepa

© Spanische Hofreitschule_ASAblanca.com_Rene van Bakel

첫 1년의 교육 후 10%의 말들만 선별해 교육을 계속한다. 현재 스페인 승마 학교에는 24명의 기수가 있고, 2008년부터 여성 기수들도 채용됐다. 말은 5~8년, 기수는 8년~12년가량 훈련을 받아야 한다. 파트너가 정해지면 완벽하게 호흡을 맞춘 후에야 공연에 설 수 있다. 말들은 '철저히' 관리받는다. 몸무게 측정을 비롯, 다양한 방법으로 하루 몇 번씩 말 상태를 점검한다. 이에 따라 식단과 운동 스케줄이 짜진다. 말의 피부에 닿는 안장과 기수의 바지는 말 피부와 가장 유사한 사슴 가죽으로 만든다. 매년 자라면서 근육 모양이 달라지기 때문에 말이 착용하는 모든 것은 전속 디자이너가 상주하며 제작한다. 비엔나 북서쪽에 위치한 헬덴베르그Heldenberg에는 말들의 별장 겸 훈련소가 있다. 말들은 평균 3개월 주기로 승마 학교와 이곳에 번갈아 머문다. 혹시라도 공연하며 스트레스를 받는다면, 헬덴베르그의 초원에서 뛰놀며 스트레스를 날리고 최상의 컨디션을 만드는 것이다. 우아한 말을 실제로 볼 목적이라면 오전 연습, 춤추는 듯한 행진과 점프 등의 기술을 보고 싶다면 공연을 추천한다.

© Spanische Hofreitschule - Rene van Bakel

**Data** Map 101Access 미하엘러 광장에서 구 왕궁으로 진입 후 바로 좌측 Add Michaelerplatz, 1, Vienna Tel 1-533-9031 Open 오전 연습 10:00~12:00 / 공연 11:00~12:20 / 가이드 투어 14:00, 15:00, 16:00(월별로 운영 요일 상이, 홈페이지 참고) Cost (오전 연습) 성인 16유로, 65세 이상 11유로, 학생 25세 이하 11유로 / (공연) 30유로~170유로 / (가이드 투어) 성인 21유로, 65세 이상 17유로, 학생(25세 이하) 17유로 Web www.srs.at/en_US/start-en/

## | 신 왕궁 Neue Burg | 노이에 부르그 |

19세기 말에 '왕궁 정원을 마주보고 있는 왕궁 부속건물'로 지어졌다. 안타깝게도 합스부르크 왕가가 몰락될 즈음에 완공돼 왕가 사람들이 살았던 적은 없다. 링도로 남쪽에서 성문Burgtor을 통해 들어가보자. 우측에 보이는 긴 반원 모양의 건물이 바로 신 왕궁. 앞마당처럼 펼쳐진 곳은 헬덴 광장Heldenplatz이다. 비엔니즈들이 산책하거나 벤치에 앉아 일광욕을 하고 있다. 건국 기념일에는 탱크, 항공기를 비롯 각종 군장비 전시회가 열리고, 한쪽에서는 프레츨, 소시지, 맥주 등을 파는 축제가 진행된다. 얼마나 특별하고 또 낭만적인가. 헬덴 광장을 중심에는 합스부르크 왕가의 영웅 오이겐공 동상이 카를 대공 동상과 마주보고 있다. 현재 신 왕궁 건물에는 국립 도서관 및 에페소스 박물관, 고대 악기 전시관, 군사 무기와 갑옷 박물관이 있다. 3개의 박물관이 '신 왕궁 박물관'으로 통합되어 운영 중이다.

**Data** 신 왕궁 박물관(에페소스 박물관+악기 박물관+군사 무기와 갑옷 박물관)
Map 101
**Access** U-Bahn U2 무제움콰르티 Museumsquartier역 하차 후 도보 6분 또는 트램 D, 1, 2, 71번 부르그링Burgring역 하차 후 도보 3분
**Add** Heldenplatz, Hofburg
**Tel** 1-525-242-500
**Open** 수~일 10:00~18:00(월·화 휴관)
**Cost** 성인 16유로, 65세 이상 12유로, 학생(25세 이하) 12유로 **Web** www.khm.at/en/

## 👑 에페소스 박물관 Ephesos Museum | 에페소스 무제움

에페수스Ephesus에서 발굴한 유물들이 전시되어 있다. 에페수스는 현재 에게해를 끼고 있는 터키의 영토이며, 고대에는 가장 큰 도시 중 하나다. 세계 7대 불가사의 중 하나인 '아르테미스의 신전'이 있는 곳이기도 하다. 1895년부터 오스트리아의 고고학자들은 에페수스의 유적을 발굴하기 시작했다. 1906년까지 발굴된 많은 유물들이 비엔나로 옮겨졌고, 에페소스 박물관에 전시되어 있다. 길이 70m의 파르티아 기념비 중 40m가 이곳에 전시 중이다. 아르테미스의 신전 제단에서 가져온 여전사상도 눈여겨볼 만하다.

## 👑 악기 박물관 Sammlung Alter Musikinstrumente | 자믈룽 알터 무지크인스트루멘테

세계적으로 가치를 인정받은 르네상스와 바로크 시대 악기들이 전시되어 있다. 페르디난트 Perdinand 2세의 수집품을 인스부르크 암브라스성Ambrass Castle에 전시한 것이 그 시초다. 그의 수집품은 가장 다양하고 가치 있는 르네상스 후기 악기들로 명성을 떨쳤다. 나폴레옹 전쟁으로 인해 1806년에 비엔나로 이동, 1814년에 벨베데레 궁전 하궁에 전시되었다. 오비지Obizzi가家의 소장품이 1870년 비엔나로 이동되었고, 페르디난트 2세의 수집품과 함께 1947년부터 신 왕궁에 전시되기 시작했다. 현재 볼 수 있는 악기의 구색은 1964년에 갖춰진 것이다. 이곳에 전시된 악기들은 이름만 대면 알 만한 유명 음악가들이 직접 연주했고, 그 소리가 뛰어나기로 유명하다. 현재 그 연주를 들을 수 없음에도 불구하고 이곳에 가야 하는 이유는 악기 자체가 예술품이기 때문. 피아노 건반 하나, 현악기의 울림판 하나 허투루 만든 것 없이 조각품으로도 손색이 없다. 영화 〈제 3의 사나이〉의 유명한 주제곡을 연주한 치터Zither가 이곳에 전시되어 있다.

## 👑 군사 무기와 갑옷 박물관 Hofjagd und Rüstkammer | 호프자그트 운트 뤼스트카머

왕궁에서 사용하던 무기와 갑옷이 전시되어 있는 곳이다. 일반적으로 무기와 갑옷은 군사작전, 대관식, 왕가 결혼식 및 장례식을 위해 제작되었다. 오스트리아 왕실은 수백 년 동안 유럽 최고의 권좌에 있었다. 따라서 그 수집 범위와 수준이 어마어마한 것은 당연한 일. 로렌즈 헬름슈미트 Lorenz Helmschmid, 콘라트 소센호퍼Konrad Seusenhofer 같은 당대 최고의 갑옷 제작자들이 그들의 왕을 위해 제작한 갑옷이 전시되어 있다. 뿐만 아니라 하우스 홀바인Haus Holbein이나 알브레흐트 뒤러Albrecht Dürer 같은 유명 화가들이 제작한 갑옷도 있다. 15세기부터 20세기까지 오스트리아의 역사를 보여주는 갑옷 사이를 걸어보자. 전쟁에 승리한 장군이 된 듯 발걸음도 씩씩해진다.

# | 왕궁 정원&시민 정원 |

왕궁의 좌청룡 우백호다. 이보다 멋진 좌청룡 우백호가 또 있을까. 왕궁 정원과 시민 정원은 우아
하고 조화롭게 왕궁의 좌와 우를 책임지고 있다.

## 왕궁 정원 Burggarten | 부르그가르텐

왕궁 정원은 말 그대로 왕궁의 정원이었다. 약
38,000m² 규모로 1818년 만들어진 왕의 개
인 정원. 프란츠 요제프 2세는 가끔씩 혼자
정원 가꾸기에 몰두했다고 한다. 합스부르크
왕가 몰락 후 대중에게 개방되었다. 사자와 싸
우는 헤라클레스, 프란츠 요제프 황제, 마리아
테레지아 여제 동상이 있다. 방문객이라면 누
구나 달려가 사진을 찍는 곳은 바로 모차르트
동상이다. 적어도 왕궁 정원에서는 황제의 동
상보다 더 대접받는다. 원래 아우구스틴 광장
에 세워졌다가 1953년 이곳으로 옮겨졌다. 모
차르트 동상은 작은 천사들과 악기 모양의 조
각상들에 둘러싸여 있고, 앞쪽에는 꽃으로 만
든 높은음자리표가 있다. 온실이 레스토랑으
로 변신한 팔멘하우스도 있다. 높은 층고와 시
원한 유리창을 뚫고 들어오는 햇살로 관광객은
물론 현지인에게도 인기가 많다.

**Data** Map 093
**Access** 트램 D, 1, 2, 71번 부르그링Burgring역
하차 후 도보 1분 또는 U-Bahn U2
무제움콰르티어Museumsquartier역 하차 후
도보 6분 **Add** Josefsplatz 1, Vienna
**Tel** 1-533-9083
**Open** 4월~10월 06:00~22:00, 11월~3월
06:30~19:00 **Cost** 무료
**Web** www.bmlfuw.gv.at

## 시민 정원 Volksgarten | 폭스가르텐

도시를 지키는 방어벽이 나폴레옹 전쟁으로 무
너지고, 그 자리에 만들어진 정원이다. 1821
년 루드비히 레미Ludwig Remy의 디자인으로 만
들어졌다. 원래는 대공의 개인 정원이었는데,
1823년 대중에게 개방되며 비엔나의 첫 번째
공공 공원이 되었다. 식물들이 정교하고 세심
히 가꾸어져 있는 프랑스 스타일의 정원이다.
장미가 풍성히 자라 장미정원이라는 별칭도 있
다. 고전주의 건축가 페터 노빌레Peter Nobile가
건축한 테세우스 신전과 코르티셰스Cortisches
커피하우스가 유명하다. 멀리서 보면 물 위에
유유자적 떠 있는 것 같은 엘리자베스(시시) 황
후의 동상도 인기가 많다. 8톤짜리 대리석을
깎아 만들었다. 높이 2.5m로 남편 프란츠 요
제프 재위 당시 만든 것이다.

**Data** Map 093A
**Access** U-Bahn U2, U3 폭스테아터
Volkstheater역 하차 후 도보 4분 또는 트램 D, 1, 2,
71번 카를-레너-링Karl-Renner-Ring역 하차 후
도보 1분 **Add** Volksgarten, Vienna
**Tel** 1-877-5087 **Open** 4~11월 06:00~22:00,
12~3월 06:30~22:00 **Cost** 무료
**Web** www.bmlfuw.gv.at

**Writer's Pick!** 무료 오르간 연주로 더욱 매력적인
## 성 베드로 성당 Peterskirche | 페터스키르셰

기원에 대한 정확한 문서는 남아 있지 않다. 중세 초기에 만들어졌을 거라는 추측이 맞다면 비엔나 최초의 그리스도교 성당이다. 그 당시에는 로마 바실리카 소유의 교회였다. 문서상에 성 베드로 성당이 처음 등장한 것은 1137년의 일이다. 현재의 바로크 양식 교회가 된 것은 18세기 건축가 루카스 본 힐더브란트Lukas Von Hildebrandt 덕이다. 반원형 녹색의 구리 돔도 그가 제작했다. 성 베드로 성당은 쇼핑과 외식의 거리, 그라벤 중간쯤에 있다. 시간이 되면 무료 오르간 연주를 보기 위한 사람들로 가득 찬다. 때마침 360° 돔 창문에서 햇살이 쏟아지면, 성당 안은 바깥세상과 분리되는 마법에 걸린다. 파이프 오르간은 중앙제단과 반대쪽 2층에 있어 연주자를 볼 수 없다. 그래서 더 신비하다. 공짜로 누릴 수 있는 가장 경건하고 우아한 호사다.

**Data** Map 093A
**Access** U-Bahn U1, U3 슈테판스플라츠Stephansplatz역 하차 후 도보 3분 **Add** Petersplatz, Vienna **Tel** 1-533-6433 **Open** 금 22:00, 일 18:00 (일정 상이, 홈페이지 참고) **Cost** 무료 **Web** www.peterskirche.at

〈피가로의 결혼〉이 만들어진 곳
## 모차르트 하우스 비엔나 Mozarthaus Vienna | 모차르트 하우스 비엔나

모차르트는 비엔나에서 여러 차례 이사했다. 하지만 현재 '모차르트 하우스 비엔나'는 단 한 곳만 남아 있다. 성 슈테판 대성당 뒤편에 자리 잡은 6층짜리 건물이다. 1784년부터 3년간 모차르트와 그의 가족이 살았다. 이 시기가 모차르트가 가장 돈을 잘 벌던 때라 가장 비싸고 세련된 곳이다. 이곳에서 그의 대표작 중 하나인 오페라 '피가로의 결혼', 자신의 멘토 하이든에게 헌정하는 '하이든 4중주'가 만들어졌다. 6개의 방에 전시된 그림과 소품을 통해 그를 느껴보자. 잘츠부르크의 모차르트 생가는 그가 신처럼 묘사돼 있지만 이곳에서는 방탕한 생활을 했던 모습을 여과 없이 드러냈다. 이런 생활을 하며 생애 35년간 1,000곡이 넘는 명작을 남겼으니 이곳에서 더 신격화된 것인지도 모르겠다. 변주곡 K 616의 작곡을 위해 사용했던 주악시계도 놓치지 말자. 이곳은 모차르트 탄생 250주년 기념으로 2006년 개방됐다. 내부는 사진 촬영 금지.

**Data** Map 093B
**Access** U-Bahn U1, U3 슈테판스플라츠Stephansplatz역 하차 후 도보 4분 **Add** Domgasse 5, Vienna **Tel** 1-512-1791 **Open** 10:00~19:00 **Cost** 성인 12유로(비엔나 카드 제시 시 10유로), 19세 이하 4.5유로, 10명 이하 단체 9유로 **Web** www.mozarthausvienna.at

**오스트리아 음악의 자존심**
## 비엔나 국립 오페라 극장
Wiener Staatsoper | 비너 슈타트오퍼

옛 성벽이 링도로로 변신하던 1869년, 신 르네상스 양식으로 지어졌다. 첫 공연은 모차르트의 오페라 〈돈 조반니Don Giovanni〉였다. 안타깝게도 1945년 세계 2차 대전 중 폭격을 받아 재건됐다. 당시 세계최고의 음향 시설, 객석, 로비를 갖고 있었다. 최대 2,284명까지 수용 가능한 이 극장은 규모와 건축학적 가치에서도 유럽 최고로 손꼽히지만, 보유하고 있는 레파토리도 대단하다. 70여 가지 공연을 매일 교체 진행한다. 국내 대형 극장에서 오페라가 상영되기 시작하면 어림잡아 한 달은 같은 공연이 이어진다. 이점을 생각하면 비엔나 국립 오페라 극장 단원들의 구성 및 능력, 무대 장치 설비의 우월성을 가늠할 수 있다. 매회 좌석의 98%가 채워진다는 것도 놀랄 만한 사실. 최소 두 달 전쯤 예약하는 것이 좋다. 무대는 가로 14.5m, 세로 50m, 높이 27m다. 오케스트라 박스에는 약 110명 수용 가능하며, 주로 비엔나 필 하모닉 오케스트라 단원들이 그 자리를 차지한다. 19세기에 구스타프 말러가 음악 감독을 역임하면서 이곳을 세계적 수준의 공연장을 만들었다. 이후 헤르베르트 폰 카라얀, 로린 마젤 같은 거장들에 의해 꾸준히 발전되어 왔다.

비엔나 국립 오페라 극장에는 슬픈 과거가 있다. 음악과 예술에 남다른 애정을 갖고 있던 비엔니즈들은 이 극장 디자인이 성에 차지 않았던 것. 원성을 이기지 못한 인테리어 디자이너가 자살했고, 두 달 후 건축가도 사망했다. 둘 다 극장의 시작을 직접 보지 못한 것이다. 이렇듯 유별나기까지 한 음악 애호가 비엔니즈들은 공연을 고를 때도 매우 신중하다. 그리고 더 신중한 옷차림과 마음가짐으로 극장에 들어선다. 공연 관람 시 드레스와 턱시도까지는 아니더라도 깔끔한 복장은 필수. 중간 휴식시간에는 말러 홀이나 티 살롱으로 가보자. 크리스털 샹들리에 밑에서 샴페인 한잔하며 비엔니즈의 여유를 느껴볼 수 있다. 일정상 공연을 볼 여건이 되지 않는다면 하루 1~3회 진행되는 가이드 투어 프로그램에 참가하는 것도 방법. 40분간 극장의 주요 장소를 방문하고 이곳의 역사와 공연 작품에 대한 설명을 들을 수 있는 좋은 기회. 투어는 공연이 없는 7~8월에도 진행된다.

**Data** Map 093C **Access** U-Bahn U1, U2, U4 칼스플라츠Karlsplatz역 하차 후 도보 3분 또는 트램 D, 1번, 2번, 71번 케른트너 링Kärntner Ring역 하차 후 도보 2분 **Add** Wiener Staatsoper GmbH Opernring 2, Vienna **Tel** 1-514-442-250 **Web** www.wiener-staatsoper.at

***가이드 투어*** (약 40분 소요)
**Data** **Open** 투어 시작 시간은 월별로 상이. 세부 내용은 홈페이지 참고
**Cost** 성인 13유로, 27세 이하 학생 9유로, 27세 이하 학생 7유로

---

# 룰루랄라 클래식 즐기기

비엔나는 음악의 도시다. 베토벤, 모차르트, 슈베르트가 전성기를 보냈고, 지금도 수없이 많은 음악회가 열리는 곳이다. 유명 극장 외에도 다양한 장소에서 다양한 수준의 연주회가 있다. 익숙한 아리아만 연주하는 갈라 오페라도 있고, 저녁 식사를 포함한 패키지도 있다. 심지어 성당에서는 무료 연주회가 열리기도 한다. 미리 확인하고 부담 없이 비엔나의 선율에 젖어보자.

♪**성 베드로 성당** Peterskirche | 페터스키르셰 (109p 참고)
**What** 파이프 오르간 미사곡 연주 **When** 월~금 15:00, 토~일 20:00 **How Much** 무료

♪**칼스 성당** Karlskirche | 카를스 키르셰 (151p 참고)
**What** 비발디 사계, 모차르트 레퀴엠 및 앙상블 연주 **When** 20:15 **How Much** 25유로~
(세부 내용은 www.concert-vienna.info 참고)

♪**아우에르슈페르크 궁** Palais Auersperg | 팔라이스 아우에르슈페르크
**What** 귀에 익숙한 클래식 음악만 쏙쏙 골라 앙상블 및 성악 연주. 위트 넘치는 발레 공연
**When** 20:15 **How Much** 42유로~(세부 내용은 www.wro.at 참고)

♪**악우협회** Musikverein | 무지크페라인 (148p 참고)
**What** 모차르트의 유명 심포니, 바이올린 콘체르토, 오페라 아리아 등 (식사 포함 패키지 판매)
**When** 20:15 **How Much** 49유로~(세부 내용은 www.mozart.wien 참고)

**Writer's Pick!** 우리도 〈비포 선라이즈〉의 주인공처럼

## 알베르티나 미술관 Albertina | 알베르티나

마리아 테레지아 여제의 사위, 알베르트 공의 수집품 1,000여 점으로 1776년 문을 연 미술관이다. 합스부르크 왕가의 몰락으로 소유권을 갖게 된 오스트리아 공화국이 1921년 알베르트 공의 이름에서 따와 알베르티나라는 이름을 붙였다. 빈 국립 도서관의 소장품이 더해져 현재 6만 집의 소묘 100만 매 넘는 판화를 소장하고 있다. 뒤러의 〈토끼Der hase〉를 비롯 레오나르도 다 빈치, 미켈란젤로 등의 영구 전시도 유명하지만 기간별 기획전시도 만만치 않다. 뭉크, 모네, 고흐 같은 거장을 포함 르네상스부터 팝 아트, 미술에서 사진까지 시대와 장르를 초월한 전시로 명성을 떨치고 있다. 왕가의 일부가 이곳에서 100여 년을 거주하였고, 그 공간의 일부를 둘러볼 수 있다 1945년 전쟁으로 건물이 크게 손실되었고, 수년간의 공사를 거쳐 2008년 현재의 모습을 갖추었다. 미술을 좋아하지 않아도 알베르티나를 찾는 사람들이 많다. 바로 영화 〈비포 선라이즈〉 때문인데, 이 영화에 알베르티나가 2번이나 등장한다. 알브레흐트 기마상과 발코니. 특히 해 질 무렵, 발코니에서 국립 오페라 극장을 배경으로 사진을 찍으면 누구나 〈비포 선라이즈〉의 주인공처럼 로맨틱하게 나오니 놓치지 말자.

**Data** Map 093C
**Access** U-Bahn U1, U3 슈테판스플라츠Stephansplatz역 하차 후 도보 6분 또는 트램 D, 1, 2, 71번 오페른링Opernring역 하차 후 도보 4분 **Add** Albertinaplatz 1, Vienna **Tel** 1-534-830
**Open** 10:00~18:00(수 21:00까지 개관) **Cost** 성인 18.9유로, 65세 이상 14.9유로, 26세 이하 14.9유로, 19세 이하 무료 **Web** www.albertina.at

**Writer's Pick!** 클림트와 기념샷은 이곳에서
# 응용 미술관(공예 박물관) Osterreichisches Museum fur Angewandte Kunst
(MAK) | 오스터라이히쉐 무제움 퓨어 안게반테 쿤스트

1863년 문을 연 유럽 최초의 응용 미술관이다. 건축가 하인리히 폰 페르스텔Heinrich von Ferstel가 르네상스 양식으로 지은 건물이고, 별관은 1909년에 증축되었다. 과거와 현재가 가장 아름답게 어우러져 있는 미술관이다. 전시품뿐만 아니라 운영철학도 그렇다. 르네상스부터 현재까지를 아우르는 유리, 도자기, 보석, 가구, 의자, 카펫, 비엔나 공방Wiener Werkstatte의 금속공예 작품이 전시되어 있다. 한국 관광객들에게 유명한 것은 토넷 의자다. 나무를 둥글게 기울이는 곡목 기술을 처음 사용한, 미하엘 토넷 이름에서 따온 이 의자는 비엔나가 고향이다. 비엔나하면 떠오르는 구스타프 클림트도 이곳에서 만날 수 있다. 그의 대표작 〈키스〉는 벨베데르 궁전에 있지만 사진을 찍을 수 없어 아쉽게도 마음에만 담아야 한다. MAK에는 클림트의 '스토클레 프리즈'가 있다. 키스와 같이 연인들이 등장하고, 그의 트레이드마크인 금박과 금색 물감이 사용됐다. 사진도 맘껏 찍을 수 있는데다, 그가 연필로 그린 세심한 밑그림과 사용한 색을 적어놓은 것까지 볼 수 있어 좋다. 뿐만 아니라 클림트가 비엔나 분리파의 첫 전시를 위해 그린 포스터도 이곳에 있다. 프란츠 웨스트Franz West의 소파는 복도에 배치되어 관람객들이 휴식을 취하게 했다. 미술관 내 도서관은 무료로 비엔나의 젊은 예술 학도들이 즐겨 찾는 곳이다.

**Data** Map 093B
**Access** U-Bahn U3 스투벤토어Stubentor역 하차 후 도보 3분
**Add** Stubenring 5, Vienna **Tel** 1-712-8000
**Open** 수~일 10:00~18:00(화 21:00까지) 월 휴관
**Cost** 성인 15유로, 27세 이하 학생 12유로, 19세 이하 무료
(화요일 18:00~21:00, 7유로) **Web** www.mak.at

## 미운 오리새끼의 변신
# 로스 하우스 Loos Haus | 루스 하우스

아돌프 로스 Adolf Loos가 1910년에 지은 건물. 장식 없이 네모반듯한 모양이다. 마주보고 있는 왕궁은 둘째치고 주변 건물과도 전혀 어울리지 않는다. 화려함과 웅장함을 목숨처럼 생각했던 비엔니스들은 충격에 빠졌다. '눈썹 없는 집', '비엔나의 맨홀', '미하엘러 광장의 쓰레기'라며 비난했다. 놀라기는 황제도 마찬가지. 왕궁에서 로스 하우스가 보이는 창문을 막고, 공사 중단 명령을 내렸다. 하지만 아돌프 로스는 미국 유학시절 실용주의 건축을 체험하고, 1908년 에세이 〈장식과 범죄〉에서 이미 자신의 철학을 굳힌 터. 우여곡절 끝에 창가 화분 진열로 타협했다. 현재는 20세기 비엔나 모더니즘 건축에 있어 가장 중요한 건물이라고 칭송받지만, 건축 당시에는 그야말로 비엔나의 미운 오리새끼였던 것이다. 현재는 은행으로 사용 중이다.

\* 사진촬영 불가. 사용 사진은 건물 관계자의 특별 허가를 받아 진행함

**Data** Map 093A
**Access** U-Bahn U3 헤렌가세 Herrengasse역 하차 후 도보 2분 **Add** Michaelerplatz 3, Vienna **Tel** 1-7009-2114 **Open** 월~수 09:00~15:00, 목 09:00~17:30, 금 09:00~ 15:00, 토·일 휴무 **Cost** 무료 **Web** www.adolfloos.at

## 앙커 시계 보러 오세요
# 호어 마르크트 광장 Hoher Markt | 호어 마르크트

비엔나에서 가장 오래된 광장이다. 2차 세계대전 이후, 고대 로마 군대 진영의 잔재가 이곳에서 발견되었다. 이후 생선과 옷가지를 취급하는 시장이었고, 공개 처형장이기도 했다. 현재는 다양한 식재료 상가, 음식점, 젤라또 숍이 있어 항상 사람들로 붐빈다. 메르쿠어 Merkur라는 유명 마켓 안에는 김소희 셰프의 킴 코흐트 Kim Kocht도 있다. 관광객이 가장 많이 몰리는 곳은 앙커 Anker 시계 앞이다. 앙커 보험회사 사옥 2개를 잇는 다리 위에 설치해 앙커 시계라는 이름이 붙었다. 시계 안에는 황제 마르쿠스 아우렐리우스, 여제 마리아 테레지아, 작곡가 요세프 하이든을 비롯한 비엔나의 발전에 기여한 역사적 인물 12조의 인형이 들어 있다. 매시 정각에 한 조씩 순환적으로 나와 시간을 알려주는데, 정오에는 12조가 다 나와 오르간 연주 음악에 맞춰 작은 퍼레이드를 한다.

**Data** Map 093B **Access** U-Bahn U1, U3 슈테판스플라츠 Stephansplatz역 하차 후 도보 6분
**Add** Hoher Markt, Vienna

합스부르크의 마지막 휴식처
## 카푸치너 납골당 Kapuzinergruft | 카푸치너그루프트

카푸치너 성당Kapuzinerkirche 지하에 위치한 합스부르크 왕가의
무덤이다. 황제 마티아스의 부인 안나가 왕가 가족들의 무덤을
안치하기 위해 1618년에 만들었고 1633부터 사용됐다. 현
재 138명이 이곳에 잠들어 있다. 합스부르크 왕가 중 페르디난
트 2세, 찰스 1세를 제외한 합스부르크 왕가 전원이 이곳에 있
고, 합스부르크 왕가 출신이 아닌 인물로는 마리아 테레지아 여
제의 가정교사 카롤리네 푸흐스 백작 부인이 유일하다. 무덤이
라고 하기에는 예술품에 가까울 정도로 화려하다. 특히 마리아
테레지아 여제와 남편 프란츠 슈테판 1세의 것은 조각가 발타
자르 페르디난트 몰Balthasar Ferdinand Moll이 만든 2중 석관으로,
크기부터 어마어마하다. 왕가의 전통에 따라 왕가 구성원의 심
장은 아우구스티너 성당에, 몸의 내부 기관은 성 슈테판 대성당
에 보관되어 있다. 오랜 시간이 지났지만 합스부르크의 유산을
자랑스럽게 여기는 오스트리아인들이 가져온 꽃들을 무덤 주변
에서 볼 수 있다.

**Data** Map 093C
**Access** U-Bahn U1, U3
슈테판스플라츠Stephansplatz
역 하차 후 도보 3분
**Add** Tegetthoffstraße 2,
Vienna **Tel** 1-512-6853
**Open** 10:00~18:00 **Cost** 성인
8유로, 18세 이하 4.8유로
**Web** www.kaisergruft.at

#### 째깍째깍, 시계의 모든 것
## 시계 박물관Uhrenmuseum der Stadt Wien |
우어렌무제움 데어 슈타트 빈

700개의 시계와 함께 15세기부터 현재까지 시간측정법의 변천사를 볼 수 있다. 오래된 성 같은 회오리 모양 계단을 올라가보자. 수백 년 전 만들어진 시계가 가득한 방이 차례로 눈앞에 펼쳐진다. 3층에 전시된 시계들 중 일부는 매시 정각을 알리며 울린다. 정적을 깨는 소리 때문에 놀라기도 하지만, 수백 살 된 시계가 정확히 작동하고 있다는 사실에 더 놀란다. 여기서 가장 유명한 것은 다비드 카예타노David a Sancto Cajetano가 만든 천문학 시계로 하루의 길이, 행성의 궤도를 세상에 소개한 주인공이다. 생김새 때문에 라테른들Laterndl(손전등)이라 불리는 시계는 비엔나 시계 제작의 최고 전성기 때 만들어졌다. 성 슈테판 성당 남탑에 설치되었던 시계도 이곳으로 옮겨왔다. 한편의 인형극처럼 꾸며진 뮤지컬 시계를 연주되는 음악과 함께 살펴보는 것도 재미있다.

**Data** Map 093A
**Access** U-Bahn U3 헤렌가세Herrengasse역 하차 후 도보 3분 **Add** Schulhof 2, Vienna
**Tel** 1-533-2265 **Open** 화~일 10:00~18:00(월 휴관) **Cost** 성인 7유로, 비엔나 카드 제시 시 5유로,
27세 이하 학생 5유로, 19세 이하 무료, 매월 첫째 주 일 무료 **Web** www.wienmuseum.at

#### 성모 마리아가 지키고 있는
## 암 호프 광장 Am Hof | 암 호프

암 호프는 '왕실의by the court'라는 뜻. 한때 왕자의 거주지가 이곳에 있어서 붙은 이름이다. 광장 중앙에 있는 성모 마리아 기둥Mariensäule은 페르디난트 3세가 스웨덴 전쟁 승리를 감사하며 세운 것. 기둥 밑에는 전쟁, 이단, 기아, 전염병과 싸우는 갑옷 입은 어린 천사 4명의 조각이 있다. 광장 주변에 가장 큰 건물이자 가장 유명한 것은 암 호프 성당Kirche Am Hof이다. 아홉 천사의 합창 예배당이라는 별칭답게 아홉 천사와 성모 마리아 조각상이 정면에 있다. 이곳은 1806년, 고대 로마 제국의 해체가 선포된 곳이기도 하다. 맞은편 지붕, 황금빛 방패를 맞들고 있는 전사의 조각상이 눈에 들어온다. 이 건물은 과거 무기고였고, 현재는 소방대의 본부로 사용 중이다. 암 호프 광장은 시계 박물관이나 카페 첸트랄 방문 후 둘러보기 좋다.

**Data** Map 093A
**Access** U-Bahn U3 헤렌가세
Herrengasse역 하차 후
도보 3분 **Add** Am hof, Vienna

## 💬 | Theme |
## 비엔나 기억하기, 비엔나 담기

결혼식 스튜디오 촬영보다 허니문 스냅사진 촬영이 트렌드다. 틀에 박힌 사진보다 신혼 여행지의 기록도 남기고, 개성 넘치는 나만의 사진을 가질 수 있기 때문이다. 연인이나 친구와의 여행은 어떤가. 새로 장만한 핸드폰, DSLR을 길에서 만난 이에게 선뜻 줄 수는 없다. 그렇다면 셀카봉으로 만족할 수 있는가? 큰맘 먹고 온 비엔나, 고급스런 사진으로 그 역사적인 순간을 남기자.

비엔나 스냅 사진의 대표는 〈비엔나의 미리작가〉이다. 미리작가는 음악가들의 프로필 공식사진, 연주 및 리허설 스냅과 재 오스트리아 한인회지 한인기자로 활동 중이다. 비엔나에 20년 거주한 그녀는 곳곳에 숨은 보석 같은 장소를 꿰고 있다. 파파라치 콘셉트로 자연스러움은 물론, 포즈를 어려워하는 고객들에게 꿀팁도 전수한다. 1인 스냅, 웨딩촬영, 허니문 스냅, 가족 스냅 및 아기 스냅도 촬영한다. 디지털 사진 외에 필름 사진 작업도 가능하다. 잊지 못할 순간을 담고 싶다면 〈비엔나의 미리작가〉와 함께 해보자. (문의 미리작가 인스타그램 @Photo_by_miri_vienna)

# EAT

**Writer's Pick!**

**진정한 디저트를 부탁해!**
데멜 Demel

고상, 우아, 위엄이 뚝뚝 떨어지는 곳이다. 데멜에서 먹고 보는 모든 것이 그렇다. 역시 황실 베이커리답다. 1786년 오픈한 제과점으로 1857년 데멜 가家가 인수했다. 프란츠 요제프 황제가 궁정 옆에 끼고 있을 정도로 사랑을 받았다. 제과점이 뿌리인 만큼 데멜의 1층에서 사탕, 초콜릿, 쿠키 등이 탐나는 상자에 담겨 판매된다. 작은 바는 간단히 커피 한잔하고 가는 사람들 차지. 2층으로 올라가면, 반짝이는 샹들리에 아래 멋진 테이블에서 티타임 하기에 딱이다. 쇼케이스 격인 '디저트 카트'에서 메뉴를 직접 보고 고를 수 있다. 자허토르테도 좋지만, 안나토르테를 꼭 먹어볼 것. 데멜가의 일원으로 '상업 고문관Kommerzialrat'이라는 타이틀을 받은 오스트리아 최초의 여성을 기념하는 메뉴다. 두껍고 진득한 초콜릿이 우아한 곡선 장식으로 올려져 있다. 초콜릿 디저트의 진수를 보여준다. 데멜은 현재 DO&CO라는 외식기업이 운영 중이며, 뉴욕에도 매장이 있다. **Don't miss** 1층에서 2층으로 올라가는 계단 옆, 오픈 주방에서 맛있는 메뉴들이 만들어지는 광경을 직접 볼 수 있다. **Bad** 항상 손님이 많아 계산서 받는 것도 시간이 오래 걸린다. 커피를 다 마셔갈 때쯤 미리 계산서를 요청하는 것도 요령!

**Data** Map 093A
**Access** U-Bahn U3 헤렌가세Herrengasse역 하차 후 도보 3분 **Add** Kohlmarkt 14, Vienna
**Tel** 1-5351-7170 **Open** 10:00~19:00 **Cost** 자허토르테 6.9유로 (크림 추가 시 7.5유로), 멜랑쥐 6.1유로, 아인슈페너 6.1유로 **Web** www.demel.at

### 자허토르테의 원조
## 카페 자허 Café Sacher

오스트리아인들이 가장 좋아하는 케이크, 자허토르테가 처음 만들어진 곳이다. 촉촉한 초콜릿 스펀지 사이에 카페 자허만의 살구잼을 넣고, 몇 가지 다크 초콜릿을 섞어 코팅한 케이크다. 자허토르테는 34단계를 거쳐 완성된다. 1832년에 만들어진 정통 레시피를 본 사람은 카페 자허 직원들 중에서도 손에 꼽힌다고 한다. 다른 케이크 숍에서도 자허토르테를 먹을 수는 있지만, 이곳이 원조다. 원조 상표권 때문에 다른 케이크 숍과 법적 분쟁을 할 정도로 자부심이 강하다. 많을 때는 하루 3천 개 이상의 자허토르테를 만든다. 연간 계란 1백만 개, 설탕 80톤, 초콜릿 75톤이 자허토르테에 사용된다. 쇼핑의 메카, 케른트너 거리 초입에 있으니 쇼핑 전후로 들르면 좋다. 잘츠부르크, 인스부르크, 그라츠에도 분점이 있다. **Don't miss** 일행이 있다면 에스터하지도 주문해보자. 자허토르테의 유명세에 밀려 과소평가 받고 있는 잇 아이템이다. **Bad** 여자 화장실이 1인용이다. 가끔은 카페보다 화장실 줄이 더 길다.

**Data** Map 093C **Access** U-Bahn U1, U2, U4 칼스 플라츠Karlsplatz역 하차 후 도보 4분 또는 트램 D, 1번, 2번, 71번 케른트너링Kärntner Ring역 하차 후 도보 3분
**Add** Philharmonikerstrasse 4, Vienna **Tel** 1-5145-6661 **Open** 08:00~20:00
**Cost** 오리지널 자허토르테(조각) 8.9유로, 멜랑쥐 6.9유로, 아인슈페너 6.9유로 **Web** www.sacher.com

---

**(Talk)** *우리가 원조, 이런저런 '자허토르테' 이야기*

오스트리아 대표 디저트, 자허토르테는 원조 자리를 놓고 치열한 다툼이 있었다. 이야기는 1832년으로 거슬러 올라간다. 프란츠 자허Franz Sacher가 황실 베이커리에서 왕자를 위한 토르테를 만들었고, 후에 본인 매장에서도 계속 판매했다. 그의 아들이 가업을 물려받고자 특별 훈련을 받는데, 그 장소가 '데멜'이었다. 아버지의 레시피를 발전시켜 오늘날의 토르테를 완성했다. 데멜에서 팔기 시작했고, 후에 아버지의 '카페 자허'에서도 판매했다. 1954년, 카페 자허에서 '오리지널 자허토르테'라는 이름을 붙이자 데멜이 상표권 분쟁을 시작, 결국 카페 자허가 승리했다. 데멜도 자허토르테를 계속 팔 수는 있었다, 대신 오리지널이라는 표현 금지, 그리고 맨 위에 올리는 초콜릿 장식을 원래의 동그라미 대신 삼각형으로 바꿔야 했다.

**궁전에서 커피 한잔 하실래요**
## 카페 첸트랄 Café Central

관광객들에게 가장 많이 알려진 커피하우스다. 1876년 은행, 증권 거래소, 연회장이 있었던 페르스텔 궁전Palais Ferstel에 오픈했다. 프로이트, 슈니츨러, 스탈린, 히틀러 등 유명한 문인, 정치가, 과학자가 단골손님이었다. 특히 이곳에서 살다시피 했던 시인 페터 알텐베르크Peter Altenberg의 실물크기 인물상이 입구에서 손님들을 맞이한다. 140년 전의 분위기를 느낄 수 있는 인테리어, 다양한 케이크로 가득 찬 쇼케이스에 잠시 마음을 뺏겨보자. 비엔나 전통 커피와 크루아상을 곁들인 조식도 좋다. 저온 조리로 부드러운 돼지 볼살, 소스처럼 진한 질감의 토마토 수프, 진한 치즈 풍미와 쫄깃함이 일품인 슈패츨로 레스토랑의 내공을 느껴보자. **Bad** 이른 아침부터 입장 순서를 기다릴 정도로 손님이 많다.

**Data** Map 093A
**Access** U-Bahn U3 헤렌가세 Herrengasse역 하차 후 도보 2분 **Add** Herrengasse 14, Vienna **Tel** 1-533-3763
**Open** 월~토 08:00~21:00, 일·공휴일 10:00~22:00
**Cost** 슈니첼 24.9유로, 비건 슈패츨 14.7유로, 애플스트루들 5.2유로, 조각케이크 5.2유로
**Web** www.cafecentral.wien

비엔니즈의 사랑방
## 카페 하이너 Café Heiner

카페 데멜과 함께 왕실 납품 베이커리로 유명하다. 1840년
1호점을 시작으로 오스트리아 내 총 6개 지점이 있다. 2호점
인 케른트너점은 1949년 문을 열었다. 쇼케이스가 차지한 1
층을 지나 2층으로 올라가보자. 커피 한 잔 앞에 둔 백발의
비엔니즈 덕분에 현지인들의 사랑방 같다. 차분한 적색의 꽃
무늬 벽지도 포근한 분위기에 일조한다. 탐나는 접시에 제공
되는 타르트와 향긋한 커피를 마셔보자. 당신의 오후가 폭신
해진다. **Don't miss** 더블 에스프레소에 오렌지 리큐어를 넣
은 모카 아마데우스는 다른 곳보다 가격이 착하다. **Bad** 신
용카드 사용 시, 1층으로 내려가 직접 계산하고 2층으로 올
라와 담당 서빙 직원에게 영수증을 보여줘야 한다.

**Data** Map 093D
**Access** U-Bahn U1, U3 슈테판 스플라츠Stephansplatz역 도보 3분
**Add** Kärntnerstraße 21-23, Vienna **Tel** 1-512-6863
**Open** 월~토 09:00~19:00, 일 10:00~19:00 **Cost** 쉰켄플레커 7.3유로,
딸기 토르테 3.9유로, 모카 아마데우스 5.2유로, 아인슈페너 3.5유로
**Web** www.heiner.co.at

새우부터 로브스터까지, 해산물은 다 모였다

## 노르트제 Nordsee

독일에서 해산물 공급업체로 시작해 해산물 전문 음식점으로 영역을 확장한 곳이다. 조리된 음식을 판매하기 때문에 웬만한 패스트푸드점보다 빨리 식사할 수 있다. 해산물 전문임을 한눈에 알 수 있는 생선모양 간판 아래, 그야말로 해산물 천국. 대표 메뉴인 해산물 샌드위치, 토르티아 컵에 담긴 새우 샐러드, 생선 커틀릿, 페스토를 발라 구운 랍스터까지 다양한 해산물을 먹을 수 있다. 또 샌드위치를 제외한 대부분의 메뉴는 무게당 금액이 책정되기 때문에 다양한 메뉴를 맛볼 수 있는 것도 장점. 독일 이외에도 오스트리아, 불가리아, 터키, 체코 등에 총 360개 매장이 운영 중이다. 비엔나에는 24곳이 있다. **Don't miss** 새우튀김에 맥주 한 잔은 진리. **Bad** 다양한 해산물에 현혹돼 이것저것 담다 보면 높아지는 금액.

**Data** **Map** 093D **Access** U-Bahn U1, U3 슈테판스플라츠Stephansplatz역 도보 3분 **Add** Kärntner 25, Vienna **Tel** 1-512-7354 **Open** 09:00~24:00 **Cost** 훈제연어 샌드위치 3.99유로, 새우 샐러드 7.45유로, 랍스터 구이(1/2마리) 29.95 유로 **Web** www.nordsee.com

---

**Writer's Pick!** 베스트 오브 더 베스트

## 플라후타스 가스트하우스 추어 오퍼
### Plachuttas Gasthaus Zur Oper

단언컨대 비엔나 최고의 슈니첼Schnitzel을 먹을 수 있는 곳이다. 오스트리아 전통 음식 슈니첼은 돈가스와 유사한데 송아지 고기를 사용한다. 전통 음식인 만큼 많은 곳에서 판매한다. 플라후타스는 끓인 소고기 요리인 타펠슈피츠와 스테이크 전문점도 운영하는 자타공인 고기 전문가 집안이다. 테이블마다 식재료에 대한 설명과 슈니첼 레시피가 올려져 있다. 하지만 굳이 읽지 않아도 슈니첼 한입 먹어보면 알 수 있다. 바삭한 튀김옷과 부드러운 송아지 고기가 특유의 풍미와 함께 녹는다. 슈니첼과 함께 제공되는 감자 샐러드도 일품. 감자가 맞나 싶을 정도로 쫀득한데, 방앗간에서 갓 짠 듯한 호박씨 오일이 향과 감칠맛을 더해 식사의 정점을 찍는다. **Don't miss** 이곳에서 직접 만드는 맥주도 놓치지 말 것. **Bad** 무심코 먹은 식전빵은 인당 2유로.

**Data** **Map** 093D
**Access** U-Bahn U1, U2, U4 칼스플라츠Karlsplatz역 하차 후 도보 4분 **Add** Walfischgasse 5~7, Vienna **Tel** 1-512-2251 **Open** 11:30~24:00 **Cost** 슈니첼 22.8유로, 소고기 타르타르 16.8유로, 소고기 수프 6.4유로, 로스트 포크 19.8유로, 양배추 파스타 18.4유로 **Web** www.plachutta.at

**Data** Map 093B
**Access** U-Bahn U1, U3
슈테판스플라츠Stephansplatz
역 도보 6분
**Add** Bäckerstraße 6, Vienna
**Tel** 1-512-1760
**Open** 11:30~23:00
**Cost** 송아지 슈니첼 22.9유로,
돼지 슈니첼 17.9유로,
믹스 샐러드(S) 5.9유로
**Web** www.figlmueller.at

### 접시보다 큰 슈니첼
## 피글뮐러 Figlmüller

1905년에 시작했으니 110년 넘은 슈니첼 전문점이다. 접시보다 큰 사이즈의 슈니첼을 먹기 위해 여행자들이 가장 많이 찾는 곳이다. 다른 곳의 슈니첼은 팬에서 3~5분 정도 노릇노릇하게 튀겨낸다. 반면 피글뮐러는 다른 온도의 팬 3개에서 30초씩 옮겨가며 튀긴다. 이것이 겉은 바삭하고 안은 육즙이 살아 있는 슈니첼을 만드는 비법이라고 한다. 송아지와 돼지고기 슈니첼 두 가지가 있다. 볼차일러 거리에 있는 1호점은 예약 없이는 이용 불가다. 2~3주 전에 예약할 수 없다면 1호점에서 도보 2분가량 떨어져 있는 베커 거리Bäckerstraße의 2호점으로 가는 게 상책. 와인만 판매하는 1호점과는 달리 2호점에서는 맥주도 마실 수 있다. **Don't miss** 오스트리아 전통 식전주인 슈납스도 다양하게 판매한다. **Bad** 샐러드나 감자 요리는 별도로 주문해야 한다.

### 온실의 변신은 무죄
## 팔멘하우스 Palmenhaus

왕의 개인 정원에서 야자수를 키우던 온실이었다. 아르 누보 양식의 웅장한 건물, 높은 아치형 천장, 유리벽, 철로 만든 대들보. 비엔나의 햇살을 다 끌어모았음직하다. 야자수와 키 큰 식물들이 가득 차 있다. 이곳은 아침부터 인기가 많다. 왕궁 정원에서 아침 산책 후 커피 한잔하기 안성맞춤이다. 추운 겨울에는 외부와 분리되어 따뜻한 동남아 어딘가에 휴가 온 것 같은 착각이 들 정도. 일광욕을 하며 점심식사 할 수 있다. 해 질 무렵부터는 연인들에게 인기가 많다. 커다란 유리벽에 노을이 번지고, 황금빛 음악이 깔린다. **Don't miss** 봄, 가을에는 야외 테라스 자리에서 왕궁 정원을 바라보며 커피 한잔 해보자. **Bad** 가격이 비싸다.

**Data** Map 093C
**Access** U-Bahn U2 무제움콰르티어Museumsquartier역 하차 후
도보 7분 또는 트램 D, 1, 2, 71번 부르그링Burgring역 하차 후 도보 2분
**Add** Burggarten 1, Vienna **Tel** 1-533-1033
**Open** 월~금 10:00~23:00, 토~일 09:00~23:00
**Cost** 슈니첼 26.5유로, 오늘의 수프 7.2유로, 비건 뇨끼 19유로,
조식세트 6.9유로~, 멜랑쥐 4.2유로, 아인슈페너 5유로
**Web** www.palmenhaus.at

## 운하 위에서 기분까지 둥둥
### 모토 암 플루스 Motto am Fluss

다뉴브 운하에 있는 유람선 모양 레스토랑&카페다. 바다가 없는 비엔나에서 물이 그리운 사람들은 이곳으로 모인다. 물에 비친 비엔나 야경과 음악, 생각만 해도 로맨틱하다. 비엔나의 트렌드 세터로 이른 시간부터 북적인다. 유기농 식재료를 사용해 바이오Bio 콘셉트의 다양한 음식을 제공하기 때문이다. 부드러운 아보카도에 래디시로 맛을 낸 샌드위치, 그래놀라를 곁들인 요거트는 건강한 하루의 시작으로 좋다. 시금치 뇨키나 맑은 수프인 콘소메 등으로 구성된 점심 특선 코스는 오후 일정에 활기를 줄 것이다. 모토 암 플루스의 1층은 레스토랑, 2층은 카페로 운영 중이다. 페리 터미널, 링 트램 출발 정거장 및 다양한 노선의 트램이 교차하는 슈베덴플라츠에 있어 관광 일정 중 들르기 좋다. **Don't miss** 바질이나 로즈마리를 듬뿍 넣은 에이드는 필수.

**Data** Map 093B
**Access** U-Bahn U1 슈베덴플라츠Schwedenplatz역 하차 후 도보 1분 또는 트램 1번, 2번 슈베덴플라Schwedenplatz역 하차 후 도보 2분 **Add** Franz Josef's Kai 2, Wien **Tel** 1-252-5511 **Open** 월~토 06:00~23:00, 일 06:00~22:30 **Cost** 모토샐러드 11유로, 버섯 콘소메 9유로, 레몬 리소토 16유로, 펄포 25유로 **Web** www.motto.at

## 오스트리아 최고의 타펠슈피츠
### 오펜로흐 Ofenloch

가장 오스트리아다운 분위기에서 전통 음식을 먹을 수 있는 곳이다. 무게감 있는 나무와 깊은 녹색 외관으로 오래된 숲 속 별장 같다. 정치인, 예술가, 종교인들의 단골집이었다. 이곳을 정겹게 만드는 것은 숙련된 직원들의 서비스다. 오스트리아 전통 음식인 타펠슈피츠Tafelspitz를 꼭 먹어보자. 작은 단지에 담겨 나오는 삶은 소고기 요리로 황제 프란츠 요제프가 가장 좋아했던 메뉴다. 특히 오펜로흐의 이것은 BÖGBeste Österreichische Gastlichkeit(오스트리아 최고의 레스토랑 선정 기관)에서 No.1으로 인정했다. 차이브와 애플 래디시 소스를 곁들이면 마지막 한 입까지 상큼하게 먹을 수 있다. 단호박 무스를 덮은 토끼 다리 요리도 맛보자. 슈패츨과 함께 색다른 미식 경험이 될 것이다. **Bad** 인당 3.3유로의 커버차지가 있다.

**Data** Map 093A
**Access** U-Bahn U3 헤렌가세Herrengasse역 하차 후 도보 5분 **Add** Kurrentgasse 8, Vienna **Tel** 1-533-8844 **Open** 월~수 17:00~23:00, 목~토 12:00~23:00, 일 휴무 **Cost** 타펠슈피츠 22.7유로, 슈니첼 23.9유로, 오펜로흐 그릴립 21.7유로 **Web** www.restaurant-ofenloch.at

맛있는 맥주? 그럼 여기!
# 1516 브루잉 컴퍼니 1516 Brewing Company

직접 맥주를 만들어 파는데 그 수준이 어마어마하다. 대표 맥주인
1516 라거를 선두로 페일 에일, 스타우트, 바이젠, 포터, IPA 등
의 다양한 에일Ale 맥주를 판매한다. 할로윈, 추수감사절, 크리스
마스 같은 날에는 가게 인테리어, 직원들의 옷과 화장에서 축제가
시작된다. 메뉴도 단호박 라비올리, 칠면조 샌드위치뿐만 아니라
계피, 생강, 오렌지 향이 나는 노엘 맥주처럼 특별 메뉴를 제공한
다. 맥주와 찰떡궁합인 소시지, 버거, 윙, 립은 기본. 2가지 코스인
런치메뉴는 10.9유로라 맥주 한잔에 간단히 식사할 수 있어 좋다.
0.1mL부터 1.5L까지 다양한 크기로 맥주를 판매한다. **Don't miss**
슬리퍼, 노 넌센스 등 독특한 이름의 맥주를 마셔보자. 이름에 공
들일 만한 맛이다.

**Data** Map 093D **Access** U−Bahn U1, U2, U4 칼스플라츠
Karlsplatz역 하차 후 도보 6분 또는 트램 D, 1번, 71번 슈바르젠베르그플라츠Schwarzenbergplatz역
하차 후 도보 3분 **Add** Schwarzenbergstraße 2, Vienna **Tel** 1−961−1516 **Open** 10:00~02:00
**Cost** 1516 소고기 버거 15.9유로, 1516 라거(250ml) 3.1유로 **Web** www.1516brewingcompany.com

변신은 무죄!

**Writer's Pick!**

## 뱅크 Bank

은행으로 100년 넘게 사용된 건물이 최근 파크 하얏트 호텔로 변신했다. 그리하여 이름
도 뱅크! 민들레 홀씨를 닮은 크리스탈 조명, 높은 층고, 대리석 벽으로 더할 나위 없이 우아한 공
간이다. 일사분란하게 움직이는 셰프들을 볼 수 있는 '오픈 쇼 키친'이 있다. 2개의 오픈 쇼 키친 사
이에 '셰프의 식탁'이 있다. 최대 8명까지 그들만을 위해 요리하는 셰프를 눈앞에서 보고, 그 음식
을 먹는 특별한 경험을 할 수 있다. 푸아그라를 넣은 버거, 오이스터 같은 듣기만 해도 럭셔리함이
묻어나는 메뉴를 합리적인 가격에 제공해 인기몰이에 성공했다. **Don't miss** 와인 리스트가 어마어
마하다. 식사와 함께 곁들여보자.

**Data** Map 093A **Access** U−Bahn U3 헤렌가세Herrengasse역 하차 후 도보 2분
**Add** Am Hof 2, Vienna **Tel** 1−227−401−236 **Open** 조식 월~금 07:00~10:30, 토~일 07:00~11:00 /
런치 월~토 12:00~14:30 / 디너 월~토 18:00~22:30 **Cost** 푸아그라 슬로버섯 버거 34유로,
숯불 등심스테이크 43유로, 오이스터 29유로(6개) **Web** www.vienna.park.hyatt.com

# BUY

**커피, 초콜릿 천국**
## 율리어스 마이늘 Julius Meinl

명실상부한 비엔나 최대 규모의 식료품점이다. 시작은 1862년 향신료와 커피 생두를 판매하는 것이었다. 원두를 섞어 로스팅해 팔면서 커피 전문점이 되어, 150년 동안 비엔나 커피 산업의 선두주자라고 자부하고 있다. 율리어스 마이늘의 로고는 암 그라벤 광장 멀리서도 눈에 띈다. 비엔나에 커피를 들여온 터키를 기념하는 터키인의 술이 달린 모자 페즈Fez, 그리고 기업의 활기를 상징하는 소년의 모습을 로고로 디자인했다. 넓은 1층은 일부만 카페 공간으로 양보하고 나머지를 커피와 초콜릿으로 채웠다. 2층은 치즈, 빵, 파스타, 육류, 생선, 과일을 파는데 파스타만 보더라도 그 종류가 어마어마하다. 세상에 이런 파스타가 있었나 싶을 정도. 그로서리 쇼핑을 좋아하는 사람에게 이곳은 그야말로 천국. 쇼핑 후 1층 카페에서 율리어스 마이늘의 커피를 꼭 마셔보자. 부담 없는 가격의 케이크도 구비되어 있다. 오스트리아는 커피를 주문하면 함께 마실 물을 무료로 제공하는데, 율리어스 마이늘은 탄산수를 제공한다.

**Data** Map 093A
**Access** U-Bahn U3 헤렌가세 Herrengasse역 하차 후 도보 3분
**Add** Graben 19, Vienna
**Tel** 1-532-3334
**Open** 월~목 09:00~19:30, 금 08:00~19:30, 토 09:00~18:00(일 휴무) **Cost** (카페 메뉴 기준) 멜랑쥐 3.8유로, 아인슈페너 3.9유로, 카푸치노 4.2유로, 홈 메이드 브라우니 2유로, 레몬 타르트 3.9유로
**Web** www.meinlamgraben.at

**뻔한 기념품이 싫다면**
## 더 월드 투 고 The World to go

세련된 기념품을 원한다면 더 월드 투 고로 가자. 패션과 생활소품 디자인, 마케팅과 유통 전문가 2명이 탄생시킨 곳이다. 모차르트, 클림트, 황후 시시를 모티브로 한 기념품도 남다르고, 더 월드 투 고만의 독특한 디자인 제품도 좋다. 부담 없이 들 수 있는 에코백, 향수가 필요 없는 아로마 비누, 다 마신 후에 수납통으로 써도 될 만큼 예쁜 황후 시시 홍차는 어떨까. 세련된 비엔나를 오래도록 즐겨보자.

**Data** Map 093C **Access** U-Bahn U1, U3 슈테판스플라츠 Stephansplatz역 하차 후 도보 5분 **Add** Josefsplatz 6, Vienna **Tel** 1-990-4487 **Open** 월~토 11:00~19:00, 일 10:00~16:00 **Cost** 냉장고 자석 4.9유로~, 메모지 4.5유로~, 파우치 15.9 유로~, 에코백 25.9유로~ **Web** www.theworldtogo.com

황제의 달콤한 아침
## 그란트 구겔후프 Grand Gugelhepf

프란츠 요제프 황제와 시시 황후가 매일 아침 커피와 함께 먹었던 오리지날 그란트 구겔후프다. 둥근 틀에 구운 촉촉하고 달콤한 케이크, 그란트 구겔후프는 이때부터 부의 상징처럼 됐다. 그랜드 호텔 비엔나에서 판매하며 정통 레시피가 전수되고 있고, 세계 최고의 구겔후프로 평가받는다. 완벽한 양의 계피로 후각을 자극하고, 비밀스런 재료 비율로 입에서 녹는다. 유통기한이 넉넉해 선물용으로도 좋고, 가족과 나누며 비엔나 이야기꽃을 피우기에 안성맞춤이다.

**Data** Map 093D **Access** U-Bahn U1, U2, U4 칼스플라츠Karlsplatz역 하차 후 도보 4분 또는 트램 D, 1번, 2번, 71번 케른트너링Kärntner Ring역 하차 후 도보 2분, 그랜드 호텔 1층 **Add** Kärntner Ring 9, Vienna **Tel** 1-515-809-120 **Open** 07:00~11:00 **Cost** 그란트 구겔후프(대 1,480g) 38유로, 그란트 구겔후프(소 380g) 18.5유로 **Web** www.grandhotelwien.com

오스트리아의 국민 과자
## 마너 Manner

(Writer's Pick!)

　　비엔나에서 고개만 돌리면 마너가 보인다. 다양한 초콜릿, 비스킷 제품이 있지만 마너를 세상에 널리 알린 건 웨이퍼Wafer다. 우리나라에서 웨하스라 불리는 웨이퍼가 5겹, 그 사이사이에 헤이즐넛 코코아 크림이 넉넉하게 발라져 있다. 1898년에 만들어진 레시피를 현재까지 고수한다. 웨하스가 별거 있겠냐고 말하기 전에 먹어보자. 진하다 못해 쫄깃한 크림이 예술이고, 입에 남는 헤이즐넛 깊은 풍미가 환상이다. 성 슈테판 대성당 옆에 있는 마너 매장에서는 웨이퍼만 하루 4천 개가 넘게 팔린다. 고유 디자인을 이용한 문구, 주방용품, 스포츠용품까지 있다. 마너는 슈퍼마켓에는 물론, 걸어다니는 사람들 손에, 식당에서 영수증과 함께 주기도 하고, 심지어 술집 안주로도 판다. 오스트리아의 새우깡이라고 해야 할까. 다양한 사이즈, 부담 없는 가격이라 선물로도 좋다. 비엔나 공항에도 입점해 있다.

**Data** Map 093B **Access** U-Bahn U1, U3 슈테판스플라츠Stephansplatz역 하차 후 도보 2분 **Add** Stephansplatz 7, Vienna **Tel** 1-513-7018 **Open** 10:00~21:00 **Cost** 웨이퍼박스(75g*4ea) 3.29유로, 스낵파우치 4.09유로, 초콜릿블럭(1kg) 9.19유로 **Web** www.manner.com

살 것, 볼 것, 먹을 것 많은 아케이드
## 팔라이스 페르스텔 Palais Ferstel

1855년 건축가 하인리히 폰 페르스텔이 지은 건물이다. 귀족들의 파티가 열렸던 연회장은 700명 넘게 수용 가능한 규모이며 현재까지도 다양한 행사가 진행된다. 건물의 안뜰은 작은 갤러리가 둘러싸고 있다. 아케이드에는 다양한 상점이 있다. 달콤 쌉싸래한 냄새가 자석처럼 몸을 끌어당기는 곳은 쇼콜라트Xocolat! 초콜릿 마니아의 천국이다. 400여 종이 넘는 초콜릿, 초콜릿으로 만든 구두, 인형, 장식물을 구경하다 보면 시간이 훌쩍 간다. 자사 제품뿐 아니라 토즈, 호간, 판타폴라, 벤손을 판매하는 구두 편집숍 슈만Schuhmann에서는 짐가방 여유부터 생각하게 된다. 돼지뒷다리가 통째로 잔뜩 걸려있는 곳은 불카노텍Vulcanothek이다. 육가공 생산사인 볼카노 햄은 한 잡지사의 '세계에서 가장 맛있는 햄 Top7'으로 선정됐다. 15개월, 27개월 제대로 자연 건조한 햄, 살라미, 프로슈토를 살 수도 있고 매장에서 와인과 함께 먹을 수도 있다.

**Data** Map 093A
**Access** U-Bahn U2 쇼텐토어 Schottentor역 하차 후 도보 7분
**Add** Strauchgasse 4, Vienna **Tel** 1-533-3763
**Open** 상점별 상이

비엔나의 올리브영
## 비파 Bipa

오스트리아 No.1 헬스&뷰티 스토어다. 우리나라의 올리브영쯤 된다. 1980년에 시작해 현재 610개의 매장이 있고, 1만 4천여 개의 제품을 취급한다. 비엔나 쇼핑의 천국 케른트너 거리에서 휘황찬란한 핑크색 간판으로 여성들의 이목을 끈다. 슈렉이 될 것 같은 마스크 팩, 걸그룹 부럽지 않은 다양한 컬러의 염색 제품, 오스트리아에서만 볼 수 있는 다양한 브랜드 화장품과 향수가 빼곡히 있다. 익숙한 브랜드의 헤어, 바디 제품도 놀랄만큼 착한 가격에 살 수 있다.

**Data** Map 093D
**Access** U-Bahn U1, U3 슈테판스플라츠Stephansplatz역 하차 후 도보 1분 **Add** Kärntner Strasse 1-3, Vienna **Tel** 1-512-2210
**Open** 월~금 09:00~19:00, 토 09:00~18:00, 일 휴무
**Cost** 마스크팩 1.99유로~, 셀프네일 팁 4.99유로~, 염색제품 5.95유로~ **Web** www.bipa.at

### 왕가에서 이어진 오스트리아 전통 자수 제품 매장
## 마리아 스트란스키 Maria Stransky GMBH

오스트리아 전통 자수 수제 제품 매장이다. 마리아 테레지아 여
제 시절, 왕가의 여인들로부터 시작된 프티 푸앵Petit Point 기법.
마리아 스트란스키는 그 기법을 전수받아 1932년 본인의 매장
을 열었다. 매장은 왕궁 안에 있다. 정부가 얼마나 그녀의 제품
을 인정하는지 알 수 있다. 이곳의 제품은 30여 명의 숙련된 기
술자들이 만든다. 전통 기법을 따라 한 땀 한 땀 수놓는다. 2.5
cm²에 900수부터 3천500수까지 들어가는데, 그 수의 차이에 따
라 가격은 하늘과 땅 차이. 3천500수 액자를 한 발자국 떨어져
서 보면 자수인지 그림인지 헷갈릴 정도. 장신구, 액자, 이브닝
클러치 등 다양한 제품이 눈과 마음을 홀린다. 장인들의 수공예

제품이라 가격이 만만치는 않지만 유럽 및 일본 고객에게 뜨거운
사랑을 받고 있다. 클림트의 〈키스〉가 수놓아진 반지나 브로치는
비엔나 여행 최고의 기념품이 될 것이다.

**Data** Map 093C **Access** U-Bahn U3 헤렌가세Herrengasse역
하차 후 도보 6분 **Add** Hofburg Passage 2 (Imperial Palace 2),
Vienna **Tel** 1-533-6098 **Open** 화~금 11:15~17:00 (토~월 휴무)
**Cost** 귀걸이 31유로~, 동전지갑 183유로~, 클러치 180유로~
**Web** www.maria-stransky.at


### 잠시 우리도 비엔니즈처럼
## 링스트라센 갈레리엔 Ringstrassen Galerien

2개의 건물이 유리 다리로 연결된 복합 상점이다. 지하부터 지상 2층까지 60여 개의 매장과 레스토
랑이 있고, 그 위로는 사무실과 주거공간이 있다. 아이그너, 크랩트리&에블린 등을 제외하고는 로
컬 브랜드가 대부분이다. 각 건물 지하 1층에는 인테리어 소품 매장 인테리오Interio와 식료마켓 빌
라 코르소Billa Corso가 있다. 한 층을 통째로 사용하는 만큼 구경거리가 많다. 관광객보다는 현지인들
의 발길이 잦은 곳이다 보니 비엔니즈들의 실생활을 가까이에서 볼 수 있어 더 좋다.

**Data** Map 093D
**Access** U-Bahn U1, U2, U4
칼스플라츠Karlsplatz역 하차 후
도보 4분
**Add** Kärntner Ring 3-7,
Vienna
**Tel** 1-512-5181
**Open** 월~금 10:00~19:00,
토 10:00~18:00, 일 휴무
(식당 07:00~24:00)
**Web** www.
ringstrassengalerien.com

# 링도로 북부
## North of the Ringstraße

링도로의 서쪽에서 쇼텐토어 북부 지역. 미술사 박물관부터 비엔나 박물관지구 MQ, 국회의사당, 시청, 비엔나 대학에 이르기까지 남다른 아우라를 발산하는 건물들이 모여 있다. 길을 걷다 고개를 돌리면 프로이트가 커피를 마시던 카페, 베토벤이 운명 교향곡을 작곡하던 집, 20대의 클림트가 벽화를 그리던 극장이 등장한다. 대체, 비엔나 매력의 끝은 어디인가. 눈을 반짝이며 걷고 싶은 길이 끝도 없이 이어진다. 미술 애호가에겐 반나절을 투자해도 아깝지 않은 미술사 박물관과 레오폴드 미술관도 이 거리에 있다.

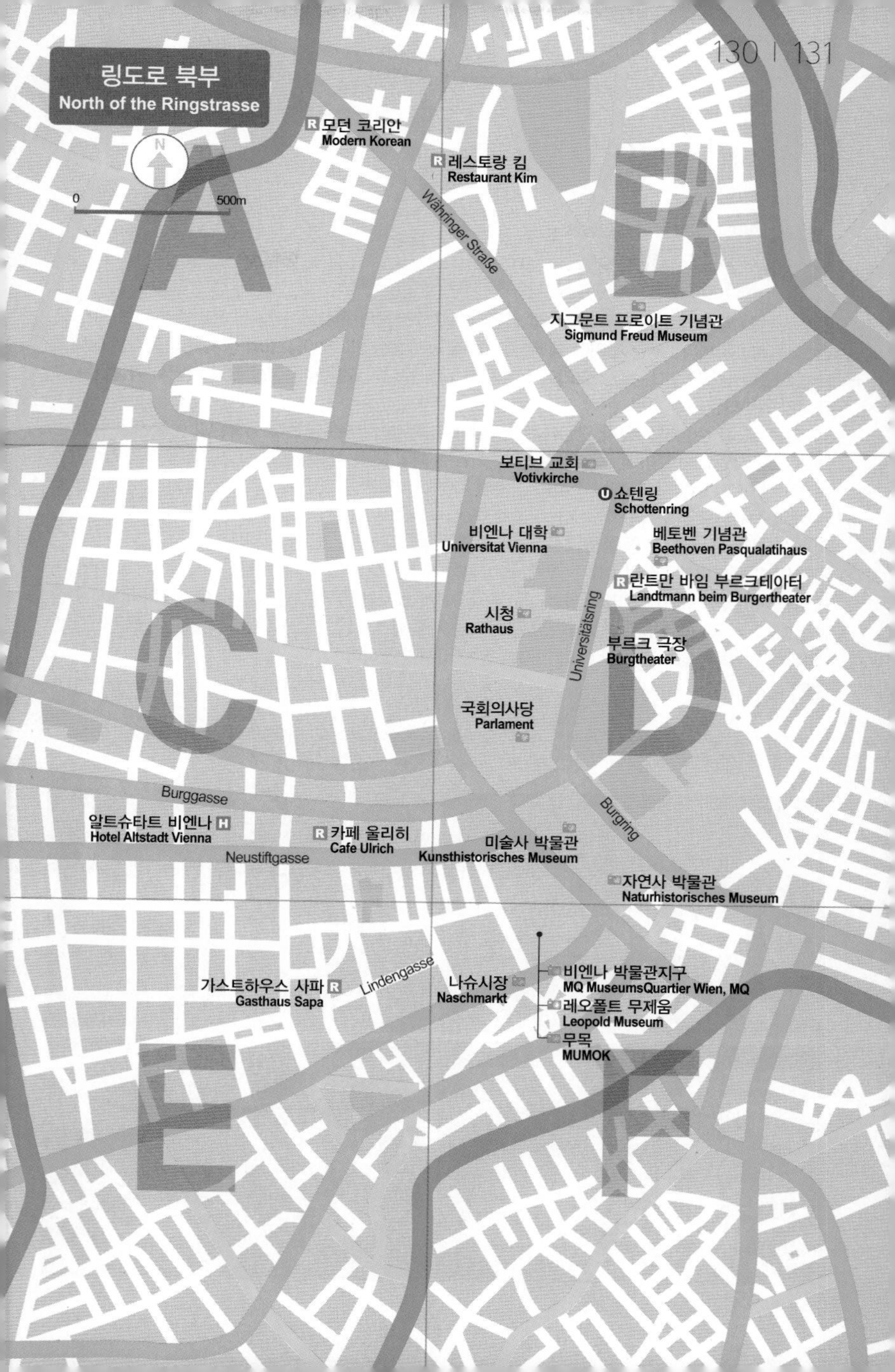

링도로 북부
North of the Ringstrasse

N

0       500m

R 모던 코리안
Modern Korean

R 레스토랑 킴
Restaurant Kim

Währinger Straße

지그문트 프로이트 기념관
Sigmund Freud Museum

보티브 교회
Votivkirche

U 쇼텐링
Schottenring

비엔나 대학
Universitat Vienna

베토벤 기념관
Beethoven Pasqualatihaus

R 란트만 바임 부르크테아터
Landtmann beim Burgertheater

시청
Rathaus

Universitätsring

부르크 극장
Burgtheater

국회의사당
Parlament

Burgring

Burggasse

알트슈타트 비엔나 H
Hotel Altstadt Vienna

R 카페 울리히
Cafe Ulrich

미술사 박물관
Kunsthistorisches Museum

Neustiftgasse

자연사 박물관
Naturhistorisches Museum

Lindengasse

가스트하우스 사파 R
Gasthaus Sapa

나슈시장
Naschmarkt

비엔나 박물관지구
MQ MuseumsQuartier Wien, MQ

레오폴트 무제움
Leopold Museum

무목
MUMOK

A   B   C   D   E   F

SEE

**Writer's Pick!**

박학다식 황제 덕에 탄생한 곳
## 자연사 박물관
**Naturhistorisches Museum** | 나투어히스토리셰 무제움

곤충, 광물, 암석, 보석 등 땅의 역사를 증명하는 3천만 점의 전시품이 있다. 근간을 마련한 것은 프란츠 슈테판 황제다. 부인 마리아 테레지아 여제가 실권을 쥐고 있어, 그의 정치적 영향력은 상대적으로 적었다. 그러나 그는 오스트리아의 경제와 과학 발전에 지대한 공헌을 했고 자연사 박물관은 그 업적의 일부다.

1750년, 그가 수집한 자연사 관련품은 3만점이 넘었다. 쇤부른 궁전에 식물원과 동물원을 직접 만들 정도로 자연과학 분야에 관심이 많았다. 최초로 해외 과학 탐사를 진행했고, 세계 각지에서 가져온 물건들이 이곳에 더해졌다. 수집품이 쌓여 자연사 박물관은 1889년에 문을 열었다. 2층 건물에 39개의 전시관으로 구성된 이곳에는 24,000년 전 돌로 만든 여인상 빌렌도르프의 비너스, 100kg이 넘는 토파즈 원석, 멸종 동물의 표본, 공룡 해골 등 그야말로 볼거리가 넘친다.

자연사 박물관이 매력적인 이유는 안주하지 않음이다. 최근 디지털 천문관을 오픈했다. 과거와 미래의 접목이랄까. 또한 60명의 과학자들이 이곳에서 조사와 연구를 지속하며, 오스트리아에서 가장 큰 비대학 연구소로 자리를 지키고 있다. 예술을 사랑하는 비엔나에서 자연사 박물관이 어린이 동반 가족, 연인 할 것 없이 다양한 층의 사랑을 받는 비결일 것이다.

**Data** **Map** 131D **Access** U-Bahn U3 폭스테아터Volkstheater역 하차 후 도보 3분 또는 트램 49번 폭스테아터 Volkstheater역 하차 후 도보 3분 **Add** Burgring 7, Vienna **Tel** 1-521-770 **Open** 목~월 09:00~18:00 화 09:00~20:00 화 휴관 **Cost** 성인 16유로, 19세 이하 무료, 25세 학생 12유로, 연간 이용권 39유로 **Web** www.nhm-wien.ac.at

왕실 미술 컬렉션의 위엄
## 미술사 박물관
Kunsthistorisches Museum | 쿤스트히스토리셰 무제움

합스부르크 왕가가 수 세기에 걸쳐 수집한 미술품과 유물을 전시하기 위해 1981년에 개관했다. '미술사'라는 이름을 내걸 만큼 고대 로마시대부터 18세기 회화까지 방대한 작품을 아우른다. 회화 갤러리, 이집트-오리엔트 전시관, 고대 유물 전시관, 화폐 박물관으로 나뉘며, 회화 갤러리는 루벤스, 렘브란트, 벨라스케즈, 브뤼겔 등 당대 유명 화가의 작품을 총망라한다. 한걸음 내디딜 때마다 미술책 속을 거니는 기분. 벽면 가득 채운 명화를 서서 보다 보면 뒷목은 뻐근, 다리가 지끈하기 마련인데, 전시실마다 소파를 마련해둬 편히 감상할 수 있다. 다소 억양이 어색하긴 해도, 한국어 오디오 가이드(유료)가 있어 관람에 깊이를 더한다.
고트리트 젬퍼Goffried Semper와 카를 한제나우어Karl Hansenauer가 설계한 석조 건물도 볼거리다. 밖에서 보면 데칼코마니처럼 똑같은 자연사 박물관과 마주보고 있고, 안으로 들어서면 웅장하고 화려한 대리석 계단과 뭉카치의 천장화가 시선을 압도한다. 계단 아래 카노바의 켄타우로스를 제압하는 테세우스 조각상도 역동적. 자칫 지나치기 쉬운 계단 위 벽화도 눈여겨보자. 벽화 중 일부는 클림트가 신인 시절 그렸다. 1층 우아한 돔홀 아래 자리한 카페도 아름답다.

**Data** Map 131D **Access** 트램 D, 1, 2, 71, 46, 49 타고 부르거링Burgring역 하차 후 도보 3분 또는 U-Bahn U2 뮤제움스콰르티어 하차 후 도보 2분 **Add** Maria-Theresien-Platz, Vienna **Tel** 1-525-240 **Open** 일~수 10:00~18:00, 목 10:00~21:00(9~5월 월 휴관) **Cost** 성인 21유로, 시니어 18유로, 학생 18유로 **Web** www.khm.at

> 💬 | Theme |
> ## 미술사 박물관, 주목할 만한 작가와 작품
> *한 번에 돌아보기엔 너무 큰 미술사 박물관, 느리게 여러 번 감상하고픈 맘이 굴뚝같지만
> 일정이 빠듯한 당신을 위해 주요 작가와 작품 핵심 정리! 이 작품만은 꼭 보고 가자.*

## 브뤼겔

16세기 플랑드르 화파를 대표하는 브뤼겔의 풍속화, 종교화는 회화 갤러리의 핵심 컬렉션이다.
그는 당시 서민들의 삶을 해학적으로 그리고, 인간의 허세와 욕망을 풍자했다.

### 눈 속의 사냥꾼(1568)

계절과 달月을 주제로 한 연작 중 제일 유명한
작품으로 북유럽 풍경화 전통의 기초가 되었다.
작품의 왼쪽에서 오른쪽으로 움직이는 대각선
구도가 강렬하며, 스케이트 타는 사람들을 세밀
하게 묘사한 디테일이 살아있는 작품. 작품으로
원근감이 돋보인다.

### 농가의 결혼식(1568)

왁자지껄 흥겨운 잔칫날 같지만 결혼식은 무관
심, 저마다 먹방만 찍고 있는 하객들을 풍자했
다. 초록색 장막 앞에 앉은 이가 신부이고 신랑
은 당시의 풍습대로 자리를 비웠단다. 음악을
연주하는 악사는 음식에서 눈을 떼지 못하고 있
으며, 바닥에 앉은 아이는 손가락을 빨고 있다.
이는 가난한 서민들의 생활상을 묘사한 것.

### 바벨탑(1563)

회화 갤러리의 하이라이트다. 브뤼겔은 〈창세기
〉 11장에 나오는 바빌로니아 지방에 세운 바벨
탑을 자신이 활동하던 안트베르펜의 바닷가에
옮겨 그렸다. 도시를 눌러버릴 듯 하늘을 향해
쌓고 있는 거대한 원형 탑은 사람들의 허영과
오만을 상징한다. 바벨탑의 축이 기울어진 것은
그에 대한 경고의 의미. 높이 114cm의 그림 안
에 거대한 건축물과 동원된 인부와 기계의 세밀
한 세부 묘사를 잘 융합했다고 평가받는다.

## 요하네스 베르메르
### 화가의 아틀리에(1666)

베르메르 역시 17세기 플랑드르 풍속화의 황금기를 대표하는 화가다. 그가 남긴 작품 중 유일하게 풍속화가 아니며, 그가 죽을 때까지 소장한 작품이다. 그림 전면에 드리워진 묵직한 커튼이 젖혀지면서 화가의 작업실이 드러난다. 의자에 앉아 그림을 그리는 화가는 베르메르, 모델이 되어 주고 있는 여인은 화가에게 영감을 주기 위해 나타난 클리오 여신이다. 단지 '아틀리에에서 작업 중인 화가'를 주제로 그린 그림이지만 다양한 의미로 해석이 가능한 것은 이 작품이 회화에 대한 우의寓意를 담고 있기 때문.

## 렘브란트
### 자화상(1652)

'그림으로 그린 자서전'이라 할 정도로 60점 이상의 많은 자화상을 남긴 렘브란트의 자화상 중 말년의 자화상. 빛의 화가답게 어둠 속에 헐렁한 작업복을 입은 화가(자신)의 얼굴을 강조해 그렸다. 표정에서 경제적인 어려움에 대한 근심 걱정이 묻어나며 옷차림은 검소하다.

## 벨라스케스
### '왕녀 마르가리타 테레사' 초상화 시리즈(1653, 1656, 1659)

17세기 스페인 궁정 화가였던 벨레스케즈가 남긴 왕녀 마르가리타 테레사의 3살, 6살, 9살 초상화가 나란히 걸려 있는 이유는? 그녀는 스페인의 왕 펠리페 4세와 마리안나 왕비 사이에 태어난 딸로, 3살 때부터 합스부르크 왕가 레오폴드 1세의 신붓감으로 낙점됐기 때문. 당시 왕실 혼담은 초상화가 오가는 방식이어서, 1666년 결혼식 전까지 벨라스케스가 그린 초상화를 미래의 시월드에 꾸준히 보내왔다고. 그림 속 마르카리타 테레사는 15세에 결혼해 제위에 올랐지만 22살의 젊은 나이로 아이를 낳다가 세상을 떠나고 말았다.

### 젊은 예술가들의 문화 놀이터
## 비엔나 박물관지구 MQ MuseumsQuartier Wien, MQ | 무제움스콰르티어 빈 MQ

합스부르크 왕가의 마구간과 겨울 승마연습장이 미술관, 공연장, 어린이 박물관, 카페 등이 모여 있는 문화예술단지로 환골탈태했다. 규모만 큰 게 아니라, 건축, 영화, 뉴미디어, 무용까지 다양한 장르를 아우른다. 네오바로크 풍 건물과 모던한 미술관 건물의 조화도 이채롭다. 중앙의 옛 왕실 겨울 승마연습장은 쿤스트할레 빈Kunsthalle Wien입구와 공연장, 할레 에+게Halle E+G로 쓰인다. 그 왼편에는 거대한 큐브 모양의 레오폴트 미술관, 오른편에 루드비히 재단 현대 미술관, 무목MUMOK이 있다. 레오폴트 미술관 맞은편 콰르티어21 주변에는 디자인 숍, 감각적인 카페와 레스토랑이 즐비하다. 여름에는 중앙 광장에서 야외축제도 열린다.

**Data** Map 131F
**Access** U-Bahn U2 무제움스콰르티어Museums
Quartier역에서 바로 연결 /U2,U3 폭스테아터
Volkstheater역에서 도보 1분
**Add** Museumsplatz 1, Vienna
**Tel** 1-523-5881
**Open** MQ포인트10:00~19:00(박물관에 따라 다름)
**Cost** 듀오 티켓 성인 26유로 학생 20.5유로
**Web** mqw.at

**Tip 듀오티켓 살까? 아트티켓 살까?**
정문 옆 종합안내소, MQ포인트MQPoint에선 연합티켓을 판다. 티켓 종류는 듀오, 아트, 콤비, 패밀리 4가지. 레오폴트 미술관, 무목, 쿤스트 할레 빈, 건축 박물관 중 두 곳을 입장하려면 듀오 티켓이 경제적이다. 자세한 내용은 아래 표 참조.

| | 듀오Duo | 아트Art | 콤비Kombi | 패밀리Family |
|---|---|---|---|---|
| 레오폴트 미술관 | | 입장 가능 | 입장 가능 | 입장 가능 |
| 무목 | 2곳 입장 가능 | | | |
| 쿤스트할레 빈 | | | | |
| 건축 박물관 | | 입장 불가 | | |
| 무용 극장 | 30% 할인 | | | 입장 가능 |
| 어린이 박물관 | 섹션별 차등 할인 | | | |
| 요금 | 20.5유로 | 26유로 | 32유로 | 49.9유로 |

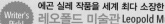

**Writer's Pick!** 에곤 실레 작품을 세계 최다 소장한

## 레오폴드 미술관 Leopold Museum | 레오폴트 무제움

미술품 수집가 루돌프 레오폴드가 50년간 모은 작품 5천여 점을 오스트리아 정부가 사들여 세운 미술관. 에곤 실레, 구스타프 클림트 등 분리파와 리하르트 게르스틀 같은 표현주의 화가의 작품들이 주를 이룬다. 에곤 실레 작품만 220여 점으로, 에곤 실레 팬들에게 성지 같은 곳. 흉내 낼 수 없는 자유로운 드로잉, 음울한 기운이 감도는 자화상과 파격적인 누드화는 한번 보면 뇌리에 송곳처럼 파고드는 매력이 있다. 실레의 멘토였던 클림트의 대표작 '죽음과 삶'(1910)도 볼 수 있다. 지상 3층~지하 2층 규모로 입구가 있는 EU층에서 엘리베이터를 타고 3층으로 올라가 위에서부터 내려오며 관람하면 편하다. 0층에는 분위기 있는 카페와 기념품 숍도 있다.

**Data** Map 131F **Access** U-Bahn U2 무제움스콰르티어MuseumsQuartier역에서바로 연결 / U3 폭스테아터 Volkstheater역에서 도보 5분 **Add** Museumsplatz 1, Vienna **Tel** 1-525-700 **Open** 10:00~18:00, 화 10:00~21:00, 목 휴무 **Cost** 성인 15유로, 학생 11유로 **Web** leopoldmuseum.org

뉴욕엔 MOMA, 비엔나엔 MUMOK

## 루드비히 재단 현대 미술관

**MUMOK (Museum Moderner Kunst Stiftung Ludwig Vienna) | 무목**

유럽에서 가장 큰 현대 미술관이다. 1962년에 문을 열었고, 2001년 현재 비엔나 박물관지구 자리로 이전했다. 통통한 상자 모양 현무암 건물이다. 오디오 가이드 대신 멀티미디어 가이드(아이패드 미니)를 준다. 입구인 4층에서 엘리베이터를 타고 8층으로 올라가 계단으로 내려오며 관람하는 게 편하다. 전시작품은 아메리칸 팝부터 입체파, 표현주의부터 비엔나 액셔니즘까지 폭넓다. 뉴욕 현대 미술관(MOMA)과 어깨를 나란히 하는 수준의 작품 9천여 점이 있다. 작품들은 테마에 따라 순환 전시한다. 익숙한 피카소, 파울 클레, 르네 마그리트 등의 작품도 있다. 영화 상영과 토론회가 열리는 작은 극장, 도서관, 식당도 있어 비엔나 대학생들의 발길이 이어진다.

**Data** Map 131F **Access** U-Bahn U3 폭스테아터Volkstheater역 하차 후 도보 3분 또는 U-Bahn U2 무제움스 콰르티어MuseumsQuartier역 하차 후 도보 3분 **Add** Museumsplatz 1, Vienna **Tel** 1-525-000 **Open** 화~일 10:00~18:00, 수 10:00~20:00 (월 휴관) **Cost** 성인 15유로, 27세 이하 19유로, 학생(27세 이하) 11.5유로 무목&레오폴드 통합권 26유로 **Web** www.mumok.at

### 오스트리아 민주주의의 상징
## 국회의사당 Parlament | 팔라멘트

그리스의 신전을 링도로에 옮겨놓은 듯한 국회의사당은 1918년 11월 11일 오스트리아 연방 공화국 선언을 한 곳이다. 원래는 합스부르크 왕국 시절의 오스트리아의회Reichsrat 건물로 1874년에 착공, 1884년 완공했다. 네오고전주의 양식의 웅장한 건물은 건축가 테오필 한젠Theophil Hansen 작품. 오른손에 승리의 여신, 왼손에 창을 들고 국회의사당 앞에 우뚝 선 지혜와 전생의 여신, 아테나Athena 동상은 카를 쿤트만Karl Kundmann이 조각했다. **Don't Miss** 안이 더 아름답다. 가이드 투어를 들으면 국민 의회 Nationalrat와 연방 의회Bundesrat가 쓰는 홀을 둘러볼 수 있다. 특히, 역사 의회 홀Historic assembly hall은 민주주의의 요람, 고대 그리스 신전을 테마로 한 실내장식이 웅장하면서도 중후하다.

**Data** Map 131D
**Access** 트램 1, 2, D번 스타디온가세Stadiongasse 혹은 팔라멘트 Parlament역 하차 후 바로 U-Bahn U3 폭스테아터Volkstheater역 하차 후 도보 6분 **Add** Dr.-Karl-Renner-Ring 3, Vienna **Tel** 1-401-100 **Open** 월~토 10:45~15:45(1일 4~6회, 일 휴무) **Web** parlament.gv.at

### 황제의 무사를 축하하며
## 보티브 교회 Votivkirche | 포티프키르셰

1853년 헝가리 군의 암살 시도에도 불구, 무사한 프란츠 요제프 황제를 기념해 지은 교회다. 보티브는 봉헌이라는 뜻. 네오고딕 형식으로 1879년 완공됐다. 2개의 첨탑은 그 높이가 무려 99m 이고, 레이스를 두른 것처럼 화려하다. 비엔나에서 손꼽히는 아름다운 건축물인데, 근처에 있는 성 슈테판 대성당에 밀려 과소평가되는 경향이 있다. 건축가 하인리히 폰 페르스텔은 당시 유행하던 고딕 양식에서 한 단계 나아가, 네오고딕이라는 새로운 기법을 사용했다. 예수의 수난을 조각한 나무 제단은 교회 내부에서 가장 아름다운 장소다. 교회 정면에는 지그문트 프로이트 공원이 앞마당처럼 있다. 현지 젊은이들과 앉아 첨탑 너머 번지는 노을을 즐겨보는 것도 좋겠다.

**Data** Map 131D
**Access** U-Bahn U2, 4 쇼텐링Schottenring역 하차 후 도보 5분 또는 트램 43번, 44번 란데스게리히트스트라세 Landesgerichtsstrasse역 하차 후 도보 3분 **Add** Rooseveltplatz 8, Vienna **Tel** 1-406-1192 **Open** 화~금 11:00~17:00, 토 11:00~19:00, 일 09:00~13:00 (월 휴관) **Cost** 무료 **Web** www.votivkirche.at

**Writer's Pick!**

일상이 축제가 되는
## 시청 Rathaus | 라트하우스

하늘을 찌를 듯 솟은 5개 첨탑이 매혹적인 시청사는 프란츠 요제프 황제가 링도로를 구축하며 완성한 첫 건물이다. 설계 공모전에 당선된 프리드리히 슈미트Fridrich Schmidt가 1872~1883년에 걸쳐 네오고딕 양식으로 지었다. 중앙의 97.9m 첨탑 꼭대기에는 키 5.4m, 몸무게 650kg 라트하우스만Rathausmann이 갑옷에 창을 들고 서 있다. 실제 중세의 기수, 프란츠 가스텔Franz Garstell을 모델로 금속조각의 장인 알렉산더 네어Alexander Nehr가 만든 작품. 란트만 제작의 발단은 99m의 보티프 대성당보다 높아 보이기 위한 꼼수였지만, 지금은 관광객들의 사랑을 한 몸에 받는 마스코트가 됐다. 영어 가이드 투어에 참여하면 신년 무도회가 열리는 대연회 홀 등 내부도 구석구석 둘러볼 수 있다.

**Data** Map 131D
**Access** U-Bahn U2 라트하우스역 하차 후 도보 1분 또는 트램 1, D번 라트하우스플라츠Rathausplatz/부르크테아터Burgtheater역 하차 후 부르크테아터 맞은편
**Add** Friedrich-Schmidt-Platz 1, Vienna **Tel** 1-52-550
**Open** 영어 가이드 투어 월, 수, 금 13:00(약 1시간 소요) **Cost** 무료
**Web** vienna.gv.at

**Tip** *일상이 축제가 되는 시청 앞 광장*
시청 앞 광장, 라트하우스플라츠에는 사계절 다양한 이벤트가 끊이지 않는다. 3대 하이라이트는 7~8월의 필름 페스티벌, 11~12월의 크리스마스 마켓, 1월 말~3월 초 아이스링크! 새해 첫날엔 무지크페라인의 비엔나 필하모닉 신년 음악회 티켓을 구하지 못한 사람들을 위해 대형스크린으로 음악회도 상연한다.

### 클림트의 천장화가 있는
## 부르크 극장 Burgtheater | 부르크테아터

독일어권 최고의 연극 무대로 정평이 난 부르크테아터. 그 명성 만큼 역사도 깊다. 1714년 미하엘러 광장에 왕가의 극장으로 설립, 링도로를 조성하며 지금 위치로 옮겼다. 칼 한제나우어Karl Hansenauer와 고트리트 젬퍼Goffried Semper 지휘 하에 14년간 공사를 했고, 드디어 1888년 르네상스 풍 외관에 모던한 공연장을 갖춘 극장으로 오픈했다. 링도로를 둘러싼 건물 중 마지막에 완성된 명작으로 꼽힌다. 원형 극장 양쪽에 날개형 건물이 연결된 모양이 특징. 폭스가르텐의 신선한 공기를 소음 없이 극장 안으로 끌어들이는 공조 시스템은 19세기에 만들었다고 믿기 어려울 만큼 훌륭하다. 내부를 보려면 공연을 보거나 가이드 투어에 참여하면 된다. 공연은 입석 3.5유로부터 R석 60유로까지 천차만별. **Don't Miss** 24살의 클림트가 그린 천장화! 클림트는 남동생 에른스트 클림트, 친구 프란츠 마치와 양 날개 건물 계단의 천장에 유럽 극장의 역사를 그렸다. 그리스 시대부터 셰익스피어까지 세밀하게 그려, 황제에게 황금공로십자훈장을 받았다고.

**Data** Map 131D
**Access** 트램 1, D번 라트하우스 플라츠/부르크테아터 Rathausplatz/Burgtheater 역 하차. U-Bahn U2 라트하우스 Rathaus역 하차, 라트하우스 맞은편 **Add** Universitätsring 2, Vienna **Tel** 1-514-444-140 **Open** 독일어 가이드 투어 월~목 15:00, 영어&독일어 가이드 투어 금~일 15:00(약 50분 소요) **Cost** 가이드 투어 성인 7유로, 학생/어린이 3.5유로 **Web** burgtheater.at

**Tip** 시간 엄수로 유명한 가이드 투어

투어 시작 15분 전에 문을 열고 3시 정각에 문을 걸어 잠근다. 1분만 늦어도 입장 불가, 문 앞에 미리 서 있어야 입장 가능!

### 프로이트의 모교
# 비엔나 대학 Universitat Wien | 운니페어지테트 빈

1365년 3월 12일 루돌프 4세가 창립한 비엔나 대학은 독일어권
에서 가장 오래된 대학이다. 노벨상 수상자를 15명이나 배출한
명문 대학이기도 하다. 지그문트 프로이트도 비엔나 대학 출신이
다. 그런데, 무슨 대학이 이렇게 작아? 하는 오해는 잠시 접어두
자. 비엔나 곳곳에 흩어진 60개의 건물 중 링도로에 있는 디우니
DieUni가 메인 캠퍼스다. 르네상스 풍 캠퍼스는 보티프 교회를 설
계한 하인리히 폰 퍼르스텔Heinrich von Ferstel이 1883년에 지었
다. 비엔나 대학을 좀 더 속속들이 보고 싶다면 토요 가이드 투어
에 참여하면 된다. 오전 11시부터 시작하여 약 1시간 소요되며,
클림트가 그린 천장화와 도서관도 볼 수 있다.

**Data** Map 131D Access 트램 1, D번 또는 U-Bahn U2 쇼텐토어
Schottentor역 하차 후 도보 2분 Add Universitätsring 1, Vienna
Tel 1-42-770 Open 가이드 투어 매주 토 11:00, 일요일 정문 폐쇄
Cost 가이드 투어 5유로 Web univie.ac.at

### 운명교향곡이 탄생한 곳
# 베토벤 기념관 Beethoven Pasqualatihaus | 베토벤 파스콸라티하우스

비엔나 대학 맞은편 언덕배기에 베토벤 기념관이 숨어 있다. 괴팍한 성격 탓에 35년간 비엔나에 살
면서 이사를 8번이나 했다는 베토벤. 그는 1804~1808년까지 이 집에 살며 교향곡 4, 5, 7, 8번과
오페라 피델리오를 완성했다. 당시 베토벤의 집은 후원자 파스콸라티 남작의 소유였기에 이름도 '베
토벤 파르콸라티하우스'다. 4층 계단 끝 집에 들어서면 보티프 교회가 내려다보이는 창가의 피아노
가 눈에 들어온다. 피아노 앞에 앉아 악상을 떠올렸을 베토벤의 모습이 보이는 듯하다. 테이블에 앉
아 운명교향곡(교향곡 5번) 등 그가 여기서 만든 곡을 들어볼 수도 있다. 헤드폰을 타고 흐르는 선
율에 귀 기울이다 보면 클래식을 잘 모르는 사람도 가슴이 벅차는 느낌을 받게 된다. 늘 희망차게
끝맺는 그의 음악처럼.

**Data** Map 131D Access 트램 1, D번 또는 U-Bahn U2 쇼텐토어 Schottentor역 하차 후 도보 3분
Add Mölker Bastei 8, Vienna Tel 1-535-8905 Open 화~일 10:00~13:00, 월요일 14:00~18:00,
1/1, 5/1, 12/25, 부활절 휴무 Cost 5유로, 19세 이하 무료, 비엔나 카드 소지자 4유로

프로이트 씨네 집은 어디인가?
## 지그문트 프로이트 기념관
### Sigmund Freud Museum | 지그문트 프로이트 무제움

왜 꿈을 꿀까? 꿈은 소망을 표출한다? 정신분석가 프로이트가 무의식의 바다인 꿈에 끝없는 질문을 던지며 〈꿈의 해석〉을 완성한 곳이다. 프로이트는 30살부터 47년간 여기서 신경질환자들을 치료하며 꿈에 대해 연구했다. 기념관이 된 지금도 1층 입구에서 벨을 눌러야 문을 열어주니, 마치 닥터 프로이트의 병원을 찾는 기분마저 든다. 2층 기념관 안에는 병원 대기실에서 쓰던 가구가 고스란히 놓여있다. 그의 여행가방, 거울, 자필 연구 문서와 사진도 둘러볼 수 있다. 고객의 사진 중에는 루 살로메도 있다. 좀 더 깊이 있는 관람을 원한다면 오디오 가이드(영어)를 들으며 둘러보길 추천한다. 숍에서는 프로이트의 저서는 물론, 그의 얼굴이 그려진 머그컵 등 다양한 기념품도 판다.

**Data** Map 131B **Access** 트램 D번을 타고 슈릭가세Schlickgasse 역 하차 후 도보 3분 **Add** Berggasse 13 & Liechtensteinstraße 19 **Tel** 01-319-1596 **Open** 10:00~18:00(부활절 휴무) **Cost** 성인 14유로, 학생 8.5유로, 비엔나 카드 소지자 10유로, 오디오 가이드 무료 **Web** www.freud-museum.at

**(Talk)** *프로이트는 누구인가?*

정신분석의 창시자 프로이트는 1856년 모라비아 지방(현, 체코)에서 유대인으로 태어났다. 1860년부터 가족과 함께 비엔나에 정착, 1938년 나치를 피해 런던으로 망명하기 전까지 비엔나에 살았다. 그도 처음엔 여느 정신의학자들처럼 전기충격 요법이나 약물을 이용하다가, 신경증은 정신의 질병임을 깨닫고 최면요법을 시도하며 인간의 마음에는 무의식이 존재한다고 믿게 됐다. 이후 자유연상기법을 고안해냈으며, 꿈·착각·해학과 같은 정상 심리 분야로 연구를 확대해 심층심리학을 확립하는 쾌거를 이뤘다.

# EAT

### Writer's Pick!
**울리히 성당 옆 노천카페**
## 카페 울리히 Cafe Ulrich

울리히 성당 옆 알록달록 비비드한 컬러의 테이블과 의자가 눈길을 끄는 노천카페. 화창한 날엔 햇살바라기를 하며 브런치를 즐기는 사람들로 꽉 찬다. 실내도 아늑하다. 훈남 종업원들이 미소를 흘날리며 주문을 받으니 기분도 살랑살랑. **Don't Miss** 울리히의 자랑 브런치! 그중에도 '빅 이지Big easy'는 신선한 시금치 샐러드를 곁들인 아보카도 오픈 샌드위치로 풍부한 맛에 입 꼬리가 승천하는 메뉴. 건강파라면 여기에 신선한 과일주스를, 맥주파라면 언필터드 비어를 곁들여보자. 요일별로 다른 런치 세트 메뉴도 브런치만큼이나 인기다. 런치 세트에는 수프 또는 샐러드와 디저트가 포함된다.

**Data** Map 131C
**Access** U-Bahn U3 폭스테아터 Volkstheater역 하차 후 도보 6분
**Add** Sankt-Ulrichs-Platz 1, Vienna **Tel** 1-961-2782
**Open** 월~금 08:00~01:00, 토·일·공휴일 09:00~01:00
**Cost** 커피 2.5~4.1유로, 맥주 3.3~4.3유로, 런치 세트 메뉴 8.5~11유로, 슈베터너 츠뷔클 드래프트 3.5유로, 빅 이지 9유로
**Web** ulrichwien.at

### Writer's Pick!
**프로이트의 단골 카페**
## 란트만 바임 부르크테아터 Landtmann beim Burgertheater

프로이트의 카페, 대통령의 카페, 배우들의 사랑방 등 란트만 카페는 수식어가 참 많다. 프로이트는 지정석이 있을 만큼 단골이었고, 대통령은 이곳에서 신년 기자간담회를 열었으며 카페 옆 부르크테아터 배우들은 지금도 자주 찾는다. 시청, 국회의사당과도 가까워 시의원, 국회의원들도 즐겨 찾는다고. 1873년 프란츠 란트만Franz Lantmann이 오픈한 이래 손님이 끊이질 않는 143살 노장 카페 되시겠다. 나비넥타이를 맨 서버들의 품격 있는 서비스도 커피 맛을 배가한다. **Don't miss** 햇살이 잘 드는 창가 소파 자리에 앉아 여유로운 한때를 보내보자. 인기 메뉴는 비너 멜랑쥐와 아펠슈투델 그리고 달콤한 케이크류!

**Data** Map 131D **Access** 트램 1, D번 라트하우스 플라츠Rathaus Platz/부르크테아터Burgtheater역 하차, 부르크테아터 왼편 **Add** Universitätsring 4, Vienna **Tel** 1-2410-0100 **Open** 07:30~24:00 **Cost** 비너 멜랑쥐 6.9유로, 쇼콜라치노 7.2유로, 아인슈패너 6.9유로 **Web** www.landtmann.at

(Writer's Pick!)

김소희 셰프의 열정이 가득한 공간
## 레스토랑 킴 Restaurant Kim

스타 셰프 레스토랑에 대한 편견을 기분 좋게 깨준다. 마치 셰프의 집에 초대받아 요리를 맛보는 착각에 빠질 만큼 공간이 아담하다. 볕이 잘 드는 서재 같은 레스토랑 정면에는 셰프의 오픈 키친이 있다. 셰프의 손끝에서 완성되는 요리를 보고 있노라면 입에 침이 절로 고이고, 포크를 쥔 손이 들썩들썩. 과연 그 맛은? 제철 허브로 향을 살린 생선회, 오동통한 생선살과 웍으로 볶은 야채가 함께 씹히는 딤섬, 아몬드와 고춧가루가 절묘하게 어우러지는 오이샐러드, 아삭한 배와 바삭한 돼지고기의 식감 궁합이 맛을 배가하는 튜나 스테이크 등 요리 하나하나 감동스럽다. 매일 다른 메뉴를 선보이니 기대감이 더욱 커진다. **Don't miss** 단품으로도 김소희 셰프의 메뉴를 즐길 수 있다. 메뉴는 홈페이지에서 확인 가능하다.

**Data** Map 131A
**Access** 쇼텐토어Shottentor에서 트램 38번을 타고 슈피탈가세Spitalgasse/뵈링거 스트라세Währinger Straße역 하차 후 도보 2분 **Add** Währinger Straße 46, Vienna **Tel** 664-425-8866 **Open** 수~토 런치 12:00~15:00, 디너 18:00~23:00, 금·월·화 휴무 **Cost** 런치 코스 35~50유로 **Web** www.kim.wien

*레스토랑 킴&김소희 셰프*
비엔나의 여왕이라는 타이틀이 무색할 만큼 털털한 김소희 셰프는 50살, 인생 2막을 맞아 새로운 도전을 시작했다. 초심으로 돌아가, 작지만 김소희 셰프의 애정을 담뿍 담은 레스토랑 킴을 오픈한 것. 음식에는 치유의 힘이 있다고 믿기에, 음식을 기쁘게 먹는 손님들을 위해 오늘도 그녀는 손을 바쁘게 움직이고 있다.

비엔나에 부는 한국 열풍
## 모던 코리안 Modern Korean

김소희 셰프가 킴 코흐트Kim Kocht를 운영하던 자리에 2015년 가을 새롭게 오픈한 퓨전 코리안 레스토랑. 서글서글한 24살 청년 사장 김도훈 씨는 유제품, MSG를 쓰지 않고 건강하고 맛있는 메뉴를 선보인다고 자부한다. 김소희 셰프에게 요리를 배운 셰프가 주방을 책임지며, 매달 새로운 메뉴를 선보인다. 점심에는 가벼운 런치 메뉴를, 저녁에는 눈도 입도 즐거워지는 독창적인 메뉴를 찾아오는 손님이 많다. 이를테면 청경채를 곁들인 튜나 스테이크나 고구마 무스와 된장 젤리를 올린 가리비 구이가 그 주인공. **Don't miss** 계절이 바뀌어도 변함없는 인기 메뉴는 웍으로 야채를 볶아 불맛이 살아 있는 비빔밥. 여기에 딱총나무 주스, 유기농 사과주스까지 곁들이면 금상첨화. **Bad** 일요일과 월요일엔 문을 닫는다. 셰프와 서버들에게 '주말이 있는 삶'을 선사하는 대신 오래 함께 일하자는 철학에서 비롯된 방침이라니, 아쉬워도 화~토요일에 찾아갈 것!

**Data** Map 131A
**Access** 쇼텐토어Shottentor에서 트램 38번을 타고 뵈링거 스트라세 폭스오퍼Währinger Straße-Volksoper 역 하차 후 도보 3분 **Add** Lustkandlgasse 4, Vienna **Tel** 0664-196-7972 **Open** 화~토 런치 12:00~15:00, 디너 18:00~23:00, 일·월·공휴일 휴무 **Cost** 런치 메뉴 11.5유로~ **Web** www.modernkorean.at

신선한 베트남 요리
## 가스트하우스 사파 Gasthaus Sapa

10년 동안 린덴가세의 코너를 지켜온 터줏대감. 맛있는 베트남 요리를 찾아오는 비엔니즈들로 늘 문전성시를 이룬다. 신선한 야채를 사용한 샐러드, 누들 등 채식주의자 메뉴가 인기다. 쌀국수도 로컬들의 입맛에 맞추어 국물이 맑고 순한 편. 뛰어난 맛은 아니지만 가을, 겨울 비엔나 여행 중 쌀쌀한 날씨에 뜨끈한 국물이 생각날 땐 그만이다. **Bad** 구글맵으로 찾아도 헷갈리는 위치. 심지어 입구에는 '가스트하우스Gasthaus'만 쓰여 있다. 그 문을 힘차게 열고 들어가 담배연기 자욱한 바를 지나면 거기가 바로 사파! **Don't Miss** 이왕 사파를 찾았다면 린덴가세를 거닐어보자. 오래된 헌책방, 젊은 디자이너의 편집숍 등 분위기 있는 가게들이 눈길을 끈다.

**Data** Map 131E **Access** U-Bahn U2 무제움스콰르티어 MuseumsQuartier역 하차 후 도보 9분 **Add** Lindengasse 35, Vienna **Tel** 1-526-5626 **Open** 11:00~23:00 **Cost** 쌀국수 14.8유로~, 핑거 푸드 6.8유로~ **Web** Gasthaus-sapa.at

# 03

# 링도로 남부

## South of the Ringstraße

링도로의 동남쪽은 시립 공원부터 벨베데레 궁전까지 싱그러운 정원과
화려한 건축물이 어우러진다. 벨베데레 궁전에서 시작해 카를스 광장 주변을
둘러본 후 무지크페라인에서 비엔나 필하모닉 음악회를 감상하는 코스로
여행하면 감성 촉촉한 하루를 보내기 좋다. 특히, 카를스 광장 주변에는
19세기 말 비엔나의 예술을 꽃피운 구스타프 크림트, 에곤 실레,
오토 바그너의 발자취가 깃든 명소가 모여 있다. 제체시온과
나슈마르크트 주변의 개성 있는 카페들도 여행에 즐거움을 더한다.

시립 공원
**Stadtpark**

① 슈타트파르크
**Stadtpark**

린혜 공원
Lohringstraße

Renweg

비엔나 콘서트홀
**Vienna Konzerthaus**

운테레스 벨베데레
**Unteres Belvedere**

벨베데레 궁전
**Schloss Belvedere**

오버레스 벨베데레
**Oberes Belvedere**

21er Haus

비엔나 중앙역
**Wien Hauptbahnhof**

비엔나 국립 오페라 극장
**Wiener Staatsoper**

음악협회
**Musikverein**

Prinz Eugen-Straße

Theresiumgasse

Belvederegasse

Goldeggasse

하우프트반호프
**Hauptbahnhof**

⑦ 가를스플라츠
**Karlsplatz**

⑧ 카페 무제움
**Café Museum**

레셀 공원
**Resselpark**

칼스 성당
**Karlskirche**

Karlsplatz

Favoritenstraße

타우브스투멘가세
**Taubstummengasse**

Opernring

링 성 병 실 르
Karlsplatz

⑧ 볼펜지온
**Vollpesion**

오토 바그너 전시관
**Otto Wagner Pavillon Karlsplatz**

Wiedner Hauptstraße

궁전 성원
**Burggarten**

① 제체시온
**Secession**

나슈 시장
**Naschmarkt**

델리 Deli

마졸리카하우스 & 메달리온하우스
**Majolikahaus & Medallionhaus**

라미엔
**Ramien**

우마피시
**Umafisch**

카페 슈페를
**Café Sperl**

호퍼
**Hofer**

Linke Wienzeile

Rechte Wienzeile

Mariahilfer Straße

① 케튼브뤼켄가세
**Kettenbrückengasse**

① 필그람가세
**Pilgramgasse**

kirchengasse

Schönbrunner Straße

클라시크하우스
**Klassikhaus**

Lindengasse

Margaretengürtel

500m

N

# SEE

**비엔나 신년 음악회가 열리는 곳**
## 악우협회 Musikverein | 무지크페라인

'음악을 사랑하는 친구들'이란 뜻의 악우협회 건물은 테오필 한젠이 1870년에 지었다. 그가 건축한 아테네 국립 도서관, 비엔나 국회의사당과 마찬가지로 그리스 신전을 닮았다. 가장 유명한 홀은 그로서 무지크페라인잘Großer Musikvereinssaal로, 황금홀이라고도 한다. 인테리어와 의자가 금색이기도 하고, 완벽한 음향조건을 갖췄기 때문이기도 하다. 매년 비엔나 필하모닉 오케스트라의 신년 음악회가 이곳에서 열리는데, 치열한 경쟁을 뚫어야 표를 살 수 있다. 일단 웹사이트로 신청하면, 추첨을 통해 표 살 수 있는 사람을 뽑는다. 그 경쟁률은 낙타가 바늘구멍 들어가는 정도. 가장 비싼 티켓은 1천 유로를 훌쩍 넘지만, 매년 뜨거운 사랑을 받는다. 전 재산을 악우협회에 기증한 브람스를 기리는 브람스 홀도 있다. 이 홀은 건축 당시 중앙에 무대가 있었다. 입장 퇴장이 불편하다는 연주자들의 의견을 수용하여 무대를 한쪽 벽으로 이동했다. 때문에 현재 무대에 기둥이 있다. 공연이 늘어나며 리허설 시간과 공간이 부족하자, 지하 홀 4개가 추가됐다. 뛰어난 음향시설과 다양한 크기 덕에 신인 연주자들의 데뷔 공연 장소로 인기가 많다.

**Data** **Map** 147B **Access** U-Bahn U1, U2, U4 카를스플라츠Karlsplatz역 하차 후 도보 5분 또는 트램 D, 2번, 71번 슈바르젠베르크플라츠Schwarzenbergplatz역 하차 후 도보 3분 **Add** Musikvereinsplatz 1, Vienna **Tel** 1-505-8190 **Open** (영어 가이드 투어) 월~금 10:00, 12:00(약 45분 소요) **Cost** (영어 가이드 투어) 성인 10유로, 16세 이하 6유로, 12세 이하 무료 **Web** www.musikverein.at

> **Tip 황금홀의 비밀**
>
> 건축가 테오필 한젠은 음악 문외한이다. 그런 그가 어떻게 세계 최고의 연주홀을 만들 수 있었을까? 우연이라기엔 부족하다. 천운이 따랐다고 볼 수밖에 없는 이야기가 여기 있다.
>
> ❶ 황금홀의 가로, 세로 비율은 그리스 신전과 같다. 그리스에서 자란 덕에 가장 친숙한 그리스 신전을 따랐을 뿐인데, 이것이 연주홀에도 황금비율이었던 것. 신비롭게 좌석이 60% 이상 채워지면 울림이 더 좋아진다.
>
> ❷ 대리석이 너무 비싸 원래의 계획과는 달리 나무를 사용했다. 그게 더 울림에 좋았다.
>
> ❸ 장식으로 설치한 천장 오너먼트가 연주소리에 파장을 일으키며, 의도치 않게 환상적으로 음파를 전달한다.
>
> ❹ 의자 수납공간으로 홀 바닥에 창고를 만들었다. 이것이 울림통 역할을 했다. 마치 바이올린의 몸체처럼.
>
> ❺ 황금홀의 의자는 낡아도 너무 낡았다. 그러나 의자를 바꾼다면 이 완벽한 음향조건에 흠이 생기는 건 아닐까 하는 걱정에 시작을 못하고 있다.

**폭넓은 공연의 장**
# 비엔나 콘서트홀 Wiener Konzerthaus | 비너 콘체르트하우스

1913년에 문을 연 비엔나 콘서트홀의 모토는 '음악의 고향, 비엔나 문화의 중심'이다. 다양한 축제와 행사를 수용하고자 건축됐다. 초기 도안에는 스케이트장과 자전거 클럽이 있었을 정도. 현재 야외에는 4만 명 규모의 이벤트 공간이 있다. 그랜드, 모차르트, 슈베르트, 베리오 등 4개의 홀에서는 클래식 음악뿐만 아니라 전통음악, 락, 팝, 재즈 등 다양한 음악이 연주된다. 첫 공연은 리하르트 슈트라우스의 교향곡을 프란츠 요제프 황제 앞에서 연주하는 것이었다. 현재 연평균 750여 회의 공연이 열리고, 이를 보기 위해 60만 명이 방문한다. 비엔나 국립 오페라 극장, 악우협회와 함께 비엔나를 대표하는 3대 음악홀이다.

**Data** Map 147C **Access** U-Bahn U4 슈타트파르크Stadtpark역 하차 후 도보 3분 또는 트램 D, 2번, 71번 슈바르젠베르크플라츠Schwarzenbergplatz 하차 후 도보 3분 **Add** Lothringerstrasse 20, Vienna **Tel** 1-242-002 **Open** (티켓박스 운영) 월~금 10:00~18:00, 토 10:00~14:00 / 9~6월 기준 (세부 운영시간은 홈페이지 참고) **Cost** (가이드 투어) 성인 7유로, 6~16세 4유로, 6세 이하 무료 **Web** www.konzerthaus.at

**클림트의 베토벤프리즈가 있는**
# 비엔나 분리파 전시관 Secession | 제체시온

19세기 말 구세대에 반기를 든 예술가 단체, '비엔나 분리파'의 전시장. 지붕에는 황금색 구를 얹고, 정면에는 '모든 시대에는 그 시대에 맞는 예술을, 예술에는 자유를'이라는 글귀를 새겨놨다. 당시 분리파는 여기서 파격적인 전시를 열며 미술계에 새 바람을 일으켰다. 지금도 그 명맥을 이어 실험적인 기획전을 연다. **Don't Miss** 여행자들이 이곳을 찾는 결정적 이유는 클림트의 '베토벤프리즈Beethovenfries'를 보기 위하여! 베토벤 9번 교향곡의 마지막 악장 '환희의 송가'를 시각적으로 재현한 34m 길이의 벽화가 아르누보의 걸작으로 꼽힌다. 클림트가 비엔나 분리파의 14회 전시회에 출품했던 작품을 오스트리아 정부가 매입해 벨베데레 궁전으로 옮겼다가 다시 제체시온 지하 전시장에 설치했다.

**Data** Map 147B **Access** U-Bahn U1, U2, U4 카를스플라츠 Karlsplatz역 하차, 지하도 이용해 제체시온 출구 방향으로 도보 2분 **Add** Friedrichstraße 12, Vienna **Tel** 1-587-5307 **Open** 화~일 10:00~18:00, 월, 5/1,11/1,12/25 휴무 **Cost** 9.5유로(오디오 투어 포함), 영어 가이드 투어 3유로 **Web** www.secession.at

**Writer's Pick!** 요한 슈트라우스의 동상을 찾아라

### 시립 공원 Stadtpark | 슈타트파르크

1862년 프란츠 요제프 황제가 시민들을 위해 만든 공원. 150년이 넘게 비엔니즈의 무한한 애정을 받아왔다. 인기 비결은? 65,000㎡의 거대한 규모는 말할 것도 없고, 오리가 노니는 연못, 울창한 숲길, 도나우 카날이 어우러진 아름다운 조경까지! 슈베르트, 브루크너 등 음악가의 동상이 곳곳에 있어 찾아보는 재미도 쏠쏠하다. 간판스타는 요한 슈트라우스 2세의 황금빛 동상. **Don't Miss** 공원 남쪽, 르네상스 양식과 꽃시계가 아름다운 쿠어살롱Kursalon은 1868년 요한 슈트라우스 2세가 성황리에 왈츠 공연을 올린 곳. 지금도 슈트라우스&모차르트 콘서트가 열린다. 티켓은 홈페이지에서 예매할 수 있다.

**Data** Map 147C
**Access** U-Bahn U4 슈타트파르크Stadtpark역에서 연결 / 트램 2번 바이부르크가세Weihburggasse역 하차 후 도보 2분
**Add** 시립 공원 Stadtpark, Vienna 쿠어살롱 Johannesgasse 33, Vienna **Tel** 1-4000-8042 **Open** 24시간
**Web** 쿠어살롱 kursalonVienna.at

**Tip** 공원 내에 화장실이나 매점이 따로 없다. 피크닉을 즐기고 싶다면 먹을거리를 미리 준비해 갈 것. 시간 여유가 있다면 공원 내 레스토랑, 슈타이레렉Steirereck을 찾아도 좋다.

**바로크 양식 걸작**

## 칼스 성당 Karlskirche | 카를스키르셰

화려한 바로크 양식이 돋보이는 칼스 성당. 비엔나에서 성 슈테판 대성당 다음가는 성당으로 꼽힌다. 74m의 푸른 돔은 바티칸의 산 피에트로 대성당을, 양옆의 33m 기둥은 로마의 트라야누스 기념비를 본떠 만들었다. 30m 높이의 천장화도 목이 빠져라 올려다볼 만큼 찬란하다. 1713년 카를스 6세가 시민 8천 명을 사망하게 한 페스트에서 해방된 기쁨에, 수호성인 카를 보르뫼우스 Karl Borrmoäus에게 헌정하기 위해 설계 공모전을 열어 성당을 건립했다. 공모전에서 쟁쟁한 경쟁자를 물리치고 당선된 건축가는 피셔 폰 에를라흐Fischer von Erlach. 1723년 피셔 폰 에를라흐가 세상을 떠나자 그의 아들이 이어받아 착공 21년 만인 1737년에 완공시켰다. **Don't Miss** 브람스의 장례식이 치러진 곳이기도 하다. 그래서 성당 앞 레셀 공원에는 브람스의 동상이 있다.

**Data** Map 147B
**Access** U-Bahn U1, U2, U4 카를스플라츠Karlsplatz역 하차 후 레셀파르크Resselpark 방향으로 나가서 도보 2분
**Add** Kreuzherrengasse 1
**Tel** 1-504-6187
**Open** 월~토 09:00~18:00, 일·공휴일 11:00~18:00
**Cost** 성인 9.5유로, 학생 5유로
**Web** www.karlskirche.at
(콘서트 예약 www.concert-vienna.info)

러셀 공원 브람스 동상

> **Tip** **칼스 성당에서 공연을!**
> 밤이면 성당 안에서 오케스트라의 감미로운 선율이 흐른다. 1756년부터 시작된 정기 공연으로 레퍼토리는 비발디, 모차르트, 아베 마리아 세 가지. 성당 옆 기술대학 자리에 묻혔던 비발디와 모차르트를 기리며 그들의 음악을 연주한다고. 티켓은 홈페이지 및 현장에서 구매 가능하며, 일정은 월별로 달라진다.

**전망 좋은 궁전에서 클림트의 '키스'를**

Writer's Pick!

## 벨베데레 궁전 Schloss Belvedere | 슐로스 벨베데레

이탈리아어로 전망대란 뜻의 벨베데레 궁전은 1683년 터키의 침공을 막는 데 공을 세운 프린츠 오이겐 왕자의 여름 별궁이었다. 오이겐 왕자 사후 합스부르크 왕가에서 매입해 지금의 바로크풍 궁전으로 증축했다. 남고북저南高北低형 완만한 언덕 위에 지은 것이 특징. 제일 높아 전망 좋은 남쪽에는 상上궁이란 뜻의 오버레스 벨베데레Oberes Belvedere가, 가장 낮은 북쪽에는 하下궁이 란 뜻의 운터레스 벨베데레Unteres Belvedere가 있다. 두 궁전 사이 프랑스풍 정원도 높이에 따라 3 개 층으로 나뉜다. 바로크 건축의 거장 힐데브란트Johann Lukas von Hildebrandt가 설계한 궁전 자체 도 볼거리인데다, 오버레스 벨베데레 안에는 구스타프 클림트의 〈키스〉를 비롯해, 에곤 실레, 오 스카 코코슈카의 작품이 걸려 있다. 미술작품과 궁전 정원을 구석구석 둘러보려면 반나절은 부족 할 정도. 오버레스 벨베데레로 정문으로 입장해 후원과 미술작품을 둘러본 후 운터레스 벨베데레 로 이어지는 정원을 산책하는 코스를 추천한다.

**Data** Map 147F **Access** 트램 D번 슐로스 벨베데레Schloss Belvedere역 하차 또는 트램 18번 콰르티어 벨베데레Quartier Belvedere역 하차 **Add** Prinz Eugen-Straße 27, Vienna **Tel** 1-7955-7301 **Open** 오버레스 벨베데레 10:00~18:00, 운터레스 벨베데레 월~화, 목~일 10:00~18:00, 수요일 10:00~21:00 **Cost** 오버레스 벨베데레 16.9유로, 운터레스 벨베데레 14.6유로, 벨베데레 티켓(오버레 스 벨베데레+운터레스 벨베데레) 24유로, 벨베데레21 9.3유로 **Web** www.bevedere.at

Tip **무슨 티켓 살까? 고민하는 당신에게**

벨베데레 궁전은 티켓이 세분 화돼 있다. 티켓 이름이 비슷 비슷해서 헷갈리기 일쑤. 클림 트의 〈키스〉가 목적이라면 '오 버레스 벨베데레 티켓'을 추천 한다. 상하궁 다 보고 싶다면 '벨베데레 티켓'을 사면 된다.

## 벨베데레 궁전 관람 3대 포인트!

*넓디넓은 벨베데레 어디까지 볼까, 고민되는 당신을 위해!*
*상궁에서 하궁까지 이것만은 꼭! 봐야 할 핵심 포인트만 쏙쏙 뽑았다.*

### 1. 오버레스 벨베데레 Oberes Belvedere

1723년 합스부르크 왕가의 연회장으로 지은 화려한 궁전을
미술품으로 가득 채웠다. 로비에서부터 순백의 우아한 중앙
계단이 시선을 압도한다. 계단을 오르면 천장화가 오색찬란
하게 그려진 대리석 홀이 나오고 양옆으로 전시장이 이어진
다. 에곤 실레의 〈포옹(1917)〉, 〈가족(1918)〉과 클림트의 정
물화 〈해바라기(1906~1907)〉는 시작에 불과하다. 클림트
의 팬들은 〈키스(1907~1908)〉를 마주한 순간 심장 박동이
빨라지고 눈을 뗄 수 없다고 입을 모은다. 꽃이 가득한 절벽
끝에서 입맞춤하는 금빛 찬란한 연인들은 몽환적이면서도 신

비롭게 다가온다. 〈키스〉 맞은편에 걸린
〈유디트(1901)〉에서도 클림트 특유의
관능미가 배어난다. 그밖에도 바로크,
인상파, 리얼리즘, 비더마이어 등 시대
별 작품을 모아놓은 컬렉션이 훌륭하다.
2층 창밖으로 내려다보이는 환상적인
전망도 놓치지 말 것. 로비(0층)에는 기
념품 숍과 카페도 있다.

### 2. 운터레스 벨베데레 Unteres Belvedere

외관은 다소 소박해 보여도 내부의 화려함은 뒤지지 않는
다. 예전에는 '오스트리아 미술관'이란 이름으로 중세와 18
세기 바로크 작품을 전시했지만 지금은 기획전만 연다. 하
궁 옆 옛 온실과 마구간도 전시관으로 쓰인다. 온실은 현대
미술 기획전을 열며, 마구간에는 중세 성화 150점이 전시
돼 있다.

### 3. 정원

호수가 아름다운 상궁의 후원과 상궁과 하궁 사이 드넓은 정
원은 베르사유궁에서 조경을 배운 도미니크 기라드Dominique
Girard가 디자인했다. 상궁 정원 가장자리에는 스핑크스 조각
이 있다. 사자의 몸(가슴만 여자 사람)에 인간의 얼굴을 가
진 스핑크스는 권력과 지혜를 상징한다. 중앙의 5층 폭포형
분수 앞에서 상궁을 바라보는 전경은 한 폭의 그림! 계단을
한층 더 내려오면 펼쳐지는 하궁 앞 정원은 만물의 근원인
4대 원소(땅, 물, 공기, 불)를 테마로 꾸몄다.

## | Theme |
## 사람 냄새 나는 시장 구경해볼까?

*예술의 도시, 비엔나에도 시장은 있다. 그중 여행자들이 가기 좋은 위치에 있는
나슈마르크트(나슈 시장)는 무지크페라인이나 제체시온과 함께 둘러보기 그만이다.
낮에는 재래시장, 밤에는 레스토랑, 주말에는 벼룩시장이 당신의 취향을 저격한다.*

**Writer's Pick!**

밤을 잊은 재래시장
### 나슈 시장 Naschmarkt | 나슈마르크트

카를스플라츠에서 케텐부뤼켄가세역 방향으로 내려가다보면 강처럼 길게 늘어선 나슈 시
장이 나온다. '군것질하다'는 뜻의 동사 나셴nashcen에서 유래한 이름처럼 주전부리는 물론이고 각
종 식재료를 파는 재래시장이다. 1.5km 내에 120여 개의 상점이 빼곡히 들어섰다. 실제로 1890
년 복개공사 전까지 시장 아래로 비엔나 강이 흘렀다. 치즈, 향신료, 과일, 생선 등 맛있는 냄새가
진동하는 시장은 두 갈래 길로 나뉜다. 카를스플라츠 방향에서 바라봤을 때 오른쪽은 식료품 가게,
왼쪽은 노천 레스토랑이 주를 이룬다. 오른쪽 길에는 달달한 터키식 디저트나 케밥 가게가 많은 편.
군것질을 하거나, 간단히 한 끼 때우기 그만이다. 왼쪽 길의 레스토랑과 바는 늦은 밤 와인&다인을
즐기기에도 손색이 없다. 식료품 가게는 대부분 저녁 6시 전에 문을 닫지만, 레스토랑은 불야성을
이룬다. 밤늦도록 활기찬 분위기야 말로 시장의 묘미. **BAD** 관광객이 늘자 소매치기도 덩달아 늘었
다. 가방 조심! 레스토랑 호객꾼들도 극성이다. 부디 호객꾼의 손에 끌려갔다 후회하는 일이 없기를!

**Data** Map 147B Access U-bahn U1, U2, U4 카를스플라츠Karlsplatz역에서 도보 5분 또는 U-Bahn
U4 케텐부뤼켄가세Kettenbrückengasse역 하차 후 도보 1분 Add Naschmarkt, Vienna
Open 월~금 06:00~21:00, 토 06:00~18:00, 일요일 휴무

### 토요일엔 벼룩시장으로!
매주 토요일마다 나슈 시장과 케텐브뤼켄가세 역 사이에 벼룩시장이 선다. 앤틱, 도자기, 액세서리,
그림 등 없는 게 없다. 독특한 소품 마니아에겐 득템의 보고. 그중에서도 1유로 좌판은 두 눈 부릅뜨
고 뒤질 만하다. 마음을 끄는 아이템을 만나면 웃는 얼굴로 흥정을 시도해볼 것. 공식 오픈 시간은 새
벽 6시 반부터 저녁 6시까지이나, 폐장 시간은 판매자 마음이다. 늦게 갈수록 문 닫는 좌판이 많다.

## 취향 따라 골라먹는 맛집 2곳!

### 델리 Deli

이른 아침부터 늦은 밤까지 식사를 즐길 수 있다. 무려 오후 4시까지 아침 메뉴를 판다. 이른 저녁, 바에 앉아 가볍게 식전 주 한잔하기도 부담이 없다. 저녁에는 치킨 버거, 램 찹Lam Chop, 오가닉 비프 스테이크, 도미구이 등 다양한 그릴 메뉴가 강점. 밤이 되면 DJ의 디제잉으로 라운지 바 느낌이 물씬 난다. **Don't Miss** 이색 메뉴를 원할 땐 양고기가 들어간 피타롤을 추천. 둘이서 반으로 나눠먹기도 딱! **BAD** 실내에서 흡연이 가능하다. 비흡연자에겐 단점.

**Data** Map 147B **Access** U-Bahn U4 케텐부뤼켄가세Kettenbrückengasse역 하차 후 도보 1분 **Add** Naschmarkt Stand 421-436, Linke Viennazeile, Vienna **Tel** 1-585-0823 **Open** 07:00~24:00 **Cost** 브랙퍼스트 4.9~6.5유로, 도미구이 13.5유로, 피타롤 9.3유로 **Web** www.naschmarkt-deli.at

### 우마피쉬 Umarfisch

1996년부터 20년째 운영 중인 생선가게에서 2004년 야심차게 오픈한 레스토랑. 주 3회 해외에서 공수해오는 신선한 해산물로 만든 요리를 선보인다. 프랑스, 네덜란드, 이탈리아, 그리스에서 온 신선한 해산물을 찾아오는 단골이 수두룩하다. 밖이 훤히 보이는 통유리 창, 모던한 인테리어, 해산물에 잘 어울리는 와인리스트, 실내 금연, 친절한 서버들 등 맛을 상승시켜주는 요인이 한두 가지가 아니다. **Don't Miss** 커플들의 인기 메뉴는 둘이 먹어도 푸짐한 모둠구이, 우마플레이트. **BAD** 평일에도 예약 없인 자리 잡기 힘들 정도다.

**Data** Map 147B **Access** U-bahn U1, U2, U4 카를스플라츠Karlsplatz역에서 도보 5분 **Add** Naschmarkt 76-79, 1040 Vienna **Tel** 1-587-0456 **Open** 11:00~22:00 **Cost** 옥토퍼스 샐러드 18.9유로, 킹프라운 21.9유로, 우마플레이트 71.9유로 **Web** www.umarfisch.at

#### 19세기 말의 아르누보
## 오토 바그너 전시관 Otto Wagner Pavilion Karlsplatz |
오토 바그너 파빌리온 카를스플라츠

근대 건축의 선구자 오토 바그너가 설계한 카를스플라츠역이 박물관과 카페로 거듭났다. 그는 19세기 말에 비엔나 시내 지하철역을 30개 이상 설계했는데, 카를스플라츠역이 대표적. 자세히 보면 똑같이 생긴 건물이 데칼코마니처럼 마주보고 있다. 당시지하철의 노선색인 녹색과 금빛 해바라기 그림이 돋보이는 유겐트스틸(아르누보) 양식이 특징. 박물관에는 슈타인호프 교회, 우편저축은행 등 오토 바그너의 대표 작품 모형과 스케치 등을 전시해놨다.

**Data** Map 147B **Access** 오토 바그너 전시관&카페 U-bahn U1·2·4 카를스플라츠Karlsplatz역 하차, 카를스플라츠Karlsplatz 방향으로 나가서 도보 2분 마욜리카&메달리온하우스 오토 바그너 전시관에서 도보 10분 **Add** 오토바그너 박물관&카페 Karlsplatz 13 Vienna/Linke Viennazeile 40 Vienna **Tel** 1-505-9904 **Open** 4~10월 화~일 10:00~18:00, 월요일·부활절·성령 강림절 휴무 **Cost** 5유로, 비엔나 카드 소지자 4유로

---

**Tip** **마욜리카하우스&메달리온하우스**
*Majolikahaus&Medallionhaus*

애걔, 이게 다야? 기대보다 작은 오토 바그너 전시관의 규모에 실망했다면 나슈마르크트 근처 마욜리카하우스&메달리온하우스를 찾아보자. 오토 바그너의 유겐트스틸의 중심점이라 평가받는 건물들이다. 붉은 꽃무늬 타일로 뒤덮인 건물은 마욜리카하우스, 금빛 메달과 깃털 장식이 화려한 건물은 메달리온하우스.

마욜리카하우스                    메달리온하우스

# EAT

**Writer's Pick!**

비포 선라이즈의 결정적 배경
## 카페 슈페를 Café Sperl

한눈에 봐도 세월의 흔적이 고스란히 묻어나는 아날로그 감성 카페. 135년째 같은 자리에서 성업 중이다. 혼자 커피나 와인을 홀짝이며 책을 읽거나 무언가 끄적이는 손님들이 많다. 오페레타 작곡가, 프란츠 레하르드가 여기서 작품을 구상했다고. 1990년대 수많은 남녀를 두근거리게 했던 영화 〈비포 선라이즈〉의 촬영지로 유명하다. 주인공 셀린느(줄리 델피)가 친구와 전화통화를 하며 제시(에단 호크)에게 고백하던 바로 그 장소다. **BAD** 식사 메뉴는 맛보다 양. 대식가에겐 가성비 높은 선택이지만 미식가에겐 양만 많을 수도 있다.

**Data** Map 147B **Access** U-bahn U2 무제움스콰르티어MuseumsQuartier역에서 도보 6분 또는 카를스플라츠Karlsplatz역에서 도보 11분 **Add** Gumpendorfer Straße 11, Vienna **Tel** 1-586-4158 **Open** 월~토 07:00~23:00, 일·공휴일 11:00~20:00, 7~8월 일 휴무 **Cost** 비너멜랑쥐 4.6유로, 아인슈패너 5.7유로, 글라스 와인 3.4~6.8유로 **Web** www.cafesperl.at

### 19세기 말 '핫'한 예술가들의 아지트
## 카페 무제움 Café Museum

19세기 말 비엔나의 실험정신을 대변하던 카페다. '장식은 죄악'이란 말을 남긴 건축가, 아돌프 로스가 디자인한 모던한 인테리어가 '허무주의 카페'라 불릴 정도로 화제였다. 궁금한 젊은 예술가들이 앞다퉈 모여들 정도. 구스타프 클림트와 에곤 실레는 여기서 처음 만나 단골이 됐다. 오토 바그너, 로베르트 무질, 오스카 코코슈카도 단골 리스트에 올랐다. **BAD** 아쉽게도 지금의 빨간 소파가 놓인 인테리어는 아돌프 로스가 아닌 요제프 조티 작품이다. 1929년 카페 주인이 요제프 조티에게 리뉴얼을 의뢰했기 때문. 이후, 주인이 바뀌며 아돌프 로스 스타일로 돌려놨다가, 란트만을 운영하는 대기업에서 인수하며 다시 요제프 조티 풍이 됐다. 메뉴도 란트만과 같다. **Don't Miss** 금~일요일 저녁 6시~8시엔 감미로운 피아노 연주가 무료다.

**Data** **Map** 147B **Access** U-bahn U1, U2, U4 카를스플라츠Karlsplatz역 하차 후 비너슈타트오퍼 Wiener Staatsoper방면으로 나가면 바로 보임 **Add** Operngasse 7, Vienna **Tel** 24-100-620 **Open** 08:00~24:00 **Cost** 비너 멜랑쥐 6.9유로, 프란치스카너 6.9유로, 마로니 블뤼테 5.8유로 **Web** www.cafemuseum.at

**할머니가 구워주는 케이크 맛**
## 볼펜지온 Vollpesion

젊은 디자이너와 연금을 받을 정도로 나이 지긋한 할머니들이 뭉쳐 탄생한 공간. 디자이너들은 발품 팔아 찾은 알록달록 빈티지 가구로 실내를 아늑하게 꾸몄고, 할머니들은 정성 듬뿍 담은 홈메이드 케이크를 선보인다. 향긋한 커피와 쿠헨kuchen, 토르테Torte는 기본. 아침부터 저녁까지 할머니표 가정식도 맛볼 수 있다. **Don't Miss** 그날그날 할머니 기분에 따라 종류가 달라지는 토르테(케이크)의 모양은 소박해도 맛은 환상!

**Data** Map 147B **Access** U-bahn U1, U2, U4 카를스플라츠Karlsplatz역 하차 후도보 9분 **Add** Schleifmühlgasse 16, Vienna **Tel** 1-585-0464 **Open** 화~토 08:00~22:00, 월요일 휴무 **Cost** 토르테 3.6유로, 아침 메뉴 4.8~8.9유로 **Web** www.vollpension.wien


**도삭면으로 승부한다**
## 라미엔 Ramien

아시안 요리를 좋아하는 비엔니즈들 사이에 입소문이 자자한 누들집이다. 넓은 홀, 심플한 테이블, 믿음이 가는 오픈 키친 등 모던한 분위기에서 누들과 와인을 즐기는 분위기. 저녁에는 면과 요리 위주지만, 점심에는 밥 종류와 교자도 주문 가능하다. 카페 슈페를과 가까워, 라미엔에서 식사 후 카페 슈페를에서 커피 한잔하기도 딱! 먹어도 먹어도 면발이 줄지 않을 만큼 양이 많다는 게 단점이라면 단점. **Don't miss** 간판 메뉴 라미엔! 미리 준비해둔 반죽을 즉석에서 대패질하듯 칼로 넓게 썰어 만드는 도삭면이다. 뜨끈한 국물은 시원하고, 오동통한 면발은 씹는 맛이 일품. 소고기, 오리, 닭고기, 해산물 등 토핑도 다양하다. 소고기 라미엔은 대만식 맑은 우육탕면과 비슷한 맛이다.

**Data** Map 147B
**Access** U-bahn U1, U2, U4 카를스플라츠Karlsplatz역 하차 후 도보 9분 **Add** Gumpendorfer Straße. 9, Vienna **Tel** 1-585-4798 **Open** 화~일 11:00~24:00(월 휴무) **Cost** 토르테 3.6유로, 아침 메뉴 4.8~8.9유로 **Web** ramien.at

# 비엔나 기타 지역
## Further Afield

세계를 흔든 우리나라의 '오징어게임'.
456명의 참가자들이 이동하는 장면과 최종 생존자 3명의 만찬 장면에서
흘러나온 음악이 있다. 바로 요한 슈트라우스의 '아름답고 푸른 도나우강'이다.
이 도나우강을 따라 바하우 계곡 쪽으로 가면 와이너리가 있다. 세계에서 유일하게
수도에 와이너리가 있는 비엔나. 와이너리 혹은 호이리거에서 와인을 마신다면
천국 부럽지 않다. 기분 좋게 한잔하고 칼렌베르크 전망대에 오르면 비엔나가
파노라마 사진처럼 눈에 들어온다. 이쯤이면 석양이어도 좋고, 야경이어도 좋다.
한여름 밤의 음악회가 열리는 쇤부른 궁전 정원에 누워 여유를 만끽해보자.
심장을 움직이는 것이 물결이어도 좋고, 성난 파도여도 좋다. 우리는 여행자니까.

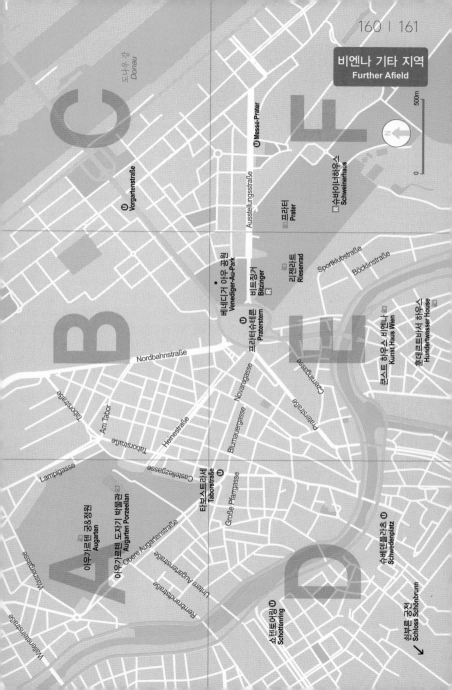

도나우 강
*Donau*

Vorgartenstraße

Ⓤ Messe-Prater

Ⓤ Vorgartenstraße

Ⓡ 슈바이너하우스
Schweinerhaus

프라터
Prater

Ausstellungsstraße

500m

0

베네디거 아우 공원
Venediger-Au-Park

비트징거
Bitzinger
Ⓡ

리젠라트
Riesenrad

Sportklubstraße

Böcklinstraße

프라터슈테른
Praterstern Ⓤ

쿤스트 하우스 비엔나
Kunst Haus Wien

Ⓡ

훈데르트바서 하우스
Hundertwasser House

Czerningasse

Nordbahnstraße

Novaragasse

Praterstraße

Taborstraße

Am Tabor

Taborstraße

Heinestraße

Castellezgasse

Blumauergasse

타보르슈트라세
Taborstraße Ⓤ

Lampigasse

아우가르텐 공&정원
Augarten

아우가르텐 도자기 박물관
Augarten Porzellan

Obere Augartenstraße

Große Pfarrgasse

슈베덴플라츠 Ⓤ
Schwedenplatz

Untere Augartenstraße

Rembrandtstraße

쇤부룬 궁전
Schloss Schönbrunn

Waschergasse

쇼텐링 Ⓤ
Schottenring

Wallensteinstraße

칼렌베르크 전망대

Unterer Schreiberweg

Dennweg

Nußberggasse

Krapfenwaldgasse

Schreiberweg

Frimmelgasse

Cobenzgasse

베토벤의 산책로
Beethovengang

Zahnradbahnstrasse

Eroicagasse

알터 바흐 행글
Alter Bach-Hengl

Kahlenberger Straße

Himmelstrasse

루돌프스호프
Rudolfshof

Langackergasse

Ambrustergasse

Straßergasse

트램 정류장

Heuriger
Hans Maly

Sandgasse

마이어 암 파르플라츠
Mayer Am Pfarrplatz

버스정류장

Grinzinger Straße

Grinzinger Straße

장크트 야콥
Sankt Jakob

Astangasse

Kronesgasse

Hohe Warte

헤일리겐슈태터 공원
Heiligenstaedter Park

Grinzinger Alle

그린칭
Grinzing

N

0    200m

Eigenbau Wein

AUSG'STECKT

Bach Hengl
Heuriger

## SEE

**도자기 박물관을 품은 궁전**
# 아우가르텐 궁&정원 Augarten | 아우가르텐

누군가는 아우가르텐을 왕실 도자기 브랜드라 하고, 누군가는 공원이라 한다. 둘 다 맞다. 독일어로 초원(아우Au)과 정원(가르텐Garten)을 뜻하는 아우가르텐은 일찍이 마티아스 황제의 사냥터였다. 이후 레오폴드 1세가 아우가르텐 궁을 지었으나 터키의 공성으로 폐허가 됐다가 1705년 요제프 1세에 의해 복구됐다. 그 궁전이 지금의 아우가르텐 도자기 박물관Augarten Porzellan으로 변신했다. 아우가르텐은 독일의 마이쎈Meißen에 이어 유럽에서 두 번째로 설립된 유서 깊은 도자기 공방. 마리아 테레지아 여제의 후광을 업고 오스트리아 대표 도자기 브랜드로 성장했다. 도자기마다 찍힌 푸른색 공작 문양은 왕실 보증 마크란 뜻. 박물관에선 아우가르텐의 역사와 제작 공정을 두루 살펴볼 수 있다. 박물관 숍은 도자기 애호가들이 '어머, 예뻐!'를 연발하다 어떤 그릇을 살까 고민에 빠지고 마는 곳이다. 베스트셀러는 마리아 테레지아 여제가 사랑한 '비엔나의 장미' 시리즈. 이왕이면 두어 시간 넉넉히 잡고 박물관 탐방, 카페에서 차 한잔, 정원 산책 3코스로 여유롭게 즐겨보자.

**Data** Map 161A
**Access** U-Bahn U2, 또는 트램 2번 타보스트라세Taborstraße 역에서 도보 3분
**Add** Obere Augartenstraße 1, Vienna **Tel** 1-2112-4200 **Open** 월~토 10:00~17:00, 일 휴무
**Cost** 도자기 박물관 성인 8유로, 학생 6유로 **Web** www.augarten.at

**Writer's Pick!**

음악이 흐르는 왕가의 여름궁전

## 쇤부른 궁전 Schloss Schönbrunn | 슐로스 쇤부른

합스부르크 왕가의 여름궁전이다. 1569년 막시밀리안 2세가 카테르부르크Katterburg라는 거처를 지었다. 사냥을 좋아했기에 울타리를 치고 가금류를 넣고 연못을 만들었던 것이 쇤부른 궁전의 시작이다. 쇤부른은 '아름다운 샘'이라는 뜻인데, 이곳에 왕가의 식수를 제공하던 샘이 있었기 때문. 17세기에는 왕가의 사냥 별장으로 쓰였다. 1683년 전쟁으로 파손된 후, 레오폴드 1세가 피셔 폰 에어라흐Fischer von Erlach에게 프랑스의 베르사유궁을 능가하는 웅장한 궁전을 짓도록 했다. 합스부르크 왕가의 정치적 야망이 투영됐다.

궁전과 정원은 1696년에 지어졌고, 전체가 완공된 것은 1743년이다. 왕권을 잡은 자의 취향을 조금씩 반영해 300년 동안 계속 건설됐다. 정문을 지나면 '합스부르크 옐로'라 불리는 노란색의 궁전이 나온다. 총 1,441개의 방이 있고, 그중 40개만 관람가능하다. 이곳은 프란츠 요제프 황제가 태어나고 죽은 곳, 그의 부인인 시시 황후가 많은 시간을 보낸 곳이다. 거울의 방Spiegelsaal에서는 6살 모차르트가 마리아 테레지아 여제를 위해 피아노 연주를 했다. 1805년 비엔나를 점령한 나폴레옹이 프랑스 전시 사령부로 사용하기도 했다.

프란츠 요제프 황제가 만든 유럽에서 가장 오래된 동물원, 미로 정원이 있는 정원을 거닐어보자. 그리스 신화를 주제로 한 대리석상 44개도 있다. 이 바로크 양식 정원은 빈 필하모닉 오케스트라의 '쇤부른 여름 콘서트'가 열릴 때 가장 아름답다. 매년 봄과 여름 사이 이 궁전에 무대를 설치하고 무료 콘서트를 연다. 약 15만 명 정도가 몰려드니, 무대 앞좌석은 물론 정원까지 가득 찬다. 무대 뒤 언덕에는 별처럼 빛나는 글로리에뜨가 있다. 온실인 이곳은 신고전주의 아치에 로마 유적으로 화려함의 극치를 보인다. 글로리에뜨를 등지고 서면 궁전과 비엔나 시내가 한눈에 들어온다. 간단한 식사를 할 수 있는 카페도 있다. 언덕을 올랐으니 이곳에서 잠시 쉬어가는 것도 좋겠다.

**Data** Map 161D **Access** U-Bahn U4 쇤부른Schönbrunn역 하차 후 도보 9분 또는 트램 10번, 58번, 버스 10A번 쇤부른Schönbrunn역 하차 후 도보 4분 **Add** Schönbrunner Schlossstrasse 47, Vienna **Tel** 1-8111-3239 **Open** 1~3월 09:30~17:00, 4~6월, 9~12월 09:00~17:00, 7~8월 09:00~17:30 **Web** www.schoenbrunn.at
**Cost**

| 구분 | 임페리얼 투어 | 그랜드 투어 | 클래식 투어 | 시시 티켓 |
|---|---|---|---|---|
| | 24유로 | 29유로 | 34유로 | 44유로 |
| 궁전 방 22개 | ○ | | | |
| 궁전 방 40개 | | ○ | ○ | ○ |
| 황태자 정원, 글로리에뜨, 미로 정원, 오랑제리 정원 | | | ○ | |
| 동물원, 사막의 집, 종려나무원, 빈 황제 마차궁, 쉴로스 호프 | | | | |
| 왕실 가구 박물관 | | | | ○ |
| 왕궁 | | | | ○ |

※ 개별 관람: 미로 정원 5유로, 글로리에뜨 5유로, 황태자 정원 5유로, 오랑제리 정원 5유로

* 궁전 내 사진 촬영 금지, 배낭 반입 불가(입구 물품보관소 이용)

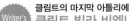

**Writer's Pick!** 클림트의 마지막 아틀리에
## 클림트 빌라 비엔나 Klimt Villa Wien | 클림트 빌라 빈

1911년부터 7년간 클림트가 쓰던 작업실을 클림트 탄생 150주년을 기념해 대중에 개방했다. 그는 1918년 2월 6일 세상을 떠나기 전까지 여기서 〈여자 친구들〉, 〈아기〉, 〈죽음과 삶〉 등 주요 작품을 완성했다. 그가 머물 때는 소박한 1층 빌라였는데 1923년 네오 바로크 양식의 맨션으로 개축했다. 외관은 달라졌지만, 내부의 화실만은 1918년 모리즈 내어Moriz Nähr가 촬영한 '클림트의 아틀리에' 사진과 똑같이 복원했다. 이젤 위에 놓인 그림, 팔레트, 침대 위 옷가지와 함께 흐트러져 있는 스케치 등을 바라보노라면 과거로 순간이동한 듯 착각마저 든다. 벨베데레 궁전, 레오폴드 미술관처럼 오리지널 작품은 없지만 베일에 가려진 클림트의 삶을 엿보는 기분이 색다르다. 너른 정원과 아담한 기념품 숍은 덤. 특히, 낙엽 지는 가을엔 엽서 한 장 쓰고 싶어지는 정원 벤치에 잠시 머물러 보길 추천한다.

**Data** Map 090I **Access** U-bahn U4 운터스트라세 페이트Unterstraße Veit역에서 도보 5분 또는 트램 58번 페어빈둥스반Verbindungsbahn역에서 도보 2분 **Add** Feldmühlgaße 11, Vienna **Tel** 1-876-1125 **Open** 3월 12일~7월 11일, 7월 31일~12월 31일 수~일 10:00~18:00(공휴일 휴무) **Cost** 성인 10유로, 학생 6유로, 7세 이하 무료 **Web** www.klimtvilla.at

**Tip** **클림트와 에밀리**
심장발작으로 쓰러진 클림트의 한마디는 '에밀리를 불러줘'였다. 클림트와 연인도 친구도 아닌 미묘한 관계를 27년간 유지해온 에밀리 플뢰게는 가족 이상의 관계로 추정되는 여인. 클림트의 임종을 지킨 그녀의 직업은 디자이너로, 클림트 빌라에는 그녀가 만든 옷이 전시돼 있다.

오스트리아를 빛낸 음악가 여기 잠들다
## 중앙묘지 Zentralfriedhof | 첸트랄프리드호프

'거대한 평온의 뜰'이라는 뜻의 첸트랄프리드호프는 52만구의 시신이 묻힌 비엔나 최대의 묘지. 오
스트리아를 빛낸 수많은 예술가들이 잠들어 있다. 그중 11구역 '음악가 묘역'은 많은 사람들이 꽃을
들고 이곳을 찾는 이유다. 음악가들 묘역의 중심에 모차르트 묘비가 있다. 주검을 찾지 못한 모차
르트는 시신 없이 묘석만 있다. 모차르트 묘석 뒤 두 묘지는 베토벤과 슈베르트의 것이다. 평생 베
토벤을 흠모하다, '죽으면 베토벤 곁에 묻어 달라'는 슈베르트의 유언이 이뤄진 셈. 그 옆에는 '왈츠
의 제왕' 요한 슈트라우스 2세와 브람스의 묘가 가지런히 놓여 있다. 조금 더 가면 생전 견원지간이
었던 요한 슈트라우스 1세와 요제프 라너가 나란히 잠들어 있다. 숲으로 우거진 묘역 사이를 거닐
다 보면 아는 이름들도 제법 발견하게 된다. 작곡가 쇤베르크와 체르니도, 오스트리아의 대표적 건
축가 아돌프 로스도, 악우협회를 지은 덴마크 건축가 테오필 한센도 이곳에 묻혀 있다. 묘지 중앙
으로 난 길의 끝에는 오토 바그너의 제자, 막스 헤겔이 지은 카를 레너 성당이 있다. 성당 바로 앞
은 오스트리아 초대 대통령 바울트의 묘이다.

**Data** Map 091L **Access** 트램 71번을 타고 첸트랄프리드호프 토어2 Zentralfriedhof Tor2역 하차.
링도로 남쪽에서 출발 시첸트랄프리드호프까지 약 30분 소요 **Add** Simmeringer Hauptstraße 234, Vienna
**Tel** 1-534-692-8405 **Open** 07:00~18:00 **Web** friedhoefewien.at

> **Tip** 음악가 묘역으로
> 가는 지름길!
> 중앙묘지의 문은 3갠데, 트램
> 71번을 타고 2번 문Tor2 Zen
> tralfriedhof 역에 내리면 정
> 문이 있다. 정문으로 쭉 직진
> 후 좌회전하면 음악가의 묘역
> 을 쉽게 발견할 수 있다.

**첫 키스의 추억**
## 프라터 놀이 공원 Prater | 프라터

에단 호크와 줄리 델피 주연의 영화 〈비포 선라이즈〉의 대관람차 안 키스신을 기억하는 이에겐 설렘 가득한 세 글자, 프라터! 프라터란 이름은 몰라도 대관람차를 보면 여행자들은 말한다. '여기 영화에서 봤는데' 〈제3의 사나이〉, 〈007 리빙 데이라이트〉, 〈우먼 인 골드〉 등 영화 속 배경으로 등장한 대관람차는 프라터의 상징이다. 정식 명칭은 거인(리젠Risen)과 바퀴(라트Rad)의 조합어, 리젠라트Risenrad. 약 120년 전 1897년 프란츠 요제프 황제의 즉위 50주년을 기념해 세웠다. 예나 지금이나 61m의 훤칠한 키와 지름 2,400인치의 너른 품, 느긋한 속도를 자랑한다. 하지만 리젠라트는 프라터의 일부일 뿐. 리젠라트 뒤로 각종 놀이 기구와 마담 투소, 축구경기장이 꼬리에 꼬리를 문다. 프라터의 하우프트알레(대로) 길이만 6km다. 꼬마열차, 프라터추그Praterzug가 다닐 정도다. 그 사이 깜짝 선물처럼 등장하는 카페와 레스토랑도 프라터 나들이의 묘미. 낭만파라면 영화 주인공처럼 대관람차를, 먹방파 여행자라면 프라터 맛집을 집중 공략해볼 것!

**Data** Map 161F Access U-bahn U1, 2 프라터스테른Praterstern역 하차 후 도보 3분
Add Wiener Praterverband Prater 7, Wien Tel 1-728-0516 Open 프라터(유원지) 11:00~24:00, 리젠라트(대관람차) 1·2·11·12월 10:00~19:45, 3·4·10월 10:00~21:45, 5~9월 09:00~23:45
Cost 리젠라트 성인 13.5유로, 3~14세 6.5유로 Web www.prater.at

---

> **(Tip) 장충동 족발에 버금가는 비엔나 족발**
>
> 든든한 한 끼 식사를 원한다면 100년 전통 비엔나식 족발에 맥주를 즐길 수 있는 슈바이너하우스Schweinerhaus를 추천한다. 겉은 바삭, 속은 촉촉한 슈바이너하우스-슈텔츠Schwhaus-Stelze에 신선한 생맥주는 그야말로 환상의 궁합이다.

스페인에는 가우디, 오스트리아에는 훈데르트바서

## 훈데르트바서 하우스 Hundertwasser Haus | 훈데르트바서 하우스

프리덴슈라이히 훈데르트바서Friedensreich Hundertwasser가 지은 공동주택이다. 그는 오스트리아가 가장 사랑한 20세기 예술가다. 스스로 개명한 그의 이름은 '평화롭고 풍요로운 곳에 흐르는 백 개의 강'이라는 뜻. 화가였던 그는 1950년대 초부터 건축에 관심을 갖기 시작하여, 1972년에 첫 번째 건축물을 선보였다. 훈데르트바서 하우스는 1977년 비엔나 시장이 의뢰했고, 1985년 완공했다. 건축가 요셉 크라비나가 그를 도왔다. 건물은 네모반듯해야 한다는 고정관념을 깬 이 건물에는 직선이 배제됐다. 색의 마술사답게 화려한 색이 조화롭게 사용됐고, 각기 다른 모양의 창문이 개성을 뽐낸다. 건축을 통한 지상낙원 실현이라는 그의 철학처럼 이곳에는 건물과 생명체가 함께 살아간다. 250그루의 나무와 화분이 있다. 훈데르트바서 하우스 건너편에는 그의 콘셉트로 자동차 타이어 공장을 개조한 훈데르트바서 빌리지가 있다. 상점, 바, 레스토랑이 입점해 있다.

**Data** **Map** 161E **Access** U-Bahn U3 빈 미테Wien Mitte역 하차 후 도보 11분
**Add** Kegelgasse 36–38, Vienna **Cost** 무료 **Web** www.das-hundertwasser-haus.at

훈데르트바서 박물관

## 쿤스트 하우스 비엔나 Kunst Haus Wien | 쿤스트 하우스 빈

훈데르트바서 하우스에서 도보 5분 거리에 있는 박물관이다. 1892년에 지어진 가구공장을 훈데르트바서가 리모델링해 1991년 오픈했다. 훈데르트바서 하우스는 외관밖에 볼 수 없어 아쉬웠는가? 그렇다면 이곳에 꼭 가보자. 타일로 모자이크를 만들고, 멀리서도 눈에 띄는 색을 사용한 건물이다. 옥상에는 잔디가 있고, 건물 안에는 식물이 자란다. 덕분에 최초의 'Green Museum'으로 선정됐다. 직선은 노! 심지어 바닥도 울퉁불퉁하다. 훈데르트바서 하우스보다 더 강렬한 색이 사용된 그의 작품을 만나자. 그의 명언이 군데군데 붙어있는데 작품과 연계해 생각해보면 감동이 두 배가 된다. 훈데르트바서의 상설전시 외 다른 예술가의 특별전시도 함께 진행된다. 그의 대표 디자인이 사용된 테이블에서 멋스럽게 커피 한잔할 수 있는 쿤스트 운트 카페Kunst und Cafe와 기념품 숍도 있다. 2023년 5월 31일~2024년 초 임시 운영 중단(레노베이션).

**Data** **Map** 161E **Access** U-Bahn U3 빈 미테Wien Mitte역 하차 후 도보 11분 **Add** Untere Weißgerberstraße13, Vienna **Tel** 1-712-0491 **Open** 10:00~18:00 **Cost** 성인 12유로, 19세 이하 5유로, 학생(26세 이하) 5유로, 10세 이하 무료 **Web** www.kunsthauswien.com

*내부 사진 촬영 금지. 본 사진은 박물관의 특별허가로 촬영된 것입니다.

## 와인과 음악에 취하는 밤
# 그린칭 Grinzing

그린칭은 그해 수확한 포도로 만든 '햇와인'이라는 뜻의 호이리게Heurige를 파는 주점, 호이리거Heuriger로 이름난 마을이다. 그린칭에는 알터바흐 헹글, 루돌프스호프, 라인프레이트 등 긴 역사를 자랑하는 호이리거가 여럿이다. 대문에 소나무 가지를 늘어뜨려 놓으면 호이리게를 파는 주점이란 표시. 와인이야 비엔나 어디서나 마실 수 있지만, 그린칭을 찾는 이유는 와인 농가에서 운영하는 호이리거 특유의 흥겨운 분위기를 즐기기 위해! 특히 입구 홀을 가득 채운 통나무 식탁, 아코디언과 바이올린 2인 1조 연주자들의 슈람멜 음악, 푸짐한 안주와 뷔페식 샐러드 바는 호이리거의 3대 구성 요소되시겠다. 연주자들이 테이블을 돌며 연주에 열을 올리면 흥에 취한 손님이 슈람멜 리듬에 맞춰 춤을 추기도 한다. 지금은 단체 관광객이 대부분이지만, 중세에는 왕이 서민들과 허물없이 한 테이블에 앉아 음주토크를 하던 선술집이었다.

**Data** Map 162
**Access** 트램 38번을 타고 종점 그린칭Grinzing역 하차

# 후회 없는 선택을 위한 추천! 알터 바흐 헹글 Alter Bach-Hengl

루돌프 황제가 즐겨 찾았다는 루돌프스호프는 와인 맛이 '영 아
니올시다'다. 그린칭에서 맛과 분위기를 겸비한 호이리거는 단연
알터 바흐 헹글. 부시, 푸틴, 클린턴도 다녀간 그린칭 호이리거
의 대표주자다. 샤를마뉴 대제가 이 지역 포도밭을 관장하던 때
부터 와인을 만들어왔다. 와인은 1/8잔 또는 병으로 판매하여,
테이크아웃 시 소매가(1병 기준)에 구입할 수 있다. 분위기는 신
명나는 선술집 그 자체. 센스쟁이 연주자가 손님이 한국인이다
싶으면 '아리랑'으로 시작해, '애모', '운명' 등 7080가요를 연주
하며 흥을 한껏 돋아준다. 알터 바흐 헹글에 갈 땐 '나는 흥부자
다' 라는 마음과 팁으로 줄 동전을 넉넉히 준비하자.

**Data** Map 162A **Access** 트램 38번을 타고 종점 그린칭Grinzing역
하차 후 잔트가세Sandgasse를 따라 직진. 약 도보 3분
**Add** Sandgasse 7-9, Vienna-Grinzing **Open** 16:00~24:00
**Tel** 1-320-2439 **Cost** 호이리게 1/8잔 2유로, 샤도네이 1/8잔 3유로
**Web** www.bach-hengl.at

### 484m 칼렌베르크 정상 위
# 칼렌베르크 전망대
**Kalenberg Ausssichsturm** | 칼렌베르크 아우스지히투름

과연, 비엔나의 일등 전망대! 도나우강과 빈 숲, 비엔나 시내가 한눈에 들어온다. 맑은 날엔 슬로바
키아, 알프스까지 보인다. 전망은 백점, 난이도는 하下. 그린칭에서 38A 버스만 타면 비엔나 숲에
서 가장 높은 '칼렌베르크 전망대 앞'에 내려주니 발품 덜 팔고 탁 트인 전망을 만끽할 수 있다. 전망
대 노천카페도 운치 있다. 뒤쪽에는 일명 폴란드교회라고 불리는 장크트 요제프 성당이 있다. 1683
년 터키의 비엔나 공성 때 구원병을 이끌고 온 폴란드의 얀 조비에스Jan Sobieski 왕이 승리 기원 기도
를 올린 곳. **Don't Miss** 전망도 타이밍이다. 이곳이 가장 로맨틱해지는 시간은 노을 무렵. 칼렌베르
크 전망대에서 핑크빛 석양을 눈에 가득 담고 호이리거에서 와인 한잔하는 코스를 강추! 단, 가을부
터 겨울까지는 칼바람이 부니 따뜻한 옷차림은 필수다.

**Data** Map 162A
**Access** 트램 38번을 타고 종점 그린칭Grinzing역 하차 후 38A 버스를 타고 칼렌베르크 하차 또는 U-Bahn
U4 하이리겐슈타트Heiligenstadt역에서 38A 버스를 타고 칼렌베르크 하차(38A노선이 3종류이므로 반드시
전광판 또는 버스 기사에게 확인하고 탈 것) **Add** Höhenstraße, Vienna **Open** 24시간 **Cost** 무료

**베토벤과 건배!**
## 마이어 암 파르플라츠 Mayer Am Pfarrplatz | 마이어 암 파르플라츠

베토벤이 1817년 머물렀던 집을 개조한 호이리거다. 청력문제로 괴로워하던 베토벤은 하일리겐슈타트 지역에 있는 요양원을 찾았다. 이것을 인연으로 요양원 근처인 마이어 암 파르플라츠에서 살며 교향곡 9번 '합창'도 작곡했다. 아직도 곳곳에 베토벤의 흔적이 남아 있다. 특히 테라스에서 이어지는 계단 근처에는 그를 기념하는 물품들이 많다. 마이어 암 파르플파츠는 하일리겐슈타트의 와이너리에서 400년 넘게 와인을 생산해오고 있다. 햇와인은 물론 다양한 와인을 합리적인 가격에 마실 수 있다. 사슴라구Ragout, 야생 돼지구이 등 인접해 있는 비엔나 숲과 어울리는 독특한 메뉴도 있다. 식사가 부담스럽다면 질 좋은 햄, 살라미, 소시지 등의 모둠 플레이트 메뉴도 좋다. 와인 한잔 후, 베토벤이 악상을 떠올리려 걸었다는 베토벤 산책로Beethovengang을 걸어보자. 마이어 암 파르플라츠에서 도보 5분이면 넉넉하다. **Don't miss** 식당 건물 바로 옆에 놀이터가 있다. 가족과 함께라면 놓치지 말자. **Bad** 단체행사가 잦다.

**Data** Map 162B
**Access** U-Bahn U4 하일리겐슈타트Heiligenstadt역 하차 후 버스 38A(칼렌베르그 Kahlenberg행) 탑승, 페르스프레함트Fernsprechamt / 파르플라츠Pfarrplatz역 하차 후 도보 5분
**Add** Pfarrplatz 2, Vienna
**Tel** 1-370-1287
**Open** 월~일 12:00~24:00
**Cost** 모둠 플레이트(2인용) 14.8유로, 사슴라구 12.8유로, 글라스 와인 3.5유로~
**Web** www.pfarrplatz.at

💬 **| Theme |**

# 멜크에서 크렘스까지, 바하우 밸리 투어

Melk to Krems, Wachu Valley Tour

도나우강을 따라 고성과 포도밭, 수도원이 장관을 이루는 바하우 밸리는 비엔나에서 당일 치기로 다녀오기 좋은 근교 여행지. 특히, 크렘스에서 멜크까지 이어지는 약 36km의 구간이 아름다워, 2000년 유네스코 세계문화유산으로 선정됐다. 중세풍 마을을 거닐고 와이너리에서 시음을 하며 여유를 만끽하기 더할 나위 없다. 5~10월에는 도나우강 유람선도 탈 수 있다. 바하우 티켓을 이용하면 기차+유람선으로 바하우 밸리 여행도 가능하다. 비엔나 서역에서 기차를 타고 멜크까지 가서 수도원을 둘러본 후 유람선을 타고 크렘스로 이동, 크렘스를 둘러본 후 비엔나 프란츠 요제프역으로 돌아오면 된다. 유람선 운행이 중단되는 11~4월에는 여행사를 통해 '바하우 밸리 투어'에 참여해도 좋다. 매년 5월마다 바하우 밸리 와인 축제도 열린다.

**Data** **바하우 티켓** 51유로(홈페이지 또는 OBB창구에서 구입 가능), www.railtours.at
**비엔나 익스플로러 바하우 밸리 투어** 159유로~, www.viennaexplorer.com

## | 바하우 밸리 여행 포인트 |

### 멜크

움베르트 에코의 소설 〈장미의 이름〉에 등장하는 멜크 수도원이다. 바벤베르크 왕가(1076~1106년)가 1106년에 베네딕토 수도회에 기증한 왕궁을 수도원으로 개축해, 오스트리아와 독일을 통틀어 가장 큰 바로크 수도원으로 손꼽힌다. 화려한 내부가 볼거리인데, 백미는 10만 권이 넘는 장서를 보관하고 있는 아름다운 도서관!

### 크렘스

바하우 계곡 일대에서 재배한 포도로 만든 화이트 와인의 집산지. 포도밭 사이로 중세풍 집들이 그림처럼 펼쳐진다.

### 뒤른슈타인

크게 크렘스 지역에 포함된 마을. 제3차 십자군 전쟁 시 1192년부터 1년간 영국의 리처드왕이 억류돼 있던 성과 중세풍 마을이 남아 있다.

# 비엔나 숙박

## | 비엔나 호텔 고르는 법 |

일단, 링도로 주변이면 다니기 편하다. 중심점쯤 되는 성 슈테판 대성당에 가까울수록 좋겠지만, 그 럴수록 비싸다. 그 정점을 파크 하얏트 호텔이 찍었다. 메리어트, 리츠칼튼, 르 메르디앙 같은 글로 벌 체인 호텔도 링도로를 따라 늘어서 있다. 자허, 그랜드, 임페리얼 같은 역사와 전통에 빛나는 로 컬 호텔들도 밀집해 있다. 10~15분 걷거나 대중교통을 이용하는 것도 괜찮다면 선택의 폭이 매우 넓어진다. 도나우 운하를 건너가면 가격은 급격히 낮아진다. 연간 2천만 명 넘게 찾는 관광 도시답 게 에어비앤비도 잘 발달되어 있다. 홈페이지(www.airbnb.com)를 통해 예약할 때, '수퍼 호스 트'를 필터링 조건에 추가해보자. 안전과 청결은 기본, 질문이나 요청에는 빛의 속도로 응답한다. 낯 선 곳으로의 여행 전, 조금이라도 불안한 마음을 토닥여준다.

링도로의 얼굴
### 그랜드 호텔 빈 Grand Hotel Wien

1870년에 문을 연 비엔나 대표 호텔이다. 비엔니즈 사교의 중심이기도 하다. 1894년 요한 슈트라우 스의 데뷔 50주년 행사가 이곳에서 열렸다. 그의 음악을 듣기 위해 몰려든 사람들로 객실은 가득 찼 다. 오스트리아 전통 건물과 마찬가지로 화장실과 샤워실이 분리되어 있다. 디럭스 스위트룸은 고가 구와 백 살쯤 되어 보이는 현미경 등의 인테리어 소품이 멋을 더한다. 300개 객실에는 오스트리아 브 랜드 율리우스 마이늘의 커피바가 있다. 새로 만든 회의실 9개는 고전 명화와 햇살이 만들어내는 특 별한 분위기가 매력적이다. 지루한 것을 피하려는 비즈니스맨들에게 인기가 좋다. 일식당 운카이는 한때 일본인의 소유였던 흔적이다. 뎃판야키 테이블과 다다미룸이 있고, 일본인 직원만 20명이다. 오 스트리아에서 가장 맛있다는 황제의 케이크, 그란트 구겔후프도 이 호텔에서 만든다. 코로나 이후 체 크인 시 가장 가까운 병원과 약국을 알려준다. 직원 대상 위생교육도 지속적으로 실시 중이다.

**Data** Map 093D Access U-Bahn U1, U2, U4 카를스플라츠Karlsplatz역 하차 후 도보 4분 또는 트램 D, 1번, 2번, 71번 케른트너링Kärntner Ring역 하차 후 도보 2분 Add Kaerntner Ring 9, Vienna Tel 1-515-800 Cost 스탠다드 380유로~, 프리미엄 415유로~ Web www.grandhotelwien.com

**흠이 없는 게 흠!**
## 파크 하얏트 비엔나 Park Hyatt Vienna

2014년 6월 오픈한 오스트리아 최초의 하얏트 호텔이다. 100년 동안 오스트리아-헝가리 은행이었고, 유네스코 세계 유산에 등재된 건물이 호텔로 변신했다. 투입된 인원과 노력은 상상초월. 공사 현장에서 사용된 언어만 20가지다. 자개와 진주로 표현된 코코샤넬의 모티브가 호텔 곳곳에 쓰였다. 식사 전후 한잔하기 좋은 바 펄Pearl은 벽부터 테이블까지 코코샤넬에 둘러싸인 느낌이다. 객실도 예외는 아니다. 파크 하얏트 비엔나에는 오스트리아에서 가장 큰 스위트룸이 있다. 오닉스 계단으로 5~6층을 연결한 820㎡ 규모, 주방 3개, 화장실 4개, 개인 체육관이 있다. 헝가리어로 '금'이라는 뜻의 아라니Arany 스파. 3톤 무게의 금고문이 그대로 남아 있고, 금궤가 깔린 듯한 수영장이 인상적이다. 심지어 수영장 물도 황금빛이다. 금 속에서 수영이라! 은행 고객들이 현금을 맡기고 찾던 장소는 레스토랑이 되었다. 그리하여 이름도 '뱅크'. 대리석의 럭셔리한 오픈 쇼 키친에서 말 그대로 셰프들의 쇼, 요리하는 모습을 직접 볼 수 있다. 세계 최고의 청결산업협회인 IAAC의 전문부서 GBAC(Global Biorisk Advisory Council)과 함께 호텔의 청결, 보건 시스템을 구축하고 직원 교육을 실시한다. 비엔나 쇼핑의 거리 콜마르크트, 관광의 핵심 성 슈테판 대성당, 왕궁과 가까워 여행자 숙소로는 최고의 위치다.

**Data** Map 093A **Access** U-Bahn U3 헤렌가세Herrengasse역 하차 후 도보 2분
**Add** Am Hof 2, Vienna **Tel** 1-227-401-234 **Cost** 디럭스 731유로~, 프리미엄 841유로~, 주니어스위트 1,041유로~, 파크스위트 1,241유로~ **Web** www.vienna.park.hyatt.com

 Writer's Pick!

### 호텔이야? 갤러리야?
## 호텔 알트슈타트 비엔나
#### Hotel Altstadt Vienna

이곳이 호텔이라 해도 믿겠고, 갤러리라 해도 믿겠다. 호텔 알트슈타트의 주인은 미술작품 수집가다. 덕분에 갤러리 사이에 객실을 숨겨놓은 느낌이다. 객실 45개가 있는 5층 건물은 1902년에 지어진 아파트였다. 객실의 디자인은 예술가 마음대로. 가구 배치도 그들에게 맡겨졌다. 어느 방 하나 같은 것이 없다. 심지어 매해 담당 예술가가 와서 가구 배치라도 바꾼다. 내년에 다시 와도 새로운 느낌이 드는 호텔인 셈. 리셉션 데스크부터 객실까지 무겁고 높은 문을 끙끙거리며 몇 번 열어야 도착한다. '예쁜 여자는 쉽지 않아'라는 느낌이랄까. 복도 중간중간에 있는 의자에 앉아 쉬다 보면 나도 예술품의 일부가 되는 착각에 빠진다. 서재 같은 식당, 햇살과 함께하는 아침식사도 낭만적이다. 호텔 주변에는 디자이너 숍이 많다. 당장 짐 가방에 넣고 싶은 소품, 옷, 구두의 유혹을 조심할 것.

**Data** Map 131C **Access** U-Bahn U2, U3 폭스테아터Volkstheater역 하차 후 도보 7분 **Add** Kirchengasse 41, Vienna **Tel** 1-522-6666 **Cost** 더블룸 레귤러 208유로~, 더블룸 미디움 218유로~ **Web** www.altstadt.at

**새로운 콘셉트의 디자인 호텔**
### 호텔 샤니 빈 Hotel Schani Wien

카페 같은 로비, 모바일로 가능한 셀프 체크인, 콤팩트하지만 산뜻한 인테리어의 객실, 스쿠터 무료 대여 서비스 등 여러 면에서 기꺼이 추천하고픈 디자인 호텔이다. 객실마다 창가에 놓인 소파가 돋보인다. 사다리로 침대에 올라가는 복층 더블룸도 인기라고. 호텔의 오너, 미스터 샤니의 제안도 흥미롭다. 객실에만 있지 말고 카페 겸 바, 로비로 내려와 새로운 사람들을 만나고, 코워킹Co-working 스테이션에서 할 일도 하며 머물라는 것. 때문에 일부러 객실에 냉장고를 비치하지 않았단다. 그래서 매일 저녁 로비는 여행자들의 작은 파티 분위기. 특히, 작은 사무실처럼 꾸며놓은 코워킹 스테이션은 출장 중이거나 휴가 중에도 해야 할 일이 있는 바쁜 여행자에게 반가운 공간이다. 호텔 바로 옆이 트램 D번 정류장이라 벨베데레 궁전과 비엔나 국립 오페라 극장, 시청 등 링도로 주변까지 가기에도 불편함이 없다. 중앙역과도 가깝다.

**Data** Map 091K
**Access** 트램 D번 종점 알프레드 아들러 스트라세Alfred Adler Strasse
역 하차 후 도보 1분 **Add** Karl-Popper-Straße 22, Vienna
**Tel** 1-955-0715 **Cost** 스마트 스트리트 100유로~,
스마트 메조네트(복층) 120유로~ **Web** hotelschani.com/wien

**여행, 그 맛있는 여유**
### 홀맨 베레테이지 Hollmann Beletage

예쁘고 필요한 것만 차곡차곡 넣은 상자 같다. 홀맨 베레테이지는 객실 25개로, 최대 54명이 숙박할 수 있는 부티크 호텔이다. 2003년 오픈할 때는 객실이 9개였는데, 조금씩 늘려왔다. 걸어서 5분이면 성 슈테판 대성당에 도착한다. 비엔나 중심치고 객실 요금이 너무 착하다. 주인은 비엔나, 뉴욕, 베를린 등에서 일한 셰프. 그래서 호텔이 참 맛있다. 도심호텔인데 정원이 있고, 거기서 이것저것 키워 요리를 한다. 조식은 오전 11시 30분까지 제공돼 휴식다운 휴식을 원하는 여행자에게 안성맞춤. 웬만한 건 셰프가 다 만들어준다. 먹고 싶은 걸 말해보자. 의자 8개가 놓인 시네마도 있다. 하루 3편의 영화를 상영하는데, 〈제3의 사나이〉는 고정이다. 비엔나에서 보기 드물게 가족이 운영하는 호텔이라 다정하고 세심한 서비스는 보장되어 있다.

**Data** Map 093B
**Access** U-Bahn U1, 또는 트램 1번, 2번 슈베덴플라츠
Schwedenplatz역 하차 후 도보 4분 **Add** Köllnerhofgasse 6,
Vienna **Tel** 1-961-1960 **Cost** 베레테이지 M 200유로~,
L 227유로~, XL 254유로~, XL 패밀리 & 프렌즈룸 254유로~
**Web** www.hollmann-beletage.at

**가슴까지 시원해지는 뷰!**
## 호텔 암 파르크링 Hotel Am Parkring

시립 공원Stadtpark을 마당 삼은 호텔이다. 건물의 11층~13층을 호텔로 사용해 성 슈테판 대성당의 두 탑과 눈높이가 같다. 대부분의 객실에는 발코니가 있으니 비엔나 전경을 보러 다른 곳에 갈 필요가 없다. 쉬크Schick 호텔그룹은 스테파니Stefanie, 카프리코르노Capricorno 등 6개의 호텔을 운영하고 있는데, 그중 암 파르크링은 합리적 가격, 링로도에 인접한 위치로 인기 있는 부티크 호텔이다. 높은 위치 덕분에 비엔나의 아침 햇살이 모닝콜을 한다. 하루 종일 시립 공원의 녹음을 만끽할 수 있다. 12층에 위치한 레스토랑 다스 쉬크에서 비엔나의 석양을 파노라마뷰로 즐길 수 있다. 오스트리아 전통 음식에 스페인 향이 더해진 흥미로운 미식 경험을 할 수 있다.

**Data** Map 093D **Access** U-Bahn U3 스투벤토어Stubentor역 하차 후 도보 4분 또는 트램 2번 스투벤토어 Stubentor역 하차 후 도보 2분 **Add** Parkring 2, Vienna **Tel** 1-514-800 **Cost** 더블룸 214유로~, 발코니 더블룸 244유로~, **Web** www.schick-hotels.com

**실속파를 위한**
## 스타 인 호텔 빈 쇤부른 Star Inn Hotel Wien Schönbrunn

호텔은 잠만 자는 곳이라 여기는 여행자들에게 '딱'인 저렴이 호텔이다. 시내에서 벗어난 위치 덕에 가격 대비 넓은 객실은 덤. U-bahn을 이용하기 편리해 지낼수록 만족스럽다. 비엔나 여행의 필수 코스 쇤부른 궁전이 U-Bahn 2정거장 거리, 나슈마르크트는 3정거장. 4정거장 거리의 카를스플라츠역까지만 가면 비엔나 국립 오페라 극장, 왕궁 등 주요 명소를 도보로 둘러보기 편하다. 돌아다니다 보면, 생수, 맥주 등 음료수나 군것질거리 사러 갈 타이밍을 놓치기 쉬운데, 호텔 1층에 슈퍼마켓 스파spar가 있어 그럴 걱정도 없다. 슈퍼마켓도 문을 닫는 일요일, 공휴일에 묵는 여행자를 위해 1층에 자판기와 작은 바도 마련해놨다.

**Data** Map 090J **Access** U-Bahn 뢰겐펠트가세Längenfeldgasse역에서 도보 2분 **Add** Linke Wienzeile 224, Vienna **Tel** 1-336-6222 **Cost** 트윈룸 125유로~, 더블룸 100유로 **Web** starinnhotels.com

비엔나 대표 유스호스텔
## 움밧 나슈마르크트 Wombat Naschmarkt

한국인들이 선호하는 비엔나의 유스호스텔은 움밧으로 통한다. 지점은 움밧 베이스, 움밧 라운지, 움밧 나슈마르크트 3곳. 그중에서도 2011년에 오픈한 나슈마르크트점이 위치도 좋고 깔끔해서 가장 인기다. 칼스 광장까지 도보 10분 거리라 링도로 주변을 여행하기 절묘한 위치. 반면 1999년에 오픈한 베이스점은 시설이 다소 낡은 편. 베이스점과 라운지점은 서역에서 가까워 주변 국가에서 기차를 타고 비엔나로 밤늦게 들어오거나 이른 아침 기차를 타야 할 경우엔 효율적이다. 3지점 모두 공용 부엌, 세탁기, 개인 사물함은 기본, 나슈마르크트점의 경우 로비와 휴식 공간도 너른 편이다. 도미토리의 경우 나슈마르크트점과 라운지점의 도미토리는 8인실, 베이스는 6인실. 결론은 꼼꼼 비교 끝에 나슈마르크트점을 추천!

**Data** Map 090I **Access** U-bahn U4 케텐브뤼켄가세Kettenbrückengasse역 하차 후 도보 1분
**Add** Rechte Wienzeile 35, Vienna **Tel** 공통 1-897-2336 **Cost** 2인실 81유로~, 도미토리 31유로~
**Web** www.wombats-hostels.com/vienna

## 비엔나 한인민박

만만치 않은 가격, 관광지와 먼 위치는 솔직히 후한 점수를 주기엔 부족하다. 그래도 말이 통하고, 조식으로 흰 쌀밥과 반찬을 맛볼 수 있으니, 영어, 독일어만 들으면 머리가 지끈하고, 하루 한 끼 한식을 안 먹으면 속이 허한 여행자들에겐 맘 놓는 안식처. 배낭여행자들 사이에서 입소문난 한인민박 두 곳을 뽑았다. 성수기 비수기에 따라 가격이 달라지니 예약 전 홈페이지에서 확인할 것.

**클라시크 하우스klassik Haus**
Tel 376-6164
Web www.klassikhaus.co.kr

**소미네 민박Vienna Somine**
Tel 070-7119-3576,
918-5151
Web www.viennasomie.com

> **Tip** **예약 및 확인법**
> 홈페이지로 예약 후 전화번호는 꼭 저장해두자. 070 인터넷 전화가 있을 경우 한국에서 전화를 걸어도 요금 부담이 없다. 요즘은 이메일, 카카오톡으로 주인장과 연락하는 경우도 많다.

# 잘츠부르크

## SALZBURG BY AREA

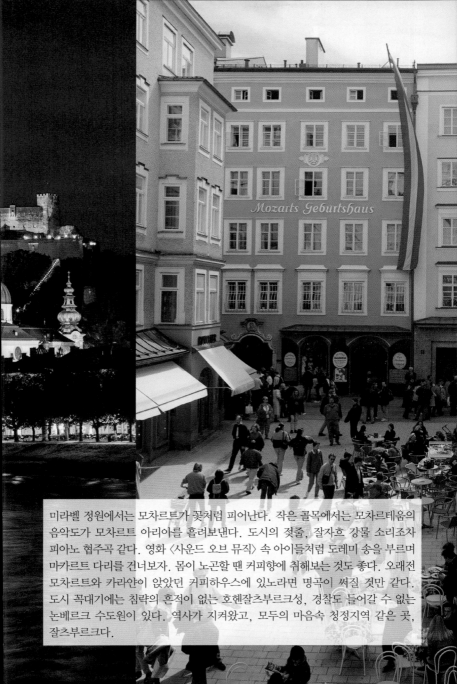

미라벨 정원에서는 모차르트가 꽃처럼 피어난다. 작은 골목에서는 모차르테움의
음악도가 모차르트 아리아를 흘러보낸다. 도시의 젖줄, 잘자흐 강물 소리조차
피아노 협주곡 같다. 영화 〈사운드 오브 뮤직〉 속 아이들처럼 도레미 송을 부르며
마카르트 다리를 건너보자. 몸이 노곤할 땐 커피향에 취해보는 것도 좋다. 오래전
모차르트와 카라얀이 앉았던 커피하우스에 있노라면 명곡이 써질 것만 같다.
도시 꼭대기에는 침략의 흔적이 없는 호헨잘츠부르크성, 경찰도 들어갈 수 없는
논베르크 수도원이 있다. 역사가 지켜왔고, 모두의 마음속 청정지역 같은 곳,
잘츠부르크다.

# Salzburg
## PREVIEW

*잘츠부르크는 음악의 도시다. 모차르트가 태어났고, 모차르트와 더불어 살아가는 곳이다.*
*모차르트를 기념하는 잘츠부르크 음악 축제를 비롯하여 일 년 내내 음악회가 열린다.*
*한마디로 흥이 가득한 도시다. 예술가, 문인이 모이는 곳에 발달된다는 커피하우스는 이곳*
*사람들 생활의 일부다. 잘츠부르크는 도시 전체가 유네스코 세계문화유산으로 지정된 곳이다.*
*마리아 테레지아 여제 시절부터 법으로 도시를 보존해온 결과, 영화 〈사운드 오브 뮤직〉에서*
*알프스 산맥이 감싸고 있는 이 도시의 아름다움을 여과 없이 보여줄 수 있었다.*

**SEE**

볼거리는 구시가지에 모여 있다. 레지던스 광장을 중심으로 잘츠부르크 대성당, 모차르트 생가, 대축전 극장이 포진해 있다. 대주교의 궁전이 박물관으로 변신한 돔콰르티에도 꼭 가야 할 곳. 발품을 팔아 신시가지에 가는 이유는 미라벨 정원 때문. 카라얀의 생가도 근처에 있다. 잘츠부르크 최고의 전망대는 호헨잘츠부르크성이다.

**EAT**

예술과 커피는 불가분의 관계. 100살은 명함도 못 내미는 커피하우스의 세계를 경험해보자. 모차르트 초상화로 감싼 모차르트쿠겔은 커피와 곁들여도 좋고, 선물용으로도 제격이다. 폭신한 오후의 휴식은 구름 같은 노케를과 함께. 팬케이크 반죽을 송송 썰어 넣은 수프 프리타텐주페는 색다르지만 친숙한 맛이다. 하루의 마무리는 잘츠부르크의 맥주, 스티글과 함께하자.

**BUY**

게트라이데 거리(197p)에 웬만한 건 다 있다. 명품 브랜드부터 SPA, 전통의상, 기념품 숍까지 다양하다. 수제 장갑, 우산, 신발, 모자 등을 파는 가게도 군데군데 있다. 가격은 후덜덜 하지만 세상에 단 하나뿐인 아이템을 원한다면 고고! 잘츠부르크는 '소금의 성'이란 뜻이다. 허브소금, 돌소금도 선물용으로 좋다. 개성 넘치는 디자이너 매장은 신시가지에 몰려 있다.

**SLEEP**

짧은 시간에 효율적인 동선으로 잘츠부츠크를 돌아볼 계획이라면 구시가지에 머무는 것이 좋다. 역사와 전통을 자랑하는 골드너 히르시, 모던한 아르트 호텔, 글로벌 체인 레디슨까지 다양하다. 여유로운 휴식을 선호한다면 호텔 슐로스 묀흐슈타인(211p)이 안성맞춤. 신시가지에는 보다 익숙한 호텔들이 있다. 잘자흐강을 건너야 하는데, 도보 1분이면 충분하다. 미라벨 정원 주변으로 쉐라톤, 윈덤, 스타 인 호텔(211p)이 있다.

Salzburg
# GET AROUND

 어떻게 갈까?

## 1. 항공
인천국제공항에서 잘츠부르크 공항Salzburg Airport W.A.Mozart까지는 직항이 없다. 루프트한자 항공은 프랑크푸르트, 터키 항공은 이스탄불, 에미레이트 항공은 두바이를 경유해 찰츠부르크에 도착한다. 대한항공 직항편으로 비엔나에 도착, 국내선을 이용하는 방법도 있다. 소요시간은 50분.

**잘츠부르크 공항** Salzburg Airport W.A.Mozart

**Data** **Add** Innsbrucker Bundesstrasse 95, Salzburg **Tel** 662-858-00
**Web** www.salzburg-airport.com

## 2. 기차
오스트리아 연방철도 ÖBB는 오스트리아 동서를 잇는 철도다. 잘츠부르크는 중간쯤에 위치해 오스트리아 어느 지역에서나 오기 쉽다. 비엔나에서 2시간 30분, 인스부르크에서는 2시간도 채 안 걸린다. ÖBB역 내 안내판에는 전체 운행 스케줄과 탑승 위치가 적혀 있다. 객실별 정차 위치를 미리 확인하면, 짐을 끌고 허둥지둥하지 않을 수 있다. 독일 뮌헨에서 국철인 DBDeutsche Bahn(www.bahn.com)을 타면 국경을 넘어 1시간 30분 만에 도착한다.

**잘츠부르크 중앙기차역** Salzburg Hauptbahnhof

**Data** **Map** 188B **Add** Südtiroler Platz 1, Salzburg **Tel** 435-1717 **Web** www.oebb.at

## 3. 버스
주변 도시에서 잘츠부르크로 이동할 때 편리하다. 포스트버스Postbus 150번을 타면 장크트 길겐St. Gilgen에서 50분, 바트이슐Bad Ischl에서 1시간 30분이면 도착한다. 포스트버스 중앙역은 중앙기차역 바로 옆에 있다. 카푸치너베르크, 미라벨 광장 등 신시가지를 거쳐 도착하니, 숙소 위치를 정확하게 알고 있다면 중앙역 전에 하차하자.

**잘츠부르크 버스터미널** ÖBB-Postbus GmbH

**Data** **Map** 188B **Add** Andreas-Hofer-Straße 9, Salzburg **Tel** 662-4660
**Web** www.postbus.at

**어떻게 다닐까?**

## | 시내로 들어가기 |

**공항 → 시내**
공항과 도심의 거리는 5km도 안 된다. 택시를 타는 것이 가장 빠르고, 10번 버스가 구시가지를 지나, 중앙기차역까지 간다.

**중앙기차역 → 시내**
중앙기차역은 신시가지에 있다. 미라벨 정원과 1km 거리다. 짐이 가볍다면 걸어도 좋겠다. 구시가지 방향이라면 택시를 타자. 웬만한 곳은 10분 내외로 도착한다.

## | 잘츠부르크 카드를 사자 |

잘츠부르크 카드 한 장만 있으면 만사 오케이! 대중교통은 무제한 공짜고, 푸니쿨라, 전망대 엘리베이터도 무료다. 심지어 잘자흐 강 위에서 관광하는 크루즈도 공짜다. 무료입장 가능한 박물관, 성, 정원, 요새는 20군데가 넘는다. 그것도 주요 스폿만 쏙쏙 뽑아서. 무료가 아닌 곳에서는 할인이 가능하고, 모차르트 디너 때 잘츠부르크 카드를 보여주면 모차르트 명곡 CD를 선물로 준다. 잘츠부르크 내 대부분의 호텔, 매표소, 관광안내소 또는 온라인(www.salzburg.info)을 통해 살 수 있고, 보다 편리한 모바일 티켓 구매도 가능하다.

| 구분 | 1월~4월, 11월~12월 | | 5월~10월 | |
|---|---|---|---|---|
| | 성인 | 6세~15세 | 성인 | 6세~15세 |
| 24시간권 | 27유로 | 13.5유로 | 30유로 | 15유로 |
| 48시간권 | 35유로 | 17.5유로 | 39유로 | 19.5유로 |
| 72시간권 | 40유로 | 20유로 | 45유로 | 22.5유로 |

**알부스**Albus**&버스**Bus
전기로 운행하는 알부스와 일반 버스가 있다. 총 25개 넘는 노선이 잘츠부르크 시내외를 연결한다. 주요 관광 스폿이 반경 1km에 밀집해 있어 여행자는 드물게 이용한다. 정거장마다 번호, 노선, 도착 시간이 적혀 있다. 깜짝 놀랄 정도로 정확한 시간에 도착하는 비결은 전용도로. 미리 구매하는 경우(2.1유로)와 탑승 후 기사에게 구매하는 경우(3유로) 가격이 상이하다. 잘츠부르크 카드가 있으면 무료다.

## 홉온홉오프 Hop On Hop Off

일정기간 동안 자유로이 타고 내릴 수 있는 투어버스다. 잘츠부르크 주요 관광지와 영화 〈사운드 오브 뮤직〉 촬영지를 포함, 총 24개 정거장을 순환한다. 1일권과 2일권이 있고, 티켓박스나 버스기사에게 구매할 수 있다. 합리적 가격의 패밀리 티켓도 있으니, 가족 여행을 계획 중이라면 참고하자. 각 정거장에 대한 한국어 안내문도 제공한다.

**Data** Map 188C **Access** 레지덴츠플라츠Residenzplatz에서 도보 1분(미라벨플라츠Mirabellplatz 정거장 기준) **Add** (티켓박스) Mirabellplatz 2, Salzburg **Tel** 662-881-616
**Open** 09:00~18:00 (비수기 10:00~16:30) **Web** www.salzburg-sightseeingtours.at
**Cost** 어린이: 6세~14세, 패밀리: 성인 2명+어린이 2명

| 구분 | 성인 | 어린이 | 패밀리 티켓 |
|------|------|--------|-------------|
| 1일권 | 24유로 | 13유로 | 54유로 |
| 2일권 | 27유로 | 18유로 | 63유로 |

※ 잘츠부르크 카드 소지 시, 20% 할인

### INFO

**1. 관광안내소 – 모차르트 광장**

**Data** Map 188F
**Access** 레지덴츠플라츠Residenzplatz에서 도보 3분 **Add** Mozartplatz 5, Salzburg
**Tel** 662-8898-7330 **Open** (1~3월, 9~12월) 월~토 09:00~18:00,
(4~6월) 월~일 09:00~18:00, (7~8월) 월~일 09:00~19:00

**2. 관광안내소 – 중앙기차역**

**Data** Map 188B
**Access** 3번 버스 잘츠부르크Salzburg역 하차 후 도보 1분 **Add** Südtiroler Platz 1, Salzburg
**Tel** 662-8898-7340 **Open** 월~일 09:00~19:00(월별 상이, 홈페이지 참고)
**Web** www.salzburg.info

# Salzburg TWO FINE DAYS

## 1일차

**호헨잘츠부르크성**
유네스코 세계유산,
잘츠부르크 한눈에 보기

페스통반 정거장에서 도보 4분 →

**돔콰르티에** 궁전도 보고,
박물관도 보고!

도보 1분 →

**잘츠부르크 대성당**
최초의 천주교 성당,
그 위용 속으로

도보 6분 ↓

**헤르츨**
오스트리아
전통 메뉴로 점심 식사

도보 3분 ←

**모차르트 생가**
모차르트 탐구시간

도보 1분 ←

**게트라이데 거리**
없는 게 없네~ 쇼핑 거리
출출할 땐 잊지 말자,
보스나 그릴!

도보 8분 ↓

**잘츠부르크 박물관**
잘츠부르크 역사, 예술,
문화를 한눈에!

도보 11분 →

**성 베드로 수도원&묘지**
최고령 수도원. 공원 같은
묘지는 산책으로도 제격

도보 1분 →

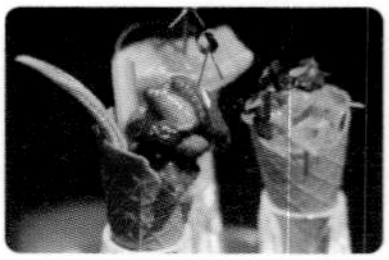

**모차르트 디너 콘서트**
저녁 식사

구시가지, 신시가지를 이틀에 나누어보자. 도시에서 가장 높은 곳,
호헨잘츠부르크성에서 시작하여 구시가지를 섭렵하는 게 좋다.
이튿날의 시작은 사운드 오브 뮤직과 함께. 영화 촬영지에서 주인공처럼 기념샷도 남기자.
주인공 마리아가 아이들과 도레미송을 불렀던 미라벨 정원까지 그 여운이 이어진다.

## 2일차

**사운드 오브 뮤직 투어**
도레미송 부르며
영화 속 배경 탐방

오전 9시부터
약 5시간 소요 →

**미라벨 정원**
사운드 오브 뮤직
주인공처럼 정원 산책하기

도보 3분 →

**가블러브로이**
하우스맥주 한잔에
늦은 점심

도보 5분 ↓

**대학 성당**
궁정 건축가의
최고 작품 감상하기

← 도보 5분

**카피텔 광장**
소도시 여행의 묘미,
장터 구경

← 도보 11분

**마카르트 다리** 위에서
잘츠부르크 전망
눈에 담기

도보 4분 ↓

**블라우에 간스**
피로를 녹이는 수프,
프리타텐주페로
저녁 식사!

잘츠부르크
Salzburg

N
0    200m

신시가지

A

B

중앙기차역 & 버스터미널
Salzburg Hauptbahnhof &
ÖBB Postbus GmbH

관광안내소

잘차흐강
Salzach

Hubert-Sattler-Gasse

Schrannengasse

Paris-London-Strasse

Schallmooser Hauptstrasse

미라벨 정원
Mirabellgarten

흡온흡오프
Hop On Hop Off

Kapuzinergerg

호텔 슐로스
뮌히슈타인
Hotel Schloss
Mönchstein

모차르테움
Mozarteum

마리오네트 극장
Marionettentheater

마카르트 광장
Makartplatz

가블러브로이
Gablerbräu

스타 인 호텔 프리미엄
잘츠부르크 가블러브로이
Star Inn Hotel Premium
Salzburg Gablerbräu

뮌히스베르크
엘리베이터
Mönchsberg Aufzug

모차르트의 집
Mozart Wohnhaus

유람선
선착장

블라우에 간스
Blaue Gans

마카르트 다리
Makartsteg

모차르트 생가
Mozart Geburtshaus

카라얀 생가
Karajan Geburtshaus

안드레아스 호퍼 바인스투베
Andreas hofer Weinstube

Steingasse

Imbergstrasse

Mönchsberg

Griesgasse

게트라이데 거리
Getreidegasse

시청
Rathaus

카페 퓌르스트
Cafe Fürst

헤르틀 s'Herzl

카페 토마셀리
Cafe Tomaselli

스노케를
임 엘레판트

모차르트 다리
Mozartsteg

보스나 그릴
Bosna Grill

대학 성당
Kollegienkirche

모차르트 광장 Mozart Platz

대축전 극장
Grosses Festspielhaus

돔 광장
Domplatz

잘츠부르크 박물관
Salzburg Museum

장크트 페터 슈티프트켈러
St. Peter Stiftskeller

잘츠부르크 대성당
Dom Zu Salzburg

잘차흐
Salzac

성 베드로 수도원&묘지
Erzabtei St. Peter & Friedhof

카피텔 광장
Kapitel Platz

논베르크슈티게
Nonnbergstiege

Herrengasse

페스퉁반
Festungsbahn

스티글켈러
Stieglkeller

논베르크 수도원
Stift Nonnberg

스티글 양조장&맥주 박물관
Stiegl Brauwelt

돔콰르티에 잘츠부르크
DomQuartier Salzburg

호헨잘츠부르크성
Festung Hohensalzburg

레지던스 광장
Residenz Platz

Nonnbergasse

구시가지

Brunnhausgasse

향가 지벤
Hangar-7

💬 | Theme |
## 흐르는 선율처럼, 모차르트 따라 걷기

### 볼프강 아마데우스 모차르트 Wolfgang Amadeus Mozart(1756~1791)

잘츠부르크에서 태어난 오스트리아의 대표적인 음악가. 6세에 첫 작곡을 했고, 마리아 테레지아 여제 앞에서 연주를 시작으로 세계를 누비며 음악 신동, 음악 천재로서의 삶을 살았다. 교향곡, 오페라, 실내악, 협주곡, 미사곡 등 모든 분 야에서 곡을 남겼다. 차이콥스키는 모차르트의 음악을 접하고 음악가의 길을 걷기 시작했으며, 베토 벤의 아버지는 아들이 모차르트처럼 어린 나이에 명성을 얻길 원해 베토벤의 나이를 속이기도 했다. 친구 하이든은 100년 내에 모차르트 같은 천재는 나오지 않을 것이라고 말했을 정도. 35년이라는 짧은 생애였지만, 그의 흔적은 1천여 곡에 남아 있다. 〈피가로의 결혼〉, 〈마술피리〉, 〈돈 조반니〉 로 우리에게 친숙하다.

**①**
매일 모차르트 콘서트,
미라벨 정원
(199p)

**②**
모차르트 음악
연구소 겸 음악대학,
모차르테움

**③**
가족과 함께 살았던
모차르트의 집
(201p)

**④**
모차르테움이
배출한 대가,
카라얀의 생가

**⑧**
모차르트가 세례 받은,
잘츠부르크 대성당
(192p)

**⑦**
6살 모차르트의
무대, 레지덴츠
(198p)

**⑥**
아름다운 모차르트
동상, 모차르트 광장
(190p)

**⑤**
사운드 오브 뮤직의
한 장면처럼,
모차르트 다리

**⑨**
D단조 미사곡이
초연된, 대학 성당
(196p)

**⑩**
1756년 그가 태어난 곳,
모차르트 생가
(193p)

**⑪**
모차르트 초콜릿
'모차르트쿠겔'의 원조,
퓌르스트 (206p)

SEE

## | 구시가지 |

그의 음악은 우리 심장에, 그의 동상은 이곳에!
### 모차르트 광장 Mozart Platz |
모차르트 플라츠

17세기 초 볼프 디트리히 대주교의 명으로 구시
가지 한복판에 만들어진 광장. 중앙에는 모차르
트 동상이 있다. 펜을 들고 고뇌에 차 있는 모습
이 금세라도 오선지에 명곡을 써내려갈 것만 같
다. 이 동상은 잘츠부르크와 모차르트를 사랑했
던 바이에른 왕 루드비히 1세의 후원으로 만들
어졌다. 독일 조각가 루드비히 폰 슈반탈러 작
품이다. 비엔나 왕궁 정원에 있는 것과 함께 가
장 아름다운 모차르트 동상으로 꼽는다. 아이
러니하게도 완공했을 때는 실제 모차르트와 많
이 다르다는 논란이 있었다. 원래 성 미하엘 동
상과 분수가 있던 자리였다. 모차르트 동상으
로 교체 작업 중 분수 밑에서 로마의 모자이크
가 발견돼 완공이 1년 지연됐었다. 우여곡절 끝
에 1842년 동상 제막식이 거행됐고, 모차르트
의 두 아들도 참석하여 아버지에게 바치는 칸타
타를 지휘했다.

© Tourismus Salzburg

**Data** Map 188F
**Access** 레지덴츠플라츠Residenzplatz에서
도보 3분 또는 버스 250번 잘츠부르크 라트하우스
Salzburg Rathaus역 하차 후 도보 5분
**Add** Mozart Platz, Salzburg

**구시가지의 중심점**

## 레지덴츠 광장 Residenz Platz | 레지덴츠 플라츠

잘츠부르크에서 가장 넓은 광장. 일단 이곳 위치를 감 잡으면, 잘
츠부르크 시내 관광에 문제 없다. 도시의 중심이며 사방으로 볼
거리, 먹거리가 운집해 유동 인구가 가장 많다. 대주교가 사용하
던 궁전 '레지덴츠', '잘츠부르크 대성당', '주청사' 건물이 병풍처
럼 둘러싸고 있다. 광장과 이름이 같은 '레지덴츠' 일부는 현재 정
부기관과 대학 사무실로 사용 중이다. 2층에 위치한 갤러리에는
16세기부터 19세기 예술품이 있다. 광장의 중앙, 높이 15m의
신화 속 인물이 조각된 분수대는 그 자체로 바로크 양식 예술품
이다. 관광용 마차인 피아커Fiaker가 또각또각 말발굽 소리를 내
며 그 옆을 달린다. 영화의 한 장면 같은 이곳에 배경음악이 깔린
다. 바로 건너편에 있는 신레지덴츠Residenz Neubau가 진원지. 35
개의 종이 매일 오전 7시, 11시, 오후 6시에 그림 같은 음악을 연
주한다.

**Data** Map 188F
**Access** 잘츠부르크 대성당
Dom Zu Salzburg에서 도보 1분
또는 버스 250번 잘츠부르크 라트
하우스Salzburg Rathaus역
하차 후 도보 4분
**Add** Residenzplatz,
Salzburg

© Tourismus Salzburg

© Tourismus Salzburg

© Tourismus Salzburg

도시가 들려주는 옛 이야기
## 잘츠부르크 박물관 Salzburg Museum | 잘츠부르크 무제움

잘츠부르크의 과거 역사, 문화, 예술 방면을 볼 수 있다. 도시 전체가 세계문화유산으로 지정된 곳인 만큼 풍부하고 아름다운 볼거리를 자랑한다. 1834년 나폴레옹 전쟁 기념품 전시를 위한 작은 공간으로 시작했다. 이후 프란츠 요제프 1세의 미망인이 잘츠부르크로 거처를 옮기며 공식적인 박물관이 되었다. 현재의 건물로 이전한 것은 2005년이다. 대주교가 잘츠부르크를 통치하던 1803년까지의 자료가 풍부하다. 19세기 예술가들이 전쟁과 혼란을 피해 잘츠부르크로 모여들어, 낭만주의 회화로 아름다운 잘츠부르크의 모습이 탄생했다. 고고학 발굴품들과 다양한 모습의 악기들도 놓치지 말자. 쿤스트할레홀에서는 인물, 예술가, 사진작가, 음악 관련 특별전이 열린다. 2009년 유럽 박물관상을 받았다.

**Data** Map 188F Access 레지덴츠플라츠Residenzplatz에서 도보 3분 Add Mozartplatz 1, Salzburg Tel 662-6208-08700 Open 화~일 09:00~17:00, 월 휴관 Cost 성인 9유로, 16~26세 4유로, 6~15세 3유로(오디오 가이드 포함), 잘츠부르크 카드 소지 시 무료 Web www.salzburgmuseum.at

Writer's Pick!

최초의, 최대의
## 잘츠부르크 대성당 Dom Zu Salzburg |
돔 주 잘츠부르크

잘츠부르크 최초의 천주교 성당이다. 774년 성 루페르트가 건립했다. 이후 전쟁과 대형 화재로 수차례 재건되었고, 1628년 현재의 바로크 양식 건물 모습을 갖췄다. 구리로 만든 둥근 천장과 80m 높이의 쌍탑은 위풍당당한 모습으로 돔 광장Domplatz의 얼굴이다. 파사드에는 성당의 수호성인과 베드로, 바울의 조각상이 있다. 도시 인구의 2/3인 1만 명 수용 가능한 크기, 회화와 대리석으로 장식한 천장은 그야말로 웅장하다. 화려함의 정점은 파이프 오르간. 6천 개의 파이프로 만들어졌으며, 가장 작은 것은 10cm, 가장 큰 것은 11m에 달한다. 유럽 최대다. 이곳 역시 모차르트와 인연이 깊다. 그가 이곳에서 유아세례를 받았고, 1779년부터 3년 동안 오르가니스트로 봉직했다. 또한 다수의 모차르트 작품이 초연됐다. 대성당 앞에서는 매년 여름 야외 공연이 진행된다.

**Data** Map 188F Access 레지덴츠플라츠 Residenzplatz에서 도보 1분 Add Domplatz 1, Salzburg Tel 662-8047-7950 Open 월~토 08:00~19:00, 일 13:00~19:00(월별 상이, 세부 일정은 홈페이지 참고) Cost 무료 Web www.salzburger-dom.at

© Tourismus Salzburg

**Writer's Pick!** 음악의 신동, 이곳에서 태어나다.
### 모차르트 생가 Mozart Geburtshaus |
모차르트 게부어츠하우스

1756년 1월, 이곳에서 모차르트가 태어났고 그의 가족은 1747년부터 이 건물 4층에 살았다. 1880년, 모차르트 협회Mozarteum Stiftung는 이웃집을 사들여 박물관으로 꾸몄다. 매년 약 50만 명이 방문한다. 잘츠부르크에서 가장 번화한 게트라이데 거리 Getreidegasse에서도 가장 관광객이 붐비는 곳. 4층에는 모차르트가 처음 사용했다는 길이 35.7cm의 페르디난도 마이어의 바이올린이 있다. 이 외에도 피아노, 자화상, 악보, 연인에게 보낸 편지 등이 전시되어 있다. 3층에서는 오페라 작곡가로서의 모차르트를 만날 수 있다. 100개가 넘는 모차르트 오페라의 무대 축소판이 있다. 오페라 〈마술피리〉를 작곡할 때 사용했던 클라비에도 눈길을 끈다. 2층은 모차르트 특별전으로 매해 다른 전시가 열린다.

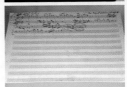

**Data** Map 188C Access 레지덴츠플라츠Resdienzplatz에서 도보 4분 또는 버스 250번 잘츠부르크 라트하우스Salzburg Rathaus역 하차 후 도보 3분 Add Getreidegasse 9, Salzburg Tel 662-844-313 Open 09:00~17:30, 7월~8월 08:30~19:00 Cost 성인 12유로, 27세 이하 학생 10유로, 6~14세 3.5유로, 6세 이하 무료, 잘츠부르크 카드 소지 시 무료 Web www.mozarteum.at

잘츠부르크 음악 축제의 메인 무대
### 대축전 극장 Grosses Festspielhaus | 그로세스 페스트슈필하우스

세계 3대 음악제 중 하나인 잘츠부르크 음악 축제의 메인 무대다. 지휘자 카라얀의 조언과 오스트리아 건축가 클레멘스 홀츠마이스터의 설계로 만들어진 곳이다. 커다란 5개의 청동 출입문을 제외하고는 소박해 보이는 외관이다. 그러나 내부는 무엇을 상상했건 그 이상. 묀히스베르크산 암석을 파내고 만든 무대는 길이가 무려 100m, 폭은 25m다. 관객석은 약 2,200명을 수용할 수 있는 규모다. 1960년 개관 공연은 슈트라우스의 〈장미의 기사〉였으며 카라얀이 지휘했다. 매년 잘츠부르크 음악 축제, 부활절 축제를 비롯 크고 작은 오페라, 연극, 콘서트가 열린다. 홈페이지나 현지 에이전시를 통해 예매할 수 있다. 바로 옆에 있는 소축전 극장은 2006년 모차르트 탄생 250주년을 기념해 '모차르트 하우스Haus für Mozart'로 탈바꿈했다.

**Data** Map 188E Access 레지덴츠플라츠Resdienzplatz에서 도보 5분 Add Hofstallgasse 1, Salzburg Tel (티켓 오피스) 662-8045-500 Open (티켓 오피스) 월~금 10:00~12:30, 13:00~16:30 Cost 10유로~450유로(공연별, 좌석별 상이) Web www.salzburgerfestspiele.at

© Tourismus Salzburg

볼거리 먹거리, 생기 가득
## 카피텔 광장 Kapitel Platz | 카피텔 플라츠

사제단Chapter이라는 뜻의 광장. 1803년까지 고위 성직자들이 머물던 수도원이 있었다. 광장에서는 음식, 화분, 인테리어 소품 등을 판매하는 장터가 자주 열린다. 잘츠부르크 음악 축제 기간에는 호헨잘츠부르크성을 배경으로 한 건물에 대형 스크린이 설치된다. 바로 음악 축제의 하이라이트를 상영하는 지멘스 페스티벌 나이트. 여름 밤하늘을 지붕 삼아 맥주 한잔하며 즐길 수 있는 행사다. 게다가 공짜! 카피텔 광장에는 스파이라Sphaera가 상징물처럼 서 있다. 지구본이 연상되는 황금색 대형 공 위에 사람이 서 있는 조형물로 현대미술가 슈테판 발켄홀이 잘츠부르크 아트 프로젝트의 일환으로 2007년 만들었다. 호헨잘츠부르크성으로 올라가는 푸니쿨라 정거장과 가까우니 들러보자.

**Data** Map 188F
**Access** 레지덴츠플라츠Resdienzplatz에서 도보 3분 **Add** Kapitelplatz, Salzburg

발걸음도 경건해지는
## 논베르크 수도원

Stift Nonnberg | 슈티프트 논베르크

영화 〈사운드 오브 뮤직〉 속 마리아가 수녀 생활을 했고, 대령 일가가 피신했던 곳이다. 묀히스베르크 산, 호헨잘츠부르크성 가까이에 있다. 잘자흐 강 남쪽에서 올려다보면 알프스 산맥을 배경으로 수도원의 붉은색 첨탑이 고즈넉하다. 714년에 베네딕트회 수도원으로 지어졌고 독일어권에서 가장 오래된 여성 종교인들의 거주지다. 화재로 인한 보수 및 증축을 하여 1880년 바로크 양식의 현재 모습을 갖췄다. 초대 수도원장이었던 성 에렌트루데의 묘가 지하에 있다. 예배당 안에는 알브레히트 뒤러가 그린 것으로 추정되는 주제단 장식이 있다. 당대 최고의 스테인드글라스 예술가인 페터 헴멜의 작품도 볼 수 있다. 구시가지에서는 논베르크 슈티게Nonnbergstiege를 통해 가는 것이 가장 가깝다. 아직까지 공권력으로부터 자유로운 곳이다. 유럽 난민 위기 등 정치적 이슈에 따라 내부 방문이 불허될 때도 있다.

© Tourismus Salzburg

**Data** Map 188F
**Access** 레지덴츠플라츠 Resdienzplatz에서 도보 10분 **Add** Nonnberggasse 2, Salzburg **Tel** 662-841-607 **Open** 07:00~19:00(동절기 07:00~17:00) **Cost** 무료 **Web** www. benediktinerinnen.de

**Writer's Pick!** 잘츠부르크 지붕 위의 랜드마크
## 호헨잘츠부르크성 Festung Hohensalzburg | 패스퉁 호헨잘츠부르크

묀히스베르크 산 정상에 지어진 성이자 요새이다. 대주교의 거주지로 사용되기도 했고, 감옥으로 쓰일 때도 있었다. 이곳은 1077년 지어진 후, 단 한 번도 외부의 침략을 받지 않아 보존 상태가 뛰어나다. 영화 〈사운드 오브 뮤직〉의 첫 장면에 등장하며 그 아름다움을 뽐냈다. 잘츠부르크 기념엽서나 장식품에도 호헨잘츠부르크성이 빠지지 않는다. 잘츠부르크의 랜드마크인 셈. 성의 남쪽 전망대에서 바라보는 전망이 끝내준다. 도시의 젖줄, 잘자흐 강을 중심으로 도시 전경이 파노라마처럼 펼쳐진다. 반대편으로는 숨 막히는 알프스 산맥의 절경을 볼 수 있다. 잘츠부르크 카드나 요새 카드를 구입하면 성 내부, 요새 박물관, 마리오네트 박물관 등을 구경할 수 있다. 성까지는 페스퉁반Festungsbahn(푸니쿨라)을 타고 올라가면 되고, 카피텔 광장에 출발역이 있다. 소요시간은 약 3분. 55명 정도 탑승 가능하니, 되도록 일찍 타 창가쪽 자리를 확보하는 것이 좋다. 페스퉁반을 타고 내려올 수도 있으나 시간적 여유가 있다면 걸어내려올 것을 추천한다. 호헨잘츠부르크성벽을 따라 산책길이 잘 마련되어 있다. 두 발로 걸으며 묀히스베르크 산을 오롯이 즐겨보자.

**Data** Map 188F **Access** 레지덴츠플라츠Resdienzplatz에서 도보 4분(페스퉁반 정거장까지 기준) **Add** Mönchsberg 34, Salzburg **Tel** 662-8424-3011 **Open** 호헨잘츠부르크성 09:30~17:00 (5~9월 08:30~20:00) / 페스퉁반 09:00~22:00(7~8월 기준) **Cost** (베이직 티켓: 푸니쿨라 왕복+요새 박물관+마리오네트 박물관) 성인 성인 14유로, 6~14세 5.7유로 / (베이직 티켓+프린스 아파트+매직 시어터) 성인 17.4유로, 6~14세 6.6유로 / 잘츠부르크 카드 소지 시 무료 **Web** www.salzburg-burgen.at

© Tourismus Salzburg

가장 오래된, 가장 친숙한
## 성 베드로 수도원&묘지 Erzabtei St. Peter&Friedhof | 에르자타이 장크트 페터&프리드호프

696년 성 루페르트에 의해 만들어진 것으로 독일어권에서 가장 오래된 수도원이다. 이곳에 있는 성당은 로마네스크 양식으로 1147년 성 루페르트에게 봉헌됐다. 내부는 여러 번의 수리를 거쳐 현재의 로코코 양식을 갖췄다. 1783년 10월, 모차르트 미사곡 다단조가 이곳에서 처음으로 연주됐다. 이때 부인 콘스탄체가 소프라노로 참가했다는 설도 있다. 성 루페르트, 모차르트의 누나 마리아 안나, 요제프 하이든의 동생 미하엘이 이곳에 안치되어 있다. 묘지는 지하묘지와 일반묘지로 나뉜다. 페스퉁스베르크Festungsberg 암벽을 파내고 만든 지하묘지에는 납골당과 2개의 예배당이 있다. 야외에 있는 일반 묘지는 잘츠부르크의 주요 인사들이 묻혀 있다. 잘 꾸며진 공원과 카피텔 광장에 인접한 덕에 관광객에게 인기 있다.

**Data** Map 188E **Access** 레지덴츠플라츠Resdienzplatz에서 도보 4분
**Add** St. Peter Bezirk 1, Salzburg **Tel** 662-844-576 **Open** 수도원 성당 08~12:00, 14:30~18:30 (미사 중에는 입장불가) / 묘지 06:30~19:00(동절기 06:30~17:30) / 지하묘지 10:00~18:00(10월~4월 10:00~17:00) **Cost** 성인 2유로, 6세~15세 1.5유로, 학생 1.5유로, 잘츠부르크 카드 소지 시 무료(일반 묘지는 무료) **Web** www.erzabtei.at

순백의 바로크 성당
## 대학 성당 Kollegienkirche | 콜레긴키르쉬

이름에서 알 수 있듯, 베네딕트회 대학의 교수와 학생을 위한 성당이다. 1694년, 대주교는 보다 큰 공간이 필요하다고 판단, 당대 최고의 건축가 '요한 베른하르트 피셔 폰 에를라흐'에게 의뢰한다. 그는 비엔나 왕실 건축가로 궁정 도서관을 건축하기도 했지만, 바로크 양식의 대학 성당이 그의 최고의 작품으로 평가된다. 대학 광장 멀리서도 눈에 띄는 웅장한 파사드는 바로크 양식의 결정체다. 성당은 알프스 산맥의 눈처럼 안팎이 하얗다. 아무 괴롭힘이나 고뇌도 없었을 것 같은 순백이다. 그러나 이 성당은 아픈 시절을 겪었다. 1800년 나폴레옹 전쟁 때는 건초더미 창고로 쓰였고, 1810년 바이에른 통치 시절에는 대학이 문을 닫고, 성당도 본래의 목적을 상실하여 군대 교회로 잠시 사용되기도 했다. 1964년 잘츠부르크 대학이 재개교하면서, 대학 성당도 본연의 모습으로 되돌아갈 수 있었다. 현재는 미사가 진행되며, 가끔 작은 공연도 열린다.

**Data** Map 188E **Access** 레지덴츠플라츠Resdienzplatz에서 도보 3분 **Add** Universitätsplatz, Salzburg **Tel** 662-841-327 **Open** 10:00~19:00 **Cost** 무료 **Web** www.salzburg.info

💬 | Theme |
## 아름다운 쇼핑 거리

### 게트라이데 거리 Getreidegasse | 게트라이데가세

상점보다 먼저 눈길을 끄는 건 간판. 우산, 열쇠, 장갑, 신발 등
가게의 특징을 표현한 철제 수공 간판들이 걸려 있다. 중세시대 문맹인들을 위한 것이었다. 수공
업 도시였던 잘츠부르크의 센스 돋는 배려가 게트라이데 거리를 아름다운 쇼핑 거리로 만들었다.
고풍스러운 분위기는 마리아 테레지아 여제가 한몫했다. 1745년 그녀가 도시건축물 보존을 명령
했고, 1923년에는 법령이 되었다. 1996년 세계문화유산으로 지정되기 전부터 엄격한 규제와 관
리를 해온 것이다. 250m 길이의 이 거리에는 루이비통, 토즈, 발리 같은 세계적 브랜드부터 전
통의상, 장식품을 살 수 있는 기념품 가게가 빼곡하다. 모차르트 초콜릿이나 소금은 기념품으로
좋다. 에너지 드링크로 유명한 레드불은 잘츠부르크에 본사가 있다. 게트라이데 거리에는 화려
한 스포츠 의상과 소품으로 채운 레드불 월드 매장도 눈길을 끈다. 전 세계 체인 중 가장 예쁜 간
판을 가지고 있는 맥도날드, 노르트제, 모차르트 카페 등 먹거리도 넘친다. 쇼핑하다 출출해지면
어쩌지 하는 걱정은 접어두자. 이 거리 끝자락에 모차르트의 생가가 있다.

**Data** Map 188C

 **잘츠부르크에 왔으면 여기는 필수!**
Writer's Pick!
# 돔콰르티에 잘츠부르크
**DomQuartier Salzburg** | 돔콰르티에 잘츠부르크

돔콰르티에는 대주교가 머물던 궁전 레지덴츠를 중심으로 레지덴츠 광장 주변 건물들을 잇는 복합 구조 박물관이다. 유네스코 세계 문화유산이기도 하다. 지난 수백 년간 베일에 싸여 있던 이 공간은 2014년 5월 대중에게 공개됐다. 15,000㎡의 넓은 공간에 오스트리아 1,300년의 역사, 예술, 기독교 역사를 보여주는 전시품이 가득하다. 3층짜리 건물에 10개 공간으로 이루어져 있다. 무료로 제공되는 오디오 가이드를 들으며 둘러보면 1시간 반 정도 소요된다. 2층 레지덴츠와 대주교 접견실이 시작점. 성 베드로 박물관의 회화는 복도식 롱 갤러리까지 이어진다. 3층에 있는 성당 오르간 갤러리에서는 잘츠부르크 대성당 내부가 한눈에 들어온다. 대성당을 방문했을 때 보지 못했던 장관이 펼쳐지니 놓치지 말자. 북쪽 소예배당에서는 특별 전시가 번갈아 열린다. 레지덴츠 갤러리에는 16~19세기 유럽 작가들의 작품이 전시되어 있다. 다리가 아플 때쯤이면 파노라마 테라스로 가자. 레지덴츠 광장으로 쭉 뻗은 야외 테라스는 커피 한잔 하기에 안성맞춤. 광장 분수는 물론 신 레지덴츠, 모차르트 광장 너머까지 구시가지가 한눈에 들어오는 명당이다.

**Data** Map 188E **Access** 레지덴츠플라츠Resdienzplatz에서 도보 1분 **Add** Residenzplatz 1, Salzburg **Tel** 662-8042-2109 **Open** (9~6월) 수~월 10:00~17:00, 화 휴관 / (7~8월) 월~일 10:00~17:00, 수 10:00~20:00 **Cost** 성인 13유로, 25세 이하 8유로, 6세 이하 무료, 잘츠부르크 카드 소지 시 무료 **Web** www.domquartier.at

## | 신시가지 |

**바로크식 걸작 정원**

Writer's Pick!

### 미라벨 정원 Mirabellgarten | 미라벨가르텐

영화 〈사운드 오브 뮤직〉의 주인공 마리아와 아이들이 '도레미 송'을 부르던 곳. 1606년 볼프 디트리히 대주교가 연인 살로메 알트Slome Alt를 위해 지었으며, 당시는 그녀의 이름을 따 알테나우Altenau라 불렸다. 이후 마르쿠스 시티쿠스 대주교가 미라벨 정원으로 이름을 바꿨다. 그런데, 어떻게 대주교에게 애인이 있지? 라고 의문을 품었다면 당신은 눈치 백단. 대주교는 살로메와 연인 관계가 밝혀져 자리에서 물러났다고. 그 후로 둘은 15명의 아이를 낳고 오래오래 살았단다. 시작은 금지된 사랑이었으나 결말은 해피엔딩. 잔디밭과 보리수 숲, 꽃, 조각상이 황금비율로 어우러지는 정원도 이력이 화려하다. 1690년 바로크 건축의 대가인 요한 피셔 폰 에를라흐Johann Fischer von Erlach가 조성하고, 1730년에 건축가 요한 루카스 폰 힐데브란트Johann Lukas von Hildebrandt가 개조했으나, 1818년 지진과 화재로 무너졌다가 복원됐다. 정원의 백미는 미라벨 정원과 호헨잘츠부르크성이 한눈에 담기는 아름다운 전망! **Don't miss** 하늘로 비상하는 듯한 페가수스 청동상이 있는 분수. 〈사운드 오브 뮤직〉에서 마리아와 아이들이 이 분수를 뱅글뱅글 돌며 도레미 송을 불렀다.

**Data** Map 188C
**Access** 버스 1~3번, 5~6번을 타고 미라벨 정원Mirabellgarten 정류장 하차
**Add** Mirabellgarten, Salzburg **Tel** 662-80-720
**Open** 08:00~16:00
**Cost** 무료 **Web** 음악회 예매 www.viennaconcerts.com/mirabell.php

> **Tip** **미라벨 정원 음악회**
> 매일 저녁 8시에 대주교의 연회장으로 쓰이던 대리석 홀에서 소규모 모차르트 실내악 콘서트가 열린다. 오래전 모차르트 아버지도 여기서 아들, 딸과 함께 연주를 선보였다고. 입장료는 31~37유로로 선. 홈페이지에서 예매 가능하다.

mirabellgarden

잘츠부르크를 가로지르는
### 잘차흐 강 Salzach | 잘자흐

잘츠부르크를 동서로 가르는 잘차흐는 알프스의 만년설이 녹아 만들어진 강이다. 잘차흐를 기준으로 동쪽이 신시가지, 서쪽이 구시가지. 자츠Saatz, 모차르트Mozart 등 강 위에 놓인 다리들 중 구시가지와 신시가지를 오갈 때 가장 많이 건너는 다리는 마카르트Makart. 보행자 전용 아치형 다리로 철 조망 난간에 커플들이 사랑을 맹세하여 채워놓은 자물쇠가 주렁주렁 매달려 있다. 강폭이 좁아 걸어서 건너기에 부담이 없다. 연인과 함께라면 마카르트 다리 위에서 사랑을 속삭여보자. 특히, 마카르트 다리는 잘차흐 강과 호헨잘츠부르크성의 매혹적인 야경 감상의 특등석! 마카르트 다리 앞에서 출발하는 유람선 투어도 있다. 쾌속선을 타고 약 40분 동안 강을 한 바퀴 돌며 잘츠부르크를 감상하는 코스이다. 잘츠부르크 카드가 있으면 유람선 투어도 무료! 계절에 따라 운행 시간이 달라진다.

**Data** **Map** 188C, F **Access** 신시가지에서 구시가지를 바라보고 마카르트 다리 왼편에 선착장에서 유람선 출발 **Add** 유람선 선착장 Makartsteg, Salzburg **Tel** 유람선 8257-6912 **Open** 유람선 운행시간 3~4월 13:00(토~일에 한함), 15:00, 16:00 / 5월 11:00~13:00, 15:00~17:00 / 6월 11:00~13:00, 15:00~18:00 / 7월 11:00~13:00, 15:00~19:00 / 8월 1~15일 11:00~13:00, 15:00~20:00 / 8월 16~31일 11:00~13:00, 15:00~19:00 / 9월 12:00, 13:00, 15:00~17:00 / 10~11월 13:00, 15:00, 16:00 **Cost** 유람선 성인 17유로~ **Web** www.salzburgschifffahrt.at

© Tourismus Salzburg

### 청년 모차르트가 곡을 쓰던 집
## 모차르트의 집
**Mozart Wohnhaus** | 모차르트 본하우스

모차르트가 1773년부터 8년간 살던 집. 구시가
지의 모차르트 생가에 비해 덜 알려졌지만, 모차
르트 팬들은 성지순례하듯 찾는다. 모차르트는
18세부터 25세까지 여기서 자그마치 150곡을
썼다. 모차르트가 비엔나로 떠난 후 아버지 레오
폴드 모차르트는 1787년 이 집에서 생을 마감
했다. 아쉽게도 제2차 세계대전으로 건물이 심
하게 파손돼 옛 모습을 찾아보긴 어렵다. 1996
년 잘츠부르크 시에서 재건, '모차르트 본하우
스'로 개관했다. 특히, 모차르트에게 음악적 영
감을 많이 준 누나 난네를Nannerl에 관한 자료가
많다. 모차르트의 음악이 흘러나오는 오디오 가
이드를 들으며 둘러보면 더욱 와 닿는다.

**Data** Map 188C
**Access** 미라벨 정원Mirabellgarten 에서
도보 4분 **Add** Makartplatz 8, Salzburg
**Tel** 662-874-227-40 **Open** 7~8월
08:30~19:00 / 9~6월 09:00~18:30
**Cost** 성인 12유로, 15~18세 4유로, 6~14세
3.5유로, 잘츠부르크 카드 소지자 무료
**Web** www.mozarteum.at/museen/mozart-
wohnhaus

### 인형들의 오페라
## 마리오네트 극장 Marionetten theater | 마리오네텐 테아터

인형의 각 마디에 실을 매달아 조정하는 마리오네트로 인형극을 선보이는 극장. 인형극은 아이들
전용이라는 편견은 고이 접어 날려도 좋다. 무얼 상상해도 기대 이상. 모차르트의 오페라 '피가로
의 결혼', '마술 피리', 차이코프스키의 '호두까기 인형', 셰익스피어의 '한여름 밤의 꿈' 등 레퍼토리
도 수준급이다. 지금까지 다녀간 관객만 800만 명 이상. 인형극은 1913년 2월 27일 조각가 안톤
아이처Anton Aicher가 취미로 시작했는데, 그의 아들 헤르만 아이처Hermann Aicher 교수가 50년간
(1927~1977년) 마레오네트 극단을 이끌며 인형극을 예술의 경지로 올려놨다. 이후 3대째 명성을
이어 오고 있다. 월~토 하루 2회 공연이 열리며, 홈페이지 및 전화로 예약 가능하다.

**Data** Map 188C **Access** 미라벨 정원Mirabellgarten에서 도보 3분
**Add** Schwarzstraße 24, Salzburg **Tel** 662-872-406 **Open** 오후 공연 16:00, 저녁 공연 19:30
(공연에 따라 다름) **Web** www.marionetten.at

© Tourismus Salzburg

© Tourismus Salzburg

## | Theme |
## 사운드 오브 뮤직 투어 Sound of Music Tour

잘츠부르크는 전 세계 〈사운드 오브 뮤직〉 팬들이 작정하고 찾는 여행지다. 촬영지가 잘츠부르크~잘츠카머구트 일대이기 때문. 사운드 뮤직 투어는 참여하면 미라벨 정원 근처에서 투어 버스를 타고 출발해 반나절 동안 영화 속 배경 5~6곳을 둘러볼 수 있다. 여러 회사에서 진행하는데, 관광 안내소나 미라벨 정원 앞 투어 안내 창구나 홈페이지에서 예약 가능하다.

## 〈사운드 오브 뮤직〉은 어떤 영화?

폰트랍 대령 일가의 실화를 영화화한 고전 할리우드 가족 뮤지컬! 노래하는 견습 수녀 마리아가 음악을 통해 폰트랍 가족(7남매)의 상처를 회복시키고, 대령과 사랑을 꽃피우는 이야기다.

# 사운드 오브 뮤직 투어 미리보기!

### 코스 1 논베르크 수도원 Stift Nonnberg

호헨잘츠부르크 옆 논베르크 수도원(194p 참조)은 마리아가 견습 수녀로 지내던 곳. 영화 속에서 여러 번 등장하지만 투어에서는 멀리서 보고 스쳐 지나간다.

### 코스 2 폰트랍 대령의 집, 레오폴드스크론궁 Schloss Leopoldskron

영화 속 폰트랍 대령의 저택은 호숫가 레오폴드스크론궁. 1736년에 착공해 1744년에 완공된 성으로, 호수와 어우러진 풍광이 그림 같다. 내부는 폭스사의 LA 스튜디오에서 찍고 테라스 신만 여기서 촬영했다. 일곱 아이들이 커튼 옷을 입고 마리아와 뱃놀이를 하다가 물에 빠지는 장면의 배경도 바로 이곳. 지금은 B&B가 됐다.

### 코스 3 헬브룬 궁전의 가제보 Gazebo, Schloss Hellbrunn

1615년 마쿠스 시티쿠스 대주교의 여름 별장으로 지어진 헬브룬 궁전은 곳곳에 우스꽝스러운 조각상과 장난기 넘치는 분수가 있는 '물의 정원'으로 유명하다. 하지만 사운드 오브 뮤직 투어의 최종 목적지는 정원에 놓인 서양식 정자, 가제보! 폰트랍의 맏딸 리즐이 남자친구 롤프와 가제보를 빙글빙글 돌며 춤을 추던 장면을 여기서 찍었다. 그때 불렀던 노래가 바로 "I am sixteen, going on seventeen". 폰트랍 대령이 마리아에게 청혼한 곳도 바로 이곳이다. 원래부터 있던 게 아니라 영화 세트를 촬영 팀이 헬부른 궁전에 기증했다고.

### 코스 4 장크트 길겐 St. Gilgen

영화의 오프닝을 장식한 호숫가 마을. 장크트 길겐으로 가는 길에 눈부신 호수가 경관을 자랑한다. 그중 장크트 길겐을 굽어보는 언덕에 버스를 세우고 잠시 포토타임을 갖는다. 아쉽게도 먼발치에서 바라보기 수준. 볼프강 호수 너머 만년설을 얹고 있는 샤펜베르크 산이 영화 포스터의 배경이다.

### 코스 5 몬트제 Mondsee

볼프강 호수 북쪽, 몬트제 호숫가의 작은 마을 몬트제에는 '사운드 오브 뮤직'의 폰트랍 대령과 마리아가 결혼식을 올린 미카엘 성당이 있다. 영화 클라이막스의 배경이 된 이곳에서 자유시간을 갖게 된다. 레몬빛 성당의 외관은 소박해도 내부는 무척 화려하므로 성당의 내부를 둘러보고 주변 카페에서 커피 한잔 하다 보면 시간이 훌쩍 간다.

---

**파노라마 투어** *Panorama Tour*

**Data** Access 미라벨 정원Mirabellgarten 맞은편 키오스크 앞에서 버스 출발
Tel 662-883-211 Open 하루 2회(약 5시간 소요)
Cost 60유로~ Web www.panoramatours.com/en/

💬 | Theme |

## 스티글 브라우벨트를 찾아서

*잘츠부르크 대표 로컬 맥주는 스티글. 모차르트가 즐겨 마신 맥주로도 유명하다. 중심가에서 멀지 않은 곳에 양조장과 맥주 박물관이 함께 있는 스티글 브라우벨트가 있다. 잘츠부르크 카드만 있으면 무료 입장이니, 맥주 애호가에겐 양조장에서 신선한 맥주를 시음해볼 수 있는 절호의 찬스다.*

## | 양조장 투어 |

### 스티글 양조장&맥주박물관 Stiegl Brauwelt | 슈티글 브라우벨트

스티글의 역사는 코페르니쿠스가 '지구는 둥글다'를 주장하던 시절로 거슬러 올라간다. 1492년 잘츠부르크 구시가지의 '계단이 있는 작은 집Das Haus Bey der Stiegen'에서 맥주를 빚기 시작해, 지금의 '스티글Stiegl(독어로 계단)' 맥주가 됐다. 유서 깊은 스티글 맥주의 양조 과정을 둘러볼 수 있는 곳이 바로 스티글 브라우벨트! 세월이 흘러 장비는 현대화됐지만, 방식만큼은 수세기 전 전통을 따른다. 입장료를 내면 과자(안주용)와 시음 티켓, 스티글 머그잔을 선물로 준다. 가이드 투어 참여 시 박물관에서 맥주 양조 과정에 대해 살펴본 후 가이드의 상세한 설명을 들으며 양조장 시설을 둘러본다. 가이드 투어는 영어, 독일어 두 가진데 영어 투어는 하루 1회뿐. 시간이 맞지 않다면 셀프 박물관 관람 후 시음을 해도 된다. 레스토랑에선 바이젠, 메르첸, 필스너, 라들러 등 다양한 맥주 중 원하는 3종을 시음할 수 있다. 식사 메뉴는 별도로 주문해야 한다. 화창한 날엔 야외 비어가르텐도 분위기가 그만이다.

**Data** Map 188E
**Access** 1번 또는 10번 버스를 타고
브로이하우스스트라세Bräuhausstraße역 하차 후
도보 5분 **Add** Bräuhausstraße 9, Salzburg
**Tel** 662-83-870
**Open** 박물관&양조장 7~8월 10:00~19:00 /
1~6월, 9~12월 10:00~17:00 /
영어 가이드 투어 15:00 / 레스토랑 10:00~22:00
**Cost** (박물관+맥주 3종 시음+기념품) 성인 12.9유로,
잘츠부르크 카드 소지자 무료 **Web** brauwelt.at

# EAT 🍽

## | 구시가지 |

**Writer's Pick!** 잘츠부르크 커피하우스의 조상님
### 카페 토마셀리 Cafe Tomaselli

무려 1700년에 문을 연, 잘츠부르크에서 가장 오래 된 카페다. 현 위치로 옮긴 것은 1764년, 카를 토마셀리가 인수한 것은 1852년이다. 그때부터 160년 넘게 토마셀리 가족이 운영 중이다. 알터 마르크트Alter Markt의 간판이자, 잘츠부르크의 명물. 단골손님을 열거하기 입 아플 정도이다. 모차르트는 물론, 작가 헤르만 바르와 휴고 폰 호프만슈탈, 막스 라인하르트가 이곳을 사랑했다. 현지인들은 이곳의 멜랑쥐를 최고로 친다. 최고령 커피하우스답게 다른 커피도 일품. 토마셀리의 케이크는 40여 종이 넘는다. 달콤함과 편안함은 카페다메 Kaffeedame라 불리는 여성 종업원들이 책임진다. 하얀 앞치마를 두르고, 커다란 쟁반이 넘치도록 케이크를 들고 다닌다. 손님들은 테이블에 앉아 깊은 커피 향에 젖어있으면 된다.

**Data** Map 188E **Access** 레지덴츠플라츠Resdienzplatz에서 도보 2분 **Add** Alter Markt 9, Salzburg **Tel** 662-844-4880 **Open** 월~토 07:00~19:00, 일 08:00~19:00 **Cost** 멜랑쥐 4.4유로, 아인슈페너 4.3유로, 케이크(조각) 4.4유로, 토마셀리토르테 4.4유로 **Web** www.tomaselli.at

### 마약 핫도그
### 보스나 그릴 Bosna Grill

한마디로 제일 맛있는 핫도그 집이다. 보스나 그릴이라 불리는 이 핫도그는 돼지 소시지에 양파, 파슬리, 비밀 향신료 가루를 뿌려 준다. 불가리아가 고향이고, 발칸 그릴이라고도 한다. 1950년부터 명성을 이어온 이곳은 커리 가루가 포인트. 살짝 구워 겉은 바삭, 안은 폭신한 빵에 넉넉한 소시지. 한 번도 안 먹어본 사람은 있지만, 한 번만 먹은 사람은 없을 정도로 중독성이 강하다. 조그마한 창문으로 주문하면 뜨끈한 보스나 그릴을 준다. 앉을 자리 없이 작지만 게트라이데 거리에서 누구나 인정하는 맛집이요, 잘츠부르크 최고의 간식거리다.

**Data** Map 188C **Access** 레지덴츠플라츠Resdienzplatz에서 도보 6분 **Add** Getreidegasse 33, Salzburg **Tel** 662-841-483 **Open** 월~일 11:00~18:30 **Cost** 보스나 4.3유로 **Web** www.hanswalter.at

**Writer's Pick!**

달콤한 모차르트를 만나자
**카페 퓌르스트** Cafe Fürst

모차르트 초상화가 그려진 수제 초콜릿 '모차르트쿠겔 Mozartkugel'은 이곳이 원조다. 1884년에 파울 퓌르스트가 만든 레시피를 증손자가 이어받아 만들고 있다. 레시피는 특급 비밀. 초콜릿을 보석으로 둔갑시킨 고급스런 은색 포장지를 벗겨보자. 완벽한 공 모양이 아니라 한쪽이 봉긋이 올라와 있다. 이것이 바로 수제라는 증거. 막대를 연결해 손으로 잡고 초콜릿을 씌운 것이라 그 자국이 남아 있는 것이다. 한입 베어 물면 입꼬리가 올라간다. 진한 카카오가 입안을 장악한다. 피스타치오의 향, 아몬드의 고소함, 캐러멜의 달콤함이 완벽한 하모니를 이룬다. 식품 보존제를 사용하지 않는다니 마음저 달달하다. 퓌르스트는 잘츠부르크에 총 네 곳에 있다. **Don't miss** 모차르트쿠겔을 대량 구매할 것. 친구들의 환호가 들리는가. **Bad** 장사 잘되는 곳에 비애랄까. 메뉴 선택, 계산, 자리 잡기, 뭐 하나 빨리 되는 것이 없다.

**Data** Map 188E
**Access** 레지덴츠플라츠 Resdienzplatz에서 도보 2분
**Add** Alter Markt, Brodgasse 13, Salzburg
**Tel** 662-843-7590
**Open** 월~토 09:00~19:00, 일 10:00~17:00
**Cost** 모차르트쿠겔 개당 1.4유로로 (25개입 상자 43.9유로로), 에스프레소 3.6유로로, 멜랑쥐 4.5유로로
**Web** www.fuerst.cc

## 포근한 식사를 원하세요?
### 헤르츨 s'Herzl

600살을 가뿐히 넘긴 5성급 호텔에 있다. 턱시도라도 입고 가야 하나 싶지만, 막상 입구에 서면 간판을 재차 확인하게 된다. 너무 소박하다. 게다가 반지하니 눈을 의심할 수밖에. 세월을 말해주는 나무 천장과 바닥 그리고 손때 묻은 기둥이 편안한 분위기를 만든다. 햇살이 하얀 테이블보에 쏟아지고, 직원들은 햇살보다 밝은 미소로 손님을 맞는다. 오스트리아 전통 메뉴인 팬케이크 수프, 프리타텐주페로 여행의 피로를 날리자. 슈니첼은 송아지도 좋고, 야생 돼지도 맛있다. 대부분의 음식 양이 넉넉하다. 카라얀, 번스타인 같은 단골손님들의 사진이 여기저기 걸려 있다. **Don't miss** 점심 특선코스 메뉴가 합리적 가격에 준비되어 있다. **Bad** 전통의상 입은 여직원들이 너무 예쁘다는 거?

**Data** Map 188C
**Access** 레지덴츠플라츠Resdienzplatz에서 도보 6분 **Add** Getreidegasse 37, Salzburg **Tel** 662-808-40 **Open** 11:30~22:00 **Cost** 평일 점심특선 코스 15유로, 일요일 런치 코스 34유로, 송아지 슈니첼 26유로, 트러플 리소토 24유로 **Web** www.restaurantherzl.com

## 현지인들이 사랑하는 파란 거위
**블라우에 간스** Blaue Gans

(Writer's Pick!)

파란 거위라는 뜻의 블라우에 간스. 현지인들이 추천하는 맛집이다. 디자인 호텔의 레스토랑답게 모던한 바가 먼저 맞이한다. 안쪽으로 들어가면 수백 년 전으로 돌아간 듯, 입구와 전혀 다른 느낌이다. 역시! 660년 된 건물의 낮은 흰색 아치형 천장 아래 흰색 테이블보, 흰색 의자가 놓여 있다. 깔끔한 실내에 깔끔한 흰색 셔츠를 입은 직원들이 물처럼 흘러 다닌다. 메뉴는 20여 개 남짓, 선택과 집중이 돋보인다. 전통메뉴를 현대적으로 재해석했다. 식전 빵부터 이 집의 내공이 느껴진다. 맑은 국물에 팬케이크를 국수처럼 썰어 넣은 프리타텐주페는 콘소메의 정수를 보여준다. 우리에게 친숙한 리소토도 강추 메뉴. **Don't miss** 평일 점심에는 매일 다른 파스타가 제공된다. **Bad** 관광객에게는 많이 알려지지 않았지만, 현지인들의 사랑방. 예약은 필수다.

**Data** Map 188C **Access** 레지덴츠플라츠 Resdienzplatz에서 도보 6분 **Add** Getreidegasse 41-43, Salzburg **Tel** 662-842-4910 **Open** 12:00~24:00 (일 휴무) **Cost** (런치 기준) 프리타텐주페 8유로, 슈니첼 29유로, 보리 리소토 24유로, 로스티드 램 39유로, 오리가슴살 스테이크 38유로 **Web** www.blauegans.at

## 별빛 한 입, 맥주 한 모금
**스티글켈러** Stieglkeller

스티글은 오스트리아에서 제일 오래되고, 가장 큰 맥주 생산사다. 일명 '잘츠부르크의 맥주', '모차르트의 맥주'로도 유명하다. 호헨잘츠부르크성으로 올라가는 언덕에 스티글켈러가 있다. 지하 저장고를 뜻하는 켈러답게 다양한 스티글 맥주를 판다. 필스Pils, 복Bock, 밀과 보리를 섞은 바이스Weisse부터 과일향이 나는 것까지 15종이 넘는다. 스티글은 잘츠부르크의 막스글란Maxglan 지역에서만 생산하니 일률적인 품질은 기본. 이왕이면 넓직한 정원에서 마셔보자. 이곳은 잘츠부르크 최고의 전망을 가진 비어 가든이다. 시내가 한눈에 들어온다. 특히 여름밤에는 앉을 자리가 없을 정도로 사람이 많다. 1천 명 넘는 규모의 파티도 무난히 소화하는 곳이며 음식도 기본 이상이다. 소시지, 슈니첼, 닭튀김 등 다양한 메뉴가 있다.

**Data** Map 188F **Access** 레지덴츠플라츠Resdienzplatz에서 도보 6분 **Add** Festungsgasse 10, Salzburg **Tel** 662-842-681 **Open** 월~금 11:30~22:00, 토~일 11:00~22:00 **Cost** 슈티글 맥주(500mL) 4.2유로~, 슈니첼 20유로, 모둠 소시지 11.5 유로, 굴라쉬 12.5유로 **Web** www.restaurant-stieglkeller.at

💬 | Theme |

## 모차르트 디너 콘서트 Mozart Dinner Concert

모차르트의 도시에 왔으니, 모차르트 음악에 흠뻑 젖어봐야 할 터. 저녁식사를 하며 모차르트 음악을 즐길 수 있는 '모차르트 디너 콘서트'는 장크트 페터 슈티프트켈러St. Peter Stiftskeller 가 제일 유명하다. 성 베드로 수도원Erzabtei St. Peter 내부에 있는 이 레스토랑은 1,600년 전부터 운영되었다. 역사만큼 많은 유명 인사들이 방문했고, 이들의 사진이 복도를 채우고 있다. 클린턴, 푸틴 대통령부터 칼 라거펠드 등의 영화배우들까지 셀 수 없을 정도. 2층 연회홀은 중세시대 궁전 같은 분위기를 띤다. 조명이 어두워지고 실내악 앙상블팀이 시작을 알린다. 이어 남녀 성악가가 오페라의 아리아를 노래한다. 모차르트의 '마술 피리', '돈조반니', '피가로의 결혼'이 레퍼토리다. 우리에게 친숙한 곡이라 마음이 편하고, 세계적 음악 대학인 모차르테움을 졸업한 음악가들의 연주라서 더욱 귀가 즐겁다. 입을 즐겁게 하는 3코스 메뉴가 연주와 연주 사이에 제공된다. 관광객을 대상으로 수준 미달 연주, 그저 그런 음식을 파는 곳이라는 걱정은 접어두자. 여긴 잘츠부르크다.

**Data** Map 188E
**Access** 레지덴츠플라츠Resdienzplatz에서 도보 8분
**Add** St. Peter Stiftskeller, St. Peter Bezirk 1/4, Salzburg
**Tel** (레스토랑) 662-841-2680(예매 관련) 662-828-695
**Open** 19:30 (비수기 주 3~4회, 상세 내용은 홈페이지 참고)
**Cost** (콘서트+디너) 성인 78유로, 4~14세 63유로, 학생(26세 이하) 63유로 **Web** (레스토랑) www.stpeter-stiftskeller.at
(예매) www.mozart-dinner-concert-salzburg.com

# | 신시가지 |

### 로컬들의 사랑방
**안드레아스 호퍼 바인스투베** Andreas hofer Weinstube

신시가의 슈타인 가세 안 깊숙이 숨어 있는 유서 깊은 와인주점. 100년 넘게 잘츠부르크 사람들의 사랑을 받아왔다. '와인바'보다 '주점'으로 불리는 이유는 떠들썩한 분위기에 와인, 맥주 그리고 양이 푸짐한 음식을 저렴하게 즐길 수 있기 때문. 특히, 엄선한 와인 리스트는 이곳의 자랑이다. 단, 예약 없이 가면 합석을 해야 할 수도.

**Data** Map 188D **Access** 미라벨 정원Mirabellgarten에서 도보 11분
**Add** Steingasse 65, Salzburg **Tel** 662-872-769 **Open** 월~토 18:00~01:00, 일 휴무
**Cost** 수프 4.4~5.9유로, 슈니첼 15.9~21.9유로 **Web** www.dieweinstube.at

### 웰컴 투 레드불 월드
**항가 지벤** Hangar-7

레드불 본사에서 잘츠부르크 공항 옆, 격납고를 비행기 박물관과 레스토랑, 바로 변신시켰다. 스타 셰프 크리스토터 코스토우가 이끄는 레스토랑 '이카루스'도 유명하지만, 비행기 박물관을 내려다보며 독특한 메뉴를 맛볼 수 있는 '메이데이 바'도 인기. **Don't miss** 위트가 넘치는 메이데이 메뉴! 이를테면, 캥거루 버거. 오스트리아와 오스트레일리아를 헷갈려 하는 관광객을 위한 메뉴랄까. 맛도 일품이다. **Bad** 잘츠부르크 구시가와 먼 위치.

**Data** Map 188E **Access** 10번 버스를 타고 잘츠부르크 카롤링거스트라세Salzburg Karolingerstraße 역
하차 후 도보 8분 **Add** Wilhelm-Spazier-Straße 7a, Salzburg **Tel** 662-21-970 **Open** 비행기 박물관
09:00~22:00, 메이데이 바 월~목 12:00~24:00, 금~토 12:00~01:00,이카루스 금~일 12:00~14:00,
19:00~22:00, 월~목 19:00~22:00 **Cost** 비행기 박물관 무료 **Web** www.hangar-7.com

### 역사를 마신다
**가블러브로이** Gablerbräu

100년 넘는 전통을 자랑하는 하우스비어 홀. 가블러브로이에서 직접 만든 대표 맥주는 향긋한 과일향의 가블러 츠비클Gabler-Zwickl이다. 허브향이 상쾌한 밀맥주, 에델바이스 드래프트도 추천. 버거부터 스테이크, 타코, 비프 립, 로스트 치킨 등 맥주 맛을 돕는 고기 메뉴도 다채롭다. **Don't Miss** 클래식함과 모던함이 공존하는 오묘한 인테리어. 컨셉이 다른 세 종류의 룸으로 나뉜다. 마음에 드는 공간에서 맥주를 즐겨보자.

**Data** Map 188C **Access** 미라벨 정원Mirabellgarten에서 도보 6분
**Add** Linzer Gasse 9, Salzburg **Tel** 662-88-965 **Open** 11:30~22:00
**Cost** 타코 12.5유로~, 버거 14.5유로, 비프 립 26.5유로~
**Web** www.gablerbraeu.at

# SLEEP

**중세의 공간, 최고의 휴식**
## 호텔 슐로스 묀흐슈타인 Hotel Schloss Mönchstein

묀히스베르크 산 정상, 660년 전에 지어진 고성이 호텔로 재탄생했다. 동화의 한 장면이 따로 없다. 중세시대로 시간이동한 것만 같은 객실 24개. 각기 다른 디자인이지만 중후함이 묻어난다. 아침엔 산 밑 대성당 종소리에 눈을 뜬다. 숲속을 거닐며 아침 산책을 하고 돌아오면, 고-미요Gault Millau가 인정한 셰프의 식사가 준비되어 있다. 특별한 추억을 위한 커플 여행이라면 타워 스파이어 Tower Spire를 강추! 고성의 첨탑에 테이블이 하나. 셰프가 둘만을 위해 요리한다. 구시가지로 내려갈 때는 운동 삼아 걸어가도 좋고, 묀히스베르크 엘리베이터를 타도 좋다. 한겨울에도 36도를 유지하는 야외 자쿠지도 있다. 몸을 담그고 잘츠부르크 시내를 내려다보면 천국이 따로 없다.

**Data** Map 188C **Access** 묀히스베르크 엘리베이터 정거장에서 도보 8분 **Add** Mönchsberg Park 26, Salzburg **Tel** 662-848-555 **Cost** 더블룸 수페리어 414유로~, 타워 듀플렉스 495유로, 더블룸 디럭스 576유로~, 주니어 스위트 837유로~ **Web** www.monchstein.at

**합리적 가격, 합리적 위치, 똑똑한 선택**
## 스타 인 호텔 프리미엄 잘츠부르크 가블러브로이

### Star Inn Hotel Premium Salzburg Gablerbräu

신시가지에 있는 합리적 가격 호텔. 잘츠부르크와 비엔나 지역에 6개 체인이 있으니 시설과 서비스는 걱정하지 않아도 된다. 2012년에 문을 열어 깨끗하고 모던한 인테리어다. 객실은 불필요한 장식을 배제하고, 필요한 것만 빠짐없이 채워 넣었다. 객실만큼 깔끔한 조식도 매력 중 하나. 미라벨 정원까지는 느린 걸음으로 5분이면 충분하고, 호텔 앞 슈타트브뤼케Staatsbrucke 다리를 건너면 바로 구시가지다. 이 다리에서 바라보는 호헨잘츠부르크성과 구시가지 전경은 놓치지 말 것. 호텔 주변에는 레스토랑, 펍, 아기자기한 소품 숍이 즐비하다. 로비 옆 바는 24시간 운영하고 간단한 먹거리도 제공한다.

**Data** Map 188C **Access** 레지덴츠플라츠Resdienzplatz에서 도보 9분 **Add** Richard-Mayr-Gasse 2, Salzburg **Tel** 662-879-662 **Cost** 스탠다드룸 142유로~, 수페리어룸 160유로~ **Web** www.starinnhotels.com

# 잘츠카머구트

## SALZKAMMERGUT BY AREA

오스트리아에는 바다가 없다. 대신 수많은 호수가 있다. 잘츠부르크의 동쪽, 잘츠 카머구트에는 해발 2,000m가 넘는 알프스의 봉우리 사이로 76개의 호수가 반짝인다. 호숫가마다 둥지를 튼 소도시들이 저마다의 매력을 발산한다. 영화 〈사운드 오브 뮤직〉의 배경이 된 장크트 길겐&장크트 볼프강, 동화 속 마을 같은 할슈타트, 황제가 사랑한 온천 도시 바트 이슐, 호수 위에 세운 고성이 돋보이는 그문덴. 그저 넋을 놓고 바라보게 되는 풍경의 연속이다.

Salzkammergut
# PREVIEW

*잘츠카머구트를 설명하는 3가지 키워드는 '호수, 휴양, 소금'.*
*옛 왕가의 휴양지, 바트 이슐을 비롯해 볼프강 호숫가의 장크트 길겐&장크트 볼프강,*
*호수를 품은 마을 할슈타트, 트라운 호수 끝자락 그문덴은 낭만적인 휴양지로*
*사랑을 받아왔다. 일대에 포진한 암염 광맥 덕에 일찍이 소금 광산과 무역이*
*발달했다. 그중 할슈타트 소금 광산은 세계 최초로 손꼽힌다.*

**SEE**

관광객들이 성수기에 밀물처럼 몰려왔다 썰물처럼 빠져나가는 호숫가 마을 할슈타트 외에도 볼 만한 소도시가 많다. 츠뵐퍼호른 케이블카와 샤펜베르크반을 타고 대자연의 품에 안길 수 있는 장크트 길겐&장크트 볼프강, 황제의 별궁이 있는 바트 이슐, 도자기의 수도라 불리는 그문덴이 그 주인공. 어딜 가나 로맨틱하지만, 트라운 호수 한가운데 백조처럼 떠 있는 오트르성(254p)은 로맨틱한 풍경에 정점을 찍는다.

**EAT**

잘츠카머구트의 별미는 낚시꾼이나 사냥꾼이 갓 잡은 물고기, 사슴으로 만든 요리다. 특히, 가을~겨울은 사슴고기가 제철이다. 맛을 돋우는 와인과 함께라면 금상첨화다. 디저트까지 욕심낸다면, 카페와 베이커리가 발달한 바트 이슐이 빠질 수 없다. 바트 이슐의 대표 디저트, 차우너스톨렌Zaunerstollen(232p)은 한입 베어 문 순간, 바삭한 달콤함에 푹 빠지게 되는 마성의 맛! 크기가 작고 유통기한이 길어 선물용으로 굿!

**BUY**

잘츠카머구트를 통틀어 가장 유명한 아이템은 오스트리아 국민 그릇, 그문덴 도자기(255p)되시겠다. 센스 돋는 쇼핑 스폿은 바트 이슐에 집중돼 있다. 스타일 살려주는 수제 모자 숍 비트너 휘테(234p)나 톡톡 튀는 디자인의 선물 가게 로밧츠(234p) 등이 유명하다.

**SLEEP**

대부분 잘츠부르크와 비엔나 일정 사이 잘츠카머구트를 들르는데, 어떤 코스로 여행하느냐에 따라 어디서 묵을지도 달라진다. 잘츠부르크→바트 이슐→ 할슈타트→그문덴→비엔나 코스라면 호텔과 레스토랑 선택의 폭이 넓은 바트 이슐과 그문덴에서의 1박을 추천. 고즈넉한 호숫가 마을에서 하룻밤을 경험해보고 싶다면 할슈타트나 장크트 길겐에서 묵으면 딱이다.

# 장크트 길겐 & 장크트 볼프강
## St. Gilgen & St. Wolfgang

〈사운드 오브 뮤직〉의 배경이 됐을 만큼 경관이 빼어나다. 장크트 길겐과
장크트 볼프강 여행이 설레는 또 다른 이유는 옥빛 볼프강 호수를 감싸는
수려한 산들. 빈티지 케이블카를 타고 츠뵐퍼호른산 위로 슝 날아오를 수도
있고, 유람선으로 볼프강 호수를 건너 빨간 산악열차를 타고 샤펜베르크에
오를 수도 있다. 그렇게 꿈같은 여정이 현실이 된다. 여기에 모차르트
어머니와 누나의 이야기가 더해지니 여행이 더욱 풍성해진다.

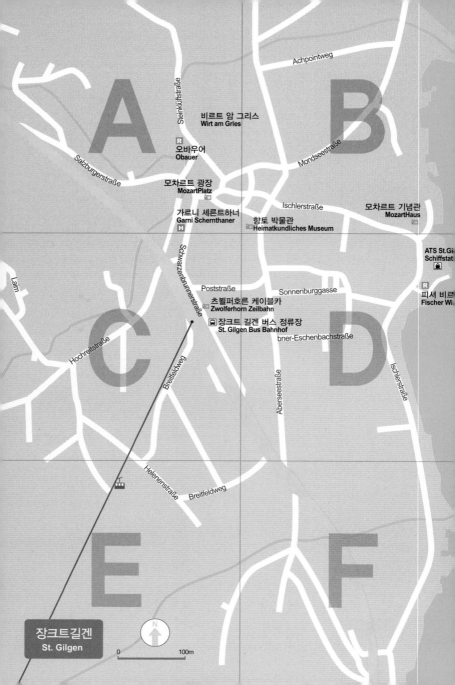

## 어떻게 갈까?

기차역이 따로 없다. 잘츠부르크나 바트 이슐에서 갈 경우 포스트버스를 이용해야 된다.

---

### 버스PostBus

- **잘츠부르크 → 장크트 길겐**
  잘츠부르크 중앙역 앞 쥐트티롤러 광장에서 포스트버스 150번을 타면 약 50분 소요된다.
- **바트 이슐 → 장크트 길겐**
  바트 이슐 기차역 앞 버스 터미널에서 포스트버스 150번을 타면 약 40분 소요된다.

---

**장크트 길겐 버스 정류장**St. Gilgen Bus Bahnhof
터미널이 아니라 간이 정류장이다. 장크트 길겐에 정류장이 여럿이니 정류장 이름이 독어로
'장크트 길겐 부스 반호프St. Gilgen Bus Bahnhof'인지 확인하고 내릴 것.
**Data** Map 216C
**Add** Konrad-Lesiak-Platz 9, St. Gilgen **Web** www.postbus.at

---

 ## 어떻게 다닐까?

장크트 길겐 도보로 충분히 이동가능하다. 버스 정류장에 내리면 바로 옆이 츠뵐퍼호른 케
이블카 타는 곳이고, 내리막길을 따라 내려가면 마을과 선착장이 나온다.

### 장크트 길겐 ↔ 장크트 볼프강

유람선이나 150번 버스를 타면 된다. 여행자들에게 인기 있
는 것은 단연 유람선으로 소요시간은 약 35분. 운행 시간은
선착장(전광판) 및 홈페이지에서 확인 가능하다.

ST. WOLFGANG STROBL

---

**INFO**
**볼프강 호수 관광안내소 장크트 길겐**Wolfgangsee Tourist Information St. Gilgen
**Data** **Access** 장크트 길겐 버스 정류장에서 도보 10분
**Add** Mondsee Bundesstraße 1a, St. Gilgen
**Open** 월~금 09:00~19:00, 토 09:00~18:00, 일 10:00~17:00(7~8월 기준, 타 기간은 홈페이지 참조)
**Tel** 6227-2348 **Web** www.wolfgangsee.at

# SEE

## | 장크트 길겐 |

**빈티지 케이블카 타고 하이킹 천국으로!**
**츠뷜퍼호른 케이블카** Zwolferhorn Seilbahn | 츠뷜퍼호른 자일반

옥빛 볼프강 호수를 병풍처럼 두른 알프스의 진면목을 보려면 츠뷜퍼호른 케이블카를 타야 한다. 영화 〈그랜드 부다페스트 호텔〉에서 툭 튀어나온 듯 빈티지한 4인용 케이블카에 오르면 15분 만에 해발 1,552m 정상에 도착한다. 색색의 케이블카에서 바라보는 전망은 아찔하지만, 50년 넘게 무사고이니 안심해도 좋다. 정상에 서면 '12개의 산봉우리'라는 뜻의 츠뷜퍼호른 이름에 걸맞게 수많은 고봉들이 지평선을 이루는 것을 볼 수 있다. 곳곳에 벤치가 있고, 케이블카 정류장에 카페도 있어 쉬어 가기도 좋다. 여름엔 대자연 속 하이킹, 겨울에는 고운 눈 위의 스키를 만끽할 수 있다. 하이킹 코스는 난이도별로 다양하니, 시간과 체력에 맞게 고를 것. 노란 표지판만 따라 걸으면 길 헤맬 염려는 없다. **Bad** 한국인 단체 관광객 대부분이 츠뷜퍼호른 케이블카를 타기 위해 장크트 길겐을 찾는다. 여기가 알프스인지 설악산인지 헷갈릴 정도.

**Data** Map 216C
**Access** 장크트 길겐 버스 정류장St.Gilgen Busbahnhof에서 도보 1분
**Add** Konrad-Lesiak-Platz 3, St. Gilgen **Tel** 6227-2350
**Open** 09:00~17:00 **Cost** 왕복 성인 33유로, 아동 19유로
**Web** www.12erhorn.at

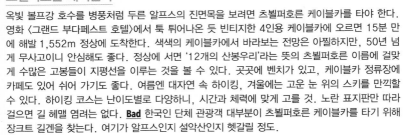

> **Tip** **츠뷜퍼호른 정상에서 신라면을?**
> 정상의 케이블카 정류장 카페에서 봉지 라면을 보글보글 끓여서 판다. 가격은 융프라우 카페의 컵라면(8스위스 프랑)에 비하면 반값 수준인 4.5유로. 단, 김치가 같이 나오지 않고 계란도 안 넣어준다.

© 12erhorn-Blick-St. Gilgen

**장크트 길겐의 중심**
## 모차르트 광장 Mozartplatz | 모차르트플라츠

장크트 길겐은 모차르트의 일생에 막대한 영향을 끼친 두 여인이 살던 곳이다. 모차르트의 어머니가 여기서 태어났고, 모차르트와 연주 여행을 함께했던 누나 난네를Nannerl은 결혼 후 17년간 이곳에서 살았다. 그래서 장크트 길겐의 시청 앞 광장 이름도 모차르트플라츠다. 창가에 붉은 꽃이 드리운 크림색 중세풍 시청 앞에는 바이올린 연주에 몰두한 모차르트의 동상이 세워져 있다. 자세히 보면 소년 모차르트는 바이올린을 켜고, 새들은 물을 뿜어내는 어여쁜 분수대이다. 시청 옆으로 카페, 은행 등의 건물들이 작고 동그란 광장을 빙 두르고 있다. 시청과 분수대를 배경으로 예쁜 기념사진 한 장 남겨보자.

**Data** Map 216A **Access** 장크트 길겐 버스 정류장St. Gilgen Busbahnhof에서 도보 4분
**Add** MozartPlatz 5340, St. Gilgen

**모차르트 어머니의 생가**
## 모차르트 기념관 Mozart Haus | 모차르트 하우스

모차르트 어머니의 생가가 모차르트 기념관이 됐다. 이름과 달리 내부 전시는 천재 음악가 동생의 그늘에 가린 누나 난네를의 삶을 재조명한다. 그녀는 뛰어난 피아노 연주자였지만, 모차르트가 비엔나로 떠나고 어머니가 돌아가시자 아버지를 부양하며 청춘을 보냈다. 33살이 돼서야 아이 다섯 딸린 홀아비 남작과 결혼, 장크트 길겐으로 이사해 아이 8명을 키우며 17년을 살았다. 남편이 세상을 떠나자 잘츠부르크로 돌아가 피아노 레슨을 하며 훗날 모차르트 전기의 핵심이 될 자료를 정리하며 여생을 보냈다고. 1829년, 78세에 눈이 멀어 생을 마감했다. **Bad** 아쉽게도 기념관은 주말 오전에만 오픈한다. 주중이라면 외관만 보고 돌아서는 수밖에.

**Data** Map 216B **Access** 장크트 길겐 버스 정류장St. Gilgen Busbahnhof에서 도보 7분 **Add** Ischlerstrasse 15, St. Gilgen **Tel** 6227-20-242 **Open** 토·일 10:00~12:00 **Cost** 성인 6유로, 학생 4유로 **Web** www.mozarthaus.info

## | 장크트 볼프강 |

**최고의 휴양지, 반짝이는 옥빛 호수**
**볼프강 호수** Wolfgang See | 볼프강제

길이 10.5km의 호수로, 10세기 후반 성 볼프강 주교가 근처에 세운 교회에서 유래된 이름이다. 장크트 길겐St. Gilgen, 장크트 볼프강St. Wolfnag, 스트로블Strobl, 아버제Abersee 등의 마을이 에워싸고 있다. 장크트 길겐 출신 어머니의 영향으로 모차르트도 볼프강 호수의 아름다움에 매료되어 본인 이름에 볼프강을 넣었다는 이야기도 있다. 장크트 볼프강은 오스트리아 부자들의 휴양지로도 유명하다. 왕이 바트 이슐에서 여름휴가를 보낼 때, 30분 떨어진 장크트 볼프강에서 친인척들이 휴가를 보낸 것이 시초. 인구 2천800명의 작은 동네이지만, 하루 3천 명이 숙박 가능하다. 잘츠카머구트 지역에서 가장 아름다운 크리스마스 마켓이 열리는 것으로 유명하다. 장크트 볼프강은 장크트 길겐에서 유람선 쉬파르트Schifffahrt를 타고 오는 게 좋다.

**Data** Map 220A
**Access** 장크트 길겐에서 유람선 쉬파르트 탑승 후 장크트 볼프강 마을 초입(장크트 볼프강 마르크트 St.Wolfgang Markt)까지 45분, 산악열차 매표소 (샤프베르크반SchafbergBahn)까지 35분 소요 / 오스트리아 동쪽 지역에서 이동하는 경우, 스트로블 Strobl에서 546번 버스로 마을 진입 가능
**Add** Markt 35, St. Wolfgang **Tel** 6138-223-20
**Open** (장크트 길겐-장크트 볼프강 마르크트)09:00~19:30(월별 상이, 홈페이지 참고)
**Cost** 성인 9.7유로, 4~14세 4.9유로
**Web** www.wolfgangseeschifffahrt.at

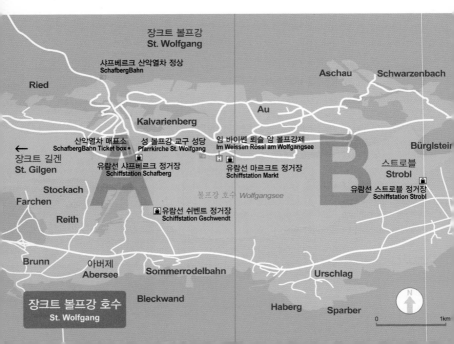

© WTG

**장크트 볼프강의 정상으로, 칙칙폭폭**
# 샤프베르크 산악열차 SchafbergBahn | 샤프베르크반

장크트 볼프강의 명물, 빨간색 산악열차다. 가파른 철로를 35분간 달려 해발 1,783m 산 정상에 이른다. 양쪽 바퀴 사이 톱니바퀴 모양의 보조 장치가 있는 톱니 궤도식 열차. 이 산악열차가 인기 있는 이유는 단연 조망 때문. 출발 지점부터 사방으로 그림 같은 풍경이 펼쳐진다. 정상에 도착하면 사진인지 실물인지, 꿈인지 생시인지 헷갈리는 풍경이 펼쳐진다. 볼프강 호수는 말할 것도 없고, 잘츠카머구트 산맥 사이사이 호수가 20개까지 보이는 날도 있다. 운이 좋으면 다흐슈타인의 빙하까지 보인다. 두근거리는 심장은 정상 산장카페 힘멜스포르테Himmelspforte에서 차 한 잔으로 진정시킬 것.

**Data** Map 220A **Access** (매표소) 유람선 샤프베르크반SchafbergBahn역 하차 후 도보 1분 **Add** Markt 35, St. Wolfgang **Tel** 6138-223-20 **Open** 4~10월 08:50~17:40(왕복 티켓을 끊었어도 정상 도착 시 돌아가는 열차 좌석을 예약할 것. 예약자 우선으로 탑승한다) **Cost** 성인 편도 33.6유로, 성인 왕복 47.6유로, 4~14세 편도 16.8유로, 4~14세 왕복 23.9유로(장크트 길겐이나 스트로블에서 유람선을 타고 올 경우, 유람선+산악열차 콤비티켓이 있으니 참고하자) **Web** www.schafbergbahn.at


**장크트 볼프강의 시작**
# 성 볼프강 교구 성당 Pfarrkirche St. Wolfgang | 파르키르셰 장크트 볼프강

성 볼프강 주교가 976년에 세운 교회다. 10세기 독일 3대 성인 중 한 명인 성 볼프강 주교를 만나려고 순례자들이 몰려들었다. 때문에 이곳을 순례자의 교회라고도 한다. 기도를 마친 성 볼프강이 산 위에서 도끼를 던져 장소를 택했다는 이야기도 전해진다. 성당 중앙에는 미하엘 파허Michael Pacher가 만든 제단이 있다. 1481년 작품으로 12m 높이에, 성모 마리아의 대관식을 묘사한 조각이다. 양옆에 있는 그림 중 '돌팔매를 당하는 그리스도'는 미술사적으로 가치 높은 작품이다. 토마스 슈반탈러Thomas Schwanthaler의 바로크식 제단도 있다. 마을 언덕에 올라 성당 지붕을 보면 군데군데 숫자가 적혀 있다. 지붕을 보수하거나 교체한 연도를 적은 것인데, 옛것을 소중히 생각하는 이곳 사람들의 철학을 엿볼 수 있다.

© WTG

**Data** Map 220A
**Access** 유람선 샤프베르크반 SchafbergBahn역 하차 후 도보 1분
**Add** Markt, St. Wolfgang
**Tel** 6138-2321
**Open** 5~9월 09:00~08:00 / 10~4월 월~토 10:00~16:00, 일 11:00~16:00 **Cost** 무료

## EAT

**마을 주민들도 추천하는**
## 비르트 암 그리스 Wirt am Gries

장크트 길겐에서 레스토랑을 한 곳 추천하라면, 망설임 없이 비르트 암 그리스를 꼽겠다. 목가적인 공간에서 지역 재료로 만든 전통 음식을 느긋하게 즐길 수 있는 분위기가 남다르다. 공들여 가꾼 예쁜 야외 정원에서 직접 가꾼 싱싱한 허브로 요리를 해준다니 건강해지는 기분까지 든다. 세심하게 신경 쓴 실내 인테리어도 볼수록 호감. 유쾌하고 친절한 주인장과 대화를 나누다 보면 단골들이 부러워질 정도다. **Don't Miss** 생선과 고기요리를 아우르는데 시즌별로 메뉴가 달라진다. 주인장에게 제철 메뉴로 추천을 받자. 가을, 겨울엔 사슴 스튜가 인기.

**Data** **Map** 216A **Access** 장크트 길겐 버스 정류장St.Gilgen Busbahnhof에서 도보 7분 **Add** Steinklüftstraße 6, St.Gilgen **Tel** 6227-2386 **Open** 겨울 수~금 17:30~21:00, 토~일 11:30~14:00, 17:30~21:00, 월~화 휴무(계절에 따라 다름) **Cost** 사슴 스튜 17.5유로, 펌킨&진저 수프 4.5유로, 글라스 와인 3.8유로~ **Web** www.wirtamgries.at

**사랑방 같은 동네 빵집**
## 오바우어 Obauer

산뜻한 하늘색 외관과 창에 그린 벽화가 눈길을 끄는 오바우어. 수십 년째 대를 이어온 동네 빵집에서 커피향 가득한 베이커리 카페로 확장했다. 어쩐지, 손님과 주인장이 오랜 친구처럼 다정하다. 진열장을 가득 채운 빵과 쿠키는 유기농, 지역 재료를 써서 만든다고. 지나가는 여행자에겐 건강한 빵&진한 커피 타임을 즐기기에 더할 나위 없다. **Bad** 영어가 잘 안 통한다. 미소 띤 얼굴로 원하는 빵을 가리킬 것.

**Data** Map 216A **Access** 장크트 길겐 버스 정류장St.Gilgen Busbahnhof에서 도보 6분 **Add** Steinklüftstraße 3, St. Gilgen **Tel** 6227-2225 **Open** 06:00~12:00, 15:00~18:00 (브레이크 타임 있음) **Cost** 커피 2.5유로~, 쿠키 2유로~ **Web** obauer-brot.at

**선착장 옆 레스토랑**
## 피셔 비르트 Fischer Wirt

볼프강 호수를 원 없이 바라보며 생선요리를 맛볼 수 있는 레스토랑. 선착장 바로 옆에 있어, 장크트 볼프강행 유람선 타기 전후에 들르는 손님도 많은 편이다. 화창한 날엔 야외 테라스가 더 인기. 브레이크 타임이 따로 없어 식사가 아니어도 가볍게 커피나 맥주 한잔하기에 제격이다. **Bad** 맛보다는 에메랄드빛 호수가 반짝이는 전망에 방점을 찍는다.

**Data** Map 216D
**Access** 장크트 길겐 버스 정류장St.Gilgen Busbahnhof에서 도보 8분 **Add** Ischlerstraße 21, St. Gilgen **Tel** 6227-2304 **Open** 아침 09:00~11:00, 점심~저녁 12:00~21:00 **Cost** 카푸치노 3.2유로, 에델바이스 헤페(3리터) 3.5유로 **Web** www.fischer-wirt.at

# SLEEP

**산장처럼 아담한 호텔**
## 가르니 셰른트하너 Garni Schernthaner

장크트 길겐 버스 정류장에서 3분 거리에 있는 아담한 3성급 호텔, 가르니 셰른트하너. 어떻게 읽어야 하나 싶은 난해한 이름만 극복하면 참 만족스러운 숙소다. 알프스 산장 같은 외관부터 예쁘다. 리셉션에서 종을 울리면, 인상 좋은 아주머니가 체크인을 도와주는 아날로그 시스템도 정겹다. 객실 타입은 싱글, 더블, 트리플 3가지. 셋 다 넓고 깔끔하다. 더블룸과 트리플룸엔 발코니도 있다. 와이파이, 미니바(냉장고)는 당연히 사용 가능. 자전거와 우산도 빌려준다. 하룻밤 푹 자고 조식을 맛보면 만족도는 더욱 높아진다. 다양한 빵과 잼, 요거트, 과일 등을 꽃무늬 접시에 담아 먹다 보면 인심 좋은 가족에게 초대받은 느낌이랄까. 가족이 운영하는 작은 호텔에 묵는 묘미를 느껴보고픈 여행자에게 강력 추천!

**Data** Map 216A Access 장크트 길겐 버스정류장에서 도보 3분 Add Schwarzenbrunnerstraße 4, St. Gilgen Tel 6227-2402 Cost 더블룸 92~106유로, 트리플룸 141~149유로 Web www.hotel-schernthaner.at

**영화 속 주인공처럼,**
## 임 바이쎈 뢰슬 암 볼프강제

### Im Weißen Rößl am Wolfgangsee

'백마'라는 뜻의 이 호텔이 유명해진 건 오페레타 〈임 바이센 뢰슬 Im Weißen Rößl〉의 배경이 되면서부터. 호텔리어와 여사장의 사랑 이야기를 다룬 오페레타는 동명의 영화를 이곳에서 촬영하기도 했다. 볼프강 호수를 끼고 100년 넘게 그림 같은 자태를 유지하고 있다. 호텔에서 가장 인기 있는 장소는 스파다. 볼프강 호수로 쭉

뻗은 야외 테라스 자쿠지는 수영도 가능한 크기다. 바로 옆, 황제의 욕실이라 불리는 카이저바네Kaiserwanne는 일 년 내내 30도를 유지하는 야외 스파. 호수와 알프스 산맥을 마주하는 식당도 이용해보자. 영화에서 튀어나온 듯, 우아한 서비스도 일품이다.

**Data** Map 220A Access 유람선 샤프베르크반Schafbergbahn역 하차 후 도보 3분 Add Markt 74, St. Wolfgang Tel 7138-2306 Cost 더블룸 284유로~, 패밀리룸 304유로~, 임페리어룸 434유로~, 화이트 호스 484유로~ Web www.weissesroessl.at

# 02

# 바트 이슐
## Bad Ischl

이슐Ischl 강이 둘러싸고 있는 온천(바트Bad) 도시. 불임으로 고생하던 황후가 이 온천 덕에 프란츠 요제프 황제를 낳았다. 태어난 곳을 찾아 물살을 거슬러 오르는 연어처럼 요제프는 매해 이곳을 찾아왔다. 그가 '지구상의 천국'이라고 표현한 바트 이슐. 브람스, 슈트라우스가 이곳에서 불후의 명곡을 만들었고, 지금도 여름이면 세계적 오페레타 축제가 그 선율을 이어간다. 몸과 마음이 힐링되는 곳, 바트 이슐을 만나보자.

© EurothermenResorts

Bad Ischl
# GET AROUND

## 🚗 어떻게 갈까?

바트 이슐에는 공항이 없다. 항공을 이용한다면 공항이 있는 잘츠부르크Salzburg, 린츠 Linz나 그라츠Graz로 가서 육상교통을 이용해 바트 이슐로 가야 한다. 바트 이슐 기차역과 버스 터미 널은 같은 곳에 있다.

### 1. 기차

비엔나에서 바트 이슐 갈 때 가장 좋은 교통수단이다. 아트낭 푸하임Attnang Puchheim에서 환승 하면 총 3시간 소요된다. 시간당 1대꼴로 운행. 잘츠부르크에서 진입할 경우 최선의 선택은 아 니다. 바트 이슐을 지나 아트낭 푸하임에서 환승해야 하기 때문에 돌아오는 격. 소요시간은 2시 간. 아트낭 푸하임 역에 코인 로커가 있어 환승을 이용하여 추가 여행으로 전환하는 여행자도 많 다. 할슈타트(20분), 그문덴(50분), 장크트 길겐(40분)에서는 환승 없이 바로 올 수 있다.

### 2. 버스

잘츠부르크에서 150번 버스를 타면 장크트 길겐, 스토로블을 경유해 바트 이슐로 온다. 1시간 30분 소요되며, 평일에는 시간당 2대, 주말에는 2시간에 1대꼴로 운행한다. 장크트 길겐에서 걸리는 시간은 40분. 할슈타트에서는 542번, 543번 버스를 이용하자. 35분이면 도착한다.

**바트 이슐 기차&버스 터미널 Bad Ischl Bahnhof**
**Data** Map 228C
**Add** Busparkplatz, Bad Ischl
**Tel** 613-227-757
**Web** www.oebb.at/www.postbus.at

## 어떻게 다닐까?

걸어서도 충분히 둘러볼 수 있는 도시라서 대중교통은 거의 현지인 차지. 552번 버스가 주로 이용되며, 거리별로 다르지만 기본요금은 성인 2.1유로다(1일권 4.2유로, 7일권 8.7유로). 티켓은 버스 탑승 후 기사에게 구입하면 된다.

### 카트린 케이블 카 Katrin Seilbahn

해발 1,542m, 카트린산의 정상까지 케이블카를 타고 올라가보자. 잘츠카머구트 지역 7개의 호수, 다흐슈타인과 샤프베르크 산이 파노라마처럼 펼쳐진다. 15분 만에 펼쳐지는 그림 같은 풍경을 감상해보자.

**Data** Map 228D
**Access** 버스 542번, 552번 카트린자일반Katrinseilbahn역 하차 후 도보 1분
**Add** Kaltenbachstraße 62, Bad Ischl **Tel** 613-223-788 **Open** 09:00~17:00
**Cost** (성인) 편도 17유로, 왕복 24유로 (16~18세) 편도 12유로, 왕복 18유로 (6~16세) 편도 12유로, 왕복 16유로 *Open과 Cost는 하절기 기준, 세부 내용은 홈페이지 참고
**Web** www.katrinseilbahn.com

### INFO

### 관광안내소 Bad Ischl Tourism Office

**Data** Map 228C
**Access** 바트 이슐 버스 터미널Bad Ischl Bahnhof에서 도보 5분 **Add** Auböckplatz 5, Bad Ischl
**Tel** 613-227-7570 **Open** (하절기) 월~토 09:00~18:00, 일 10:00~18:00 /
(동절기) 월~토 09:00~17:00, 일 10:00~14:00 **Web** badischl.salzkammergut.at

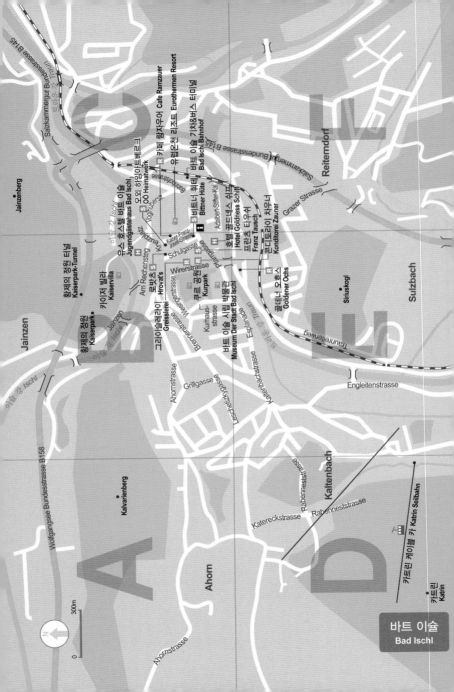

바트 이슐
Bad Ischl

Jainzenberg

Jainzen

황제의 정원 터널
Kaiserpark-Tunnel

황제의 정원
Kaiserpark

카이저 빌라
Kaiservilla

유스 호스텔 바트 이슐
Jugendgästehaus Bad Ischl

황제의 정원
Kaiserpark

이슐 강 Ischl

오오 하임베르크
OÖ Heimatwerk

카페 람자우어 Cafe Ramzauer

유럽온천 리조트 Eurothermen Resort

바트 이슐 기차&버스 터미널
Bad Ischl Bahnhof

비트너 휘테
Bittner Hütte

그라이슬레라이
Greisslerei

흐로바츠
Hrovat's

쿠르 공원
Kurpark

바트 이슐 시립 박물관
Museum Der Stadt Bad Ischl

호텔 골드네스 쉬프
Hotel Goldness Schiff

프란츠 타우쉬
Franz Tausch

콘디토라이 차우너
Konditorei Zauner

골데너 오흐스
Goldener Ochs

Reiterndorf

Grazer Strasse

Sulzbach

Siriuskogl

Engleitenstrasse

Kaltenbach

Katereckstrasse

Rabennestrasse

카트린 케이블 카 Katrin Seilbahn

카트린
Katrin

Ahorn

Ahornstrasse

Grillgasse

Leschetzkygasse

Kaltenbachstrasse

Esplanade

Kurhausstrasse

Brennerstrasse

Wiesingerstrasse

Schulgasse

Am Rechensteg

Pfarrgasse

Kaiser-Franz-Josef-Strasse

Adalbert-Stifter-Kai

Bahnhofstrasse

Voglhuberstrasse

Kreuzplatz

Wirerstrasse

Traunleitenweg

Traun 강 Traun

Kalvarienberg

Wolfgangsee Bundesstrasse B158

Salzkammergut Bundesstrasse B145

Traun 강 Traun

Salzkammergut Bundesstrasse B145

Salzkammergut Bundesstrasse B145

0  300m

N

# SEE

**Writer's Pick!**

**황제의 여름 별장**
## 카이저 빌라 Kaiservilla | 카이저 빌라

프란츠 요제프 1세Franz Joseph I가 사용하던 여름 별장. 뒤로는 자인젠베르크Jainzenberg산이 있고, 앞으로는 이슐Ischl강이 흐른다. 1854년 결혼식 선물로 모친 소피에게 받은 후, 매년 부인 시시와 이곳을 찾았다. 비엔나와 근교에 있는 궁전처럼 화려하지 않다. 소박한 저택으로 시작, 개조와 증축을 반복했다. 황제의 정원Kaiserpark을 꾸미고 부인만을 위한 별채를 짓기도 했다. 사냥을 좋아했던 요제프 황제답게 계단과 복도는 야생 동물 박제로 가득하다. 언제, 어디서 잡은 것인지 표시되어 있다. 말을 사랑했던 시시를 위해 다양한 말 회화작품이 14개 방 곳곳에 있다. 자녀들이 주워온 네잎 클로버를 넣은 액자와 장식품은 가족을 소중히 하는 그의 성품을 대변한다. 수에즈 운하를 통해 유입된 동양풍의 다양한 가구와 그림, 중국에서 가져온 피아노도 인상적이다. 카이저 빌라에서는 황제를 위한 오페레타 공연이 자주 열렸다. 1914년 1차 세계대전의 신호탄인 세르비아와의 전쟁이 이곳에서 선포됐다. 현재는 왕가의 자손, 합스부르크 로라이네Lorraine 가족이 소유, 관리하고 있다.

**Data** Map 228B
**Access** 바트 이슐 버스 터미널 Bad Ischl Bahnhof에서 도보 10분 **Add** Jainzen 38, Bad Ischl **Tel** 613-223-241
**Open** 09:30~17:00(5~9월 기준, 세부 내용은 홈페이지 참고)
※가이드 투어로만 관람 가능. 방문 인원에 따라 투어시간 상이. 마지막 투어 출발시간 16:45
**Cost** 성인 21유로, 7~16세 8.5유로(공원+카이저 빌라 관람 기준)
**Web** www.kaiservilla.at

*카이저 빌라 내부 사진 촬영 금지. 사용된 사진은 카이저 빌라측의 특별허가를 받아 일부공간만 촬영한 것.

### 황후가 사랑했던 바트 이슐 온천체험

Writer's Pick!

## 유럽온천 리조트

**Eurothermen Resort** | 오이로테르멘 레조트

온천 도시의 진가를 확인해보자. 오죽하면 도시 이름이 바트 Bad(온천) 이슐인가. 이곳은 소금 생산지 잘츠카머구트 지역에 있어, 그 영향으로 염수 온천이 유명하다. 불임치료 효과까지 있다는데, 가장 큰 수혜자는 황후 소피. 의사 권유로 바트 이슐에서 치료를 받고, 2년 후 프란츠 요제프 1세를 낳았다. 어디 불임에만 좋을까. 손가락이 미끄러질 것 같은 피부도 선사한다. 유럽 온천 리조트는 바트 이슐 최대 규모. 내부에 들어서면 쾌적한 온도와 습도에 피로가 녹아버릴 것만 같다. 수영장과 월풀을 경험해보자. 바트 이슐의 자랑인 온천수가 최적의 온도와 염분을 유지한다. 사우나와 머드팩 마사지존까지 오가면 피부에서 광나는건 시간문제. 널찍한 라운지 선베드에서 제대로 된 휴식을 취해보자. 물놀이 기구가 있는 야외 수영장은 아이들에게 인기 만점. 어른들을 위해 작은 동굴 형태로 만든 야외 스파도 있다. 리조트 내위치한 로얄 호텔에서 머무는 것도 현명한 선택. 투숙객만을 위한 라운지와 별도 스파 공간이 있다.

**Data** Map 228C

**Access** 바트 이슐 버스 터미널Bad Ischl Bahnhof에서 도보 1분 **Add** Voglhuberstr. 10, Bad Ischl **Tel** 613-220-40 **Open** 09:00~24:00 **Cost** (4시간 사용권) 성인 22.5유로, 3~15세 17유로 더블룸 클래식 374유로~, 더블룸 수페리어 384유로~, 크리스탈 스위트 454유로~
**Web** www.eurothermen.at

**요제프 황제의 약혼식 장소가 박물관으로**
## 바트 이슐 시립 박물관 Museum Der Stadt Bad Ischl | 무제움 데르 슈타트 바트 이슐

호텔 아니야? 분명 건물 정면에는 오스트리아 호텔Austria Hotel이라는 글씨가 크게 적혀 있다. 맞다.
그것도 왕가의 주요 행사가 있었던 호텔이다. 1853년 프란츠 요제프 1세와 시시의 약혼식도 이곳
에서 진행됐다. 유서 깊은 호텔은 1989년에 시립 박물관이 되었다. 바트 이슐의 역사, 문화, 민속
예술 관련 전시품이 있다. 도시가 만들어진 과정과 관련 인물 설명이 연대별로 일목요연하게 이어지
고, 시민들의 생활상도 구석구석 볼 수 있다. 바트 이슐에서는 매년 오페레타 축제가 열리는데, 역
사와 전통을 자랑하는 5개의 로컬밴드가 있다. 이들의 각기 다른 대표 의상과 민속 악기가 전시되어
있는데 이도 볼거리다.

**Data** Map 228B **Access** 바트 이슐 버스 터미널Bad Ischl Bahnhof에서 도보 5분
**Add** Esplanade 10, Bad Ischl **Tel** 613-225-476 **Open** 목~일 10:00~17:00, 수 14:00~19:00
(월별 상이, 세부내용은 홈페이지 참고) **Cost** 성인 5.5유로, 15세 이하 2.7유로, 학생 2.7유로
**Web** www.stadtmuseum.at


**매일이 축제 같은 이곳**
## 쿠르 공원 Kurpark | 쿠르파르크

바트 이슐 중앙에 자리 잡은 공원. 19세기 중반으로 시간이 역행
한 듯 기품 있는 의회와 극장 건물 앞에 펼쳐져 있다. 4~10월
에는 꽃이 만발하는데, 웬만한 놀이 공원 꽃축제 못지않다. 이곳
사람들은 공원 자체가 원예 전시장이라고 말할 정도. 바트 이슐
을 오페레타 축제로 들썩이게 만든 장본인, 프란츠 레하르와 에
머리히 칼만의 동상도 이곳에 있다. 주말이면 각종 행사가 열린
다. 수십 년 된 오토바이를 끌고나와 사고팔기도 하고, 그림 전
시를 하기도 한다. 바로 옆 카이저프란츠요제프 거리Kaiser-Franz-
Joseph-Straße에서는 매주 장터가 열린다. 야채, 과일, 식재료는
물론 소시지와 맥주도 파니, 공원 산책 후 출출함을 달래보자.

**Data** Map 228B
**Access** 바트 이슐 버스 터미널Bad Ischl Bahnhof에서 도보 6분
**Add** Kurhausstrasse 8, Bad Ischl **Cost** 무료

EAT

### 기. 승. 전. 차우너
### 콘디토라이 차우너 Konditorei Zauner

바트 이슐의 대표 디저트, 차우너스톨렌Zaunerstollen이 탄생한 곳이다. 황실 납품업체k.u.k. Hoflieferant로 시작, 1832년 요한 차우너가 오픈했다. 그의 야심작, 이슐러 와퍼Ischler Wafer가 인기를 얻지만, 일관된 형태를 유지하지 못해 고민했다. 궁여지책으로 이슐러 와퍼를 잘게 부수고 누가, 헤이즐넛, 초콜릿을 섞어 작은 비스킷을 만들었다. 처음에는 아이들을 위한 간식이었는데, 곧 남녀노소 모두에게 사랑받는 메뉴가 되었다. 이것이 차우너스톨렌. 바삭, 고소, 달콤한 맛으로 한입 베어 물면 감미로움에 빠지게 된다. 유통기한이 넉넉해 선물용으로도 그만이다. 새우, 캐비어, 아스파라거스, 아티초크가 환상의 조화를 이루는 오픈 샌드위치도 꼭 맛봐야 할 아이템. 트라운Traun 강가에서 식사 가능한 에스플라나데Esplanade 분점도 인기.

**Data** Map 228B
**Access** 바트 이슐 버스 터미널Bad Ischl Bahnhof에서 도보 5분
**Add** Pfarrgasse 7, Bad Ischl **Tel** 613-223-310
**Open** 08:30~18:00 **Cost** 차우너스톨렌 13유로, 차우너 기념 미니박스 19.8유로, 차우너 기념 미니박스 (소) 6.6유로 **Web** www.zauner.at

### 슈트라우스, 브람스의 단골집
### 카페 람자우어 Café Ramsauer

1826년 오픈한, 바트 이슐에서 가장 오래된 커피하우스다. 세월을 말해주는 울창한 고목 아래, 무심코 지나칠 수 있을 정도의 소박한 모습을 하고 있다. 예상보다 넓은 실내, 군데군데 단골이었던 예술가들의 사진이 걸려 있다. 작곡가 브람스, 배우 겸 가수 알렉산더 기아르디 등. 요한 슈트라우스는 매일 저녁 이곳에서 커피를 마시다가 떠오르는 악상을 주체 못해 소매깃에 적기도 했다. 람자우어에서 파는 케이크류는 투박하지만 시시, 레하르 등 오랫동안 기억하고 싶은 인물들의 이름을 붙여 멋스럽다. 오스트리아의 대표 커피 율리우스 마이늘에 따뜻한 카이저 젬멜Kaiser Semmel 한 조각으로 오전을 시작해도 좋겠다.

**Data** Map 228B
**Access** 바트 이슐 버스 터미널Bad Ischl Bahnhof에서 도보 6분
**Add** Kaiser-Franz-Josef-Strasse 8, Bad Ischl
**Tel** 613-222-408 **Open** 월~목 08:00~18:00 금~토 08:00~18:00 (일 휴무) **Cost** 멜랑쥐 3.2유로,
카푸치노 3.2유로 **Web** www.cafe-ramsauer.at

**풋풋한 시골의 맛**
## 골데너 오흐스 Goldener Ochs

호텔 골데너 오흐스에 속한 레스토랑이다. 카트린 산을 병풍 삼아, 트라운 강물이 흐르는 곳에 흡사 산장의 모습으로 서 있다. 사방이 통나무로 둘러싸인 포근한 분위기에 바트 이슐 전통 의상을 입은 직원들이 손님을 맞이한다. 오스트리아 전통 음식을 판다. 지역 특색에 맞는 메뉴를 골라보자. 황제의 사냥터답게 사슴의 다양한 부위로 요리한다. 근처 푸슐 호수Fuschlsee에서 갓 잡은 곤들매기과인 차르Char와 송어구이도 좋다. 버터 살짝, 파슬리 솔솔 뿌린 감자가 곁들여지는데, 싱싱한 생선맛이 배가 된다. **Don't miss** 레스토랑에서 직접 만든 디저트류, 현지인이라면 엄마 손맛이라고 할 것 같다. **Bad** 아쉽게도 영어 메뉴판이 없다. 대신, 직원들이 유창한 영어로 설명해준다.

**Data** Map 228E
**Access** 바트 이슐 버스 터미널 Bad Ischl Bahnhof에서 도보 8분
**Add** Grazer Straße 4, Bad Ischl **Tel** 613-223-529
**Open** 목~월 11:30~14:30, 17:30~21:30, 화·수 휴무
**Cost** 차르구이 20.5유로, 사슴 스튜 16유로, 사슴 스테이크 26유로, 사슴 다리구이 18.5유로, 송아지 굴라쉬 10.5유로
**Web** www.goldenerochs.at

**먹고, 쇼핑하고~ 원스톱으로!**
## 그라이슐레라이 Greisslerei

커피, 차, 맥주, 와인을 가장 멋지게 즐길 수 있는 곳이다. 주인장 부부가 직접 만든 케이크와 비스킷, 소시지, 살라미, 프로슈토, 올리브를 곁들이니 그럴 수밖에. 인테리어는 모던함에 아기자기함을 솔솔 뿌렸다. 여행을 사랑하는 부부답게 트레킹화, 캠핑용 도구들이 천장에 무심한 듯 달려 있는데, 가게와 환상의 조화를 이룬다. 와인, 각종 오일부터 직접 만든 무슬리, 물을 섞어 오븐에 넣기만 하면 되는 빵, 케이크 믹스를 판매한다. **Don't miss** 호박씨 오일을 사보자. 삶은 감자에 버터와 호박씨 오일 조금이면, 오스트리아 전통 요리가 뚝딱! **Bad** 좌석 없이 높은 테이블만 있다.

**Data** Map 228B
**Access** 바트 이슐 버스 터미널 Bad Ischl Bahnhof에서 도보 8분 **Add** Wirerstraße 6, Bad Ischl **Tel** 660-394-9359
**Open** 월~수 09:30~18:00, 목~금 09:30~20:00, 토 09:30~17:00, 일 휴무
**Cost** 글라스 와인 2.5유로~, 맥주 2.9유로, 티 1.7유로, 카푸치노 2.7유로
**Web** www.greisslerei-ischl.at

## BUY

### 스타일을 부탁해!
### 비트너 휘테 Bittner Hüte

바트 이슐에서는 머리 손질을 고민할 필요가 없다. 수제 모자 숍 비트너 휘테가 있기 때문. 1862년부터 5대째 수제 모자를 만들어오고 있다. 차곡차곡 쌓인 모자 중 하나만 써봐도 알 수 있다. 그야말로 장인이 만든 모자라는 것을!

**Data** Map 228B Access 바트 이슐 버스 터미널Bad Ischl Bahnhof에서 도보 8분 Add Auböckplatz 3, Bad Ischl Tel 613-223-368 Open 월~금 09:00~12:00, 14:00~18:00 / 토 09:00~13:00, 일 휴무 Cost 모자 45유로~, 장갑 32유로~ Web www.bittner.co.at

### 바트 이슐의 아름다움, 민속 의상 둘러보기
### 오외 하임아트베르크 OÖ Heimatwerk

오스트리아의 민속 의상을 판매한다. 바트 이슐에 2개 매장이 있고, 재킷, 카디건, 스카프, 앞치마까지 판매한다. 모든 작업은 수작업으로 이뤄진다. 인테리어 소품을 파는 1층, 의상을 판매하는 2층 구조. 작업공간을 볼 수 있어 신뢰도는 두 배!

**Data** Map 228B Access 바트 이슐 버스 터미널 Bad Ischl Bahnhof에서 도보 6분 Add Kaiser Franz Josef Straße 3-5, Bad Ischl Tel 613-226-535 Open 월~금 09:00~18:00, 토 09:00~17:00 Cost 블라우스 50유로~, 앞치마 150유로~ 치마 85유로~ Web www.ooe.heimatwerk.at

### 레브쿠헨 제일 잘 만드는 집
**Writer's Pick!**
### 프란츠 타우쉬 Franz Tausch

오스트리아 전통 과자 레브쿠헨Lebkuchen은 설탕 대신 꿀을 넣고 생강으로 맛을 낸 쿠키. 프란츠 타우쉬는 바트 이슐에서 가장 맛있는 레브쿠헨을 만든다. 크게 만들어 장식용으로 벽에 걸기도 한다. 유효기간은 한 달 정도. 바트 이슐 풍경이 그려진 상자에 담으면 최고의 선물.

**Data** Map 228B Access 바트 이슐 버스 터미널Bad Ischl Bahnhof에서 도보 6분 Add Schulgasse 1, Bad Ischl Tel 613-223-6341 Open 월~목 08:30~18:30, 금 08:00~18:30, 토 08:30~17:00, 일 10:00~15:00 Cost 레브쿠헨(봉지/105g) 4.4 유로, 레브쿠헨헤르츠(140g) 5.2유로~ Web www.ischler-lebkuchen.at

### 다양한 기념품, 기념품 백화점
### 로밧츠 Hrovat's

여기저기 다닐 것 없이, 원하는 기념품을 한 번에 살 수 있다. 믿을 만한 회사의 제품으로 가득 채워져 있으니, 품질 걱정은 접어두자. 이니셜이 새겨져 있는 머그잔이나 1888년부터 명성을 이어온 스타이너의 목도리로 바트 이슐을 오래도록 기억하는 것도 좋은 방법이다.

**Data** Map 228B Access 바트 이슐 버스 터미널 Bad Ischl Bahnhof에서 도보 7분 Add Kreuzplatz 19, Bad Ischl Tel 613-227-120 Open 월~금 09:00~18:00, 토 09:00~17:00, 일 휴무 Cost 머그잔 9.9유로~, 열쇠고리 9.9유로~, 커피 8.3유로~ Web www.hrovats.at

# SLEEP

**Writer's Pick!** 트라운 강가에 정박한 황금 배
## 호텔 골데네스 쉬프 Hotel Goldenes Schiff

17세기 소금 무역 선원들 휴식처로 시작한 '황금 배'라는 이름의 호텔이다. 긴 역사 덕에 시설이 노후하였을 것이라고 생각하면 오산. 로비는 마치 부티크 호텔 같은 모습이다. 로비 옆으로 디자이너의 섬세한 손길이 느껴지는 바와 레스토랑이 이어진다. 안락한 분위기의 객실은 전통과 현대의 적절한 조화가 돋보인다. 창문 너머 풍경은 일품. 손에 닿을 듯 가까운 트라운 강과 녹음의 알프스 산맥을 바라보고 있자면 시력까지 좋아지는 느낌이다. 웬만한 관광명소는 도보 7~8분에 갈 수 있는 접근성으로 꾸준히 사랑받고 있다. 조식을 제공하는 뷔페뿐만 아니라 오스트리아 전통식을 경험할 수 있는 레스토랑과 바가 있다. 또한 테이크아웃용 다양한 메뉴들이 준비되어 있다.

**Data** Map 228B **Access** 바트 이슐 버스 터미널Bad Ischl Bahnhof에서 도보 7분 **Add** Adalbert-Stifter-Kai 3, Bad Ischl **Tel** 613-224-241 **Cost** 더블룸 클래식 190유로~, 더블룸 클래식 플러스 200유로~, 더블룸 수페리어 235유로~ **Web** www.goldenes-schiff.at

**합리적 가격, 글로벌한 네트워크는 덤**
## 유스호스텔 바트 이슐 Jugendgästehaus Bad Ischl

오스트리아 북부 유스호스텔 협회가 운영하는 곳이다. 바트 이슐 중앙에 위치하여 주요 명소를 둘러보기에 안성맞춤. 카이저 빌라는 도보 4분이면 충분하다. 총 116개 베드가 있고, 각 객실마다 샤워실과 화장실이 있다. 도미토리를 고려하고 있는데, 공용 샤워실 때문에 망설였다면 이곳은 최상의 선택. 전 시설 청결은 기본이다. 중식, 석식을 포함한 합리적 가격의 패키지도 있다. 또 다른 장점은 세계 각지에서 온 여행자를 만날 수 있다는 것. 실내 암벽등반, 게임룸, 피아노까지 갖춘 라운지가 있어 자연스럽고 편안한 만남이 된다. 바비큐 시설을 갖춘 테라스도 있다.

**Data** Map 228B **Access** 바트 이슐 버스 터미널Bad Ischl Bahnhof에서 도보 8분 **Add** Am Rechensteg 5, Bad Ischl **Tel** 613-226-577 **Cost** 4인실 31.5유로~, 2인실 36유로~, 1인실 42유로~, (하프보드 10유로, 풀보드 19유로) **Web** www.jugendherbergsverband.at

# 03

# 할슈타트
## Hallstatt

할슈타트 호수에 비친 동화 같은 마을 풍경에 이끌려 찾아오는 여행자들이 끊이질 않는다. 800명의 마을 주민 수보다 관광객의 수가 더 많을 정도. 한 폭의 그림 같은 마을의 역사는 켈트시대로 거슬러 간다. 켈트어로 소금을 뜻하는 '할Hal'과 마을을 뜻하는 '슈타트Statt'가 합쳐진 할슈타트는 '소금 광산'과 함께 번성했다. 호숫가 마을은 빙산의 일각일 뿐. 소금 광산부터 얼음 동굴이 있는 다흐슈타인까지, 보면 볼수록 아름다운 할슈타트의 무한한 매력에 빠지게 된다.

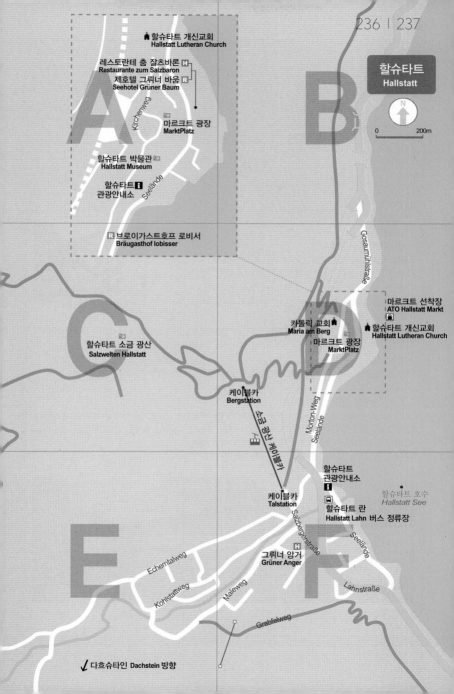

할슈타트 개신교회
Hallstatt Lutheran Church

레스토란테 춤 잘츠바론
Restaurante zum Salzbaron

제호텔 그뤼너 바움
Seehotel Grüner Baum

마르크트 광장
MarktPlatz

Kirchenweg

할슈타트 박물관
Hallstatt Museum

할슈타트
관광안내소

Seelände

브로이가스트호프 로비서
Bräugasthof lobisser

할슈타트
Hallstatt

N

0    200m

Gosaumühlstraße

마르크트 선착장
ATO Hallstatt Markt

카톨릭 교회
Maria am Berg

마르크트 광장
MarktPlatz

할슈타트 개신교회
Hallstatt Lutheran Church

할슈타트 소금 광산
Salzwelten Hallstatt

케이블카
Bergstation

소금 광산 케이블카

Morton-Weg

Seelände

할슈타트
관광안내소

할슈타트 호수
Hallstatt See

케이블카
Talstation

할슈타트 란 버스 정류장
Hallstatt Lahn 버스 정류장

Salzbergstraße

그뤼너 앙거
Grüner Anger

Echerntalweg

Kohlstattweg

Maleweg

Seelände

Lahnstraße

Grabfelweg

다흐슈타인 Dachstein 방향

## Hallstatt
# GET AROUND

### 어떻게 갈까?

비엔나에서 가기보다는 주로 잘츠부르크에 머물며 당일치기나 1박 2일로 다녀오는 할슈
타트. 비엔나, 잘츠부르크에서는 직행 버스나 기차가 없어 한 번 갈아타야 한다. 바트 이슐에선 직
행이 있다. 기차역과 버스 정류장 위치가 다르다. 기차로 가면 페리로 갈아타야 하고, 버스로 갈 경
우 갈아탈 필요 없어 편하다. 일정과 숙소 위치를 따져보고 가장 편한 교통수단을 이용하자.

## 1. 기차

### • 잘츠부르크 → 할슈타트

직행이 없다. 아트낭 푸흐하임Attnang Puchheim으로 가서 할슈타
트로 환승해야 한다. 잘츠부르크에서 아트낭 푸흐하임까지 1시
간에 2~3대 운행되며, 아트낭 푸흐하임에서 할슈타트까지는 기
차가 1시간에 1대꼴로 있다. 소요시간은 각각 약 46분, 40분.

### • 비엔나 → 할슈타트

잘츠부르크에서처럼 아트낭 푸흐하임으로 가서 환승하면 된다. 비엔나에서 아트낭 푸흐하임까
지 1시간에 1~2대가 운행되며, 약 1시간 40분이 소요된다.

### • 바트 이슐 → 할슈타트

REX를 탔을 경우 바트 이슐에서 3정거장(약 21분), R을 탔을 경우 6정거장(약 27분) 거리다.

> **Tip** 간이역에 내려 배 갈아타기
>
> 할슈타트역은 매우 소박한 간이역. 간이역 옆 마르크트 선착장ATO Hallstatt Markt에서 페리를
> 타야 할슈타트로 들어갈 수 있다. 마을까지는 12분 걸린다. 마을행 첫 배는 07:06~07:35, 마지
> 막 배는 18:50이며, 운행 시간은 홈페이지에서 확인 가능.
>
> **Data** Cost 편도 3.5유로 **Web** www.hallstattschifffahrt.at

## 2. 버스

**• 잘츠부르크 ↔ 할슈타트**

직행이 없다. 중앙역 앞 쥐트티롤러 광장에서 포스트버스 150번을 타고 바트 이슐로 가서 542번, 543번으로 갈아타야 한다. 잘츠부르크에서 바트 이슐행은 1시간에 1대 운행하며 1시간 35분 소요.

**• 바트 이슐 ↔ 할슈타트**

542번, 543번 버스를 이용하면, 35분 만에 할슈타트 란Hallstatt Lahn 정류장에 도착한다. 페리로 갈아탈 필요 없어 편리하다. 바트 이슐에서 할슈타트는 하루 평균 10회 운행한다.

## 3. 버스+기차

**• 잘츠부르크 ↔ 할슈타트**

잘츠부르크에서 바트 이슐까지 포스트버스로 이동 후 기차로 갈아탈 수도 있다. 기차에 내려서는 배를 타고 할슈타트로 들어가야 한다.

**Tip** 버스 운행 시간을 사이트에서 미리 검색해보자(www.postbus.at).

**어떻게 다닐까?**

소금 광산을 제외한 마을의 주요 스폿은 대부분 도보로 이동 가능하다. 만약 마르크트 선착장ATO Hallstatt Markt에서 호텔 이동 시 택시가 필요하다면 전화로 부를 수 있다.

**Data** Tel 택시 고들 할슈타트Taxi Godl Hallstatt 0666-4433-674

---

**INFO**

**할슈타트 관광안내소** Tourismusbüro Hallstatt - Ferienregion

**Data** Map 237F

**Add** Seestraße 99, Hallstatt **Open** 월~금 08:30~17:00, 토~일 09:00~13:00

**Tel** 6134-8208 **Web** dachstein-salzkammergut.at

## SEE

**호수를 즐기는 세 가지 방법**
# 할슈타트 호수 Hallstatt See | 할슈타트 제

할슈타트 호수 남서쪽 다흐슈타인 산자락에 위치한 작은 마을 할슈타트. 마을 전체가 유네스코 문화유산으로 지정됐을 정도로 아름다움을 자랑한다. 할슈타트를 더욱 찬란하게 빛내주는 것이 바로 할슈타트 호수. 대부분의 여행자들이 할슈타트 기차역 앞에서 페리를 타고 마을을 갈 때 호수를 처음 보게 된다. 가까이 갈수록 맑은 호수에 선명하게 비치는 언덕 위 집들의 풍경은 심쿵 그 자체. 할슈타트 호수를 즐기는 법은 세 가지다. 호숫가 산책로를 걷거나, 유람선을 타거나, 산책 후 유람석을 타거나. 마르크트 선착장에서 유람선을 타면 이토록 아름다운 호수 위를 유유히 떠다닐 수 있다. 5~10월까지만 하루 4~5회 운항하며 약 50분 정도 소요된다. 티켓은 현장에서 구입 가능하다.

**Data** **Map** 237D, F **Access** 할슈타트 기차역에서 페리를 타고 마르크트 선착장ATO Hallstatt Markt에 하차 **Add** Marktplatz Hallstatt **Open** 유람선 5~6월, 9~10월 11:00, 13:00, 14:00, 15:00. 7~8월 11:00, 13:00, 14:00, 15:00, 16:10 **Cost** 왕복 15유로~ **Web** www.hallstattschifffahrt.at

**Tip** **대륙의 통 큰 카피, 짝퉁 할슈타트가 있다?**
중국 부동산 개발업체가 1조 1천억 원을 들여 중국 광둥성 후이저우에 '할슈타트 마을'을 만들었다. 인공호수를 파고, 마르크트 광장부터 호숫가 시계탑까지 똑같이 카피했다. 재미있는 현상은 그 후 오리지널 할슈타트 마을을 보기 위해 할슈타트를 찾는 중국 관광객이 늘었다고.

**할슈타트의 심장**
## 마르크트 광장 Marktplatz | 마르크트플라츠

파스텔톤 집들이 빙 둘러져 있는 작은 광장. 마르크트 광장은 14세기부터 할슈타트의 중심지였다. 광장에 활기를 불어넣는 색색의 가게와 카페들은 대부분 16세기에 지어졌다. 18세기에 화재로 35채가 불탔지만, 6년 만에 말끔히 복원했다. 1743년 복구를 기념해 광장 한가운데 '성 삼위일체상'을 세웠다. 성 삼위일체는 카톨릭의 핵심 개념으로, 성부聖父, 성자聖子, 성령聖靈의 본질은 하나님이라는 교리다. 11월부터 12월까지는 이곳에서 크리스마스 마켓이 열려 낭만을 더한다.

**Data** Map 237D **Access** 마르크트 선착장ATO Hallstatt Markt에서 도보 4분 **Add** Marktplatz Hallstatt

**철기 시대부터 중세까지 아우르는**
## 할슈타트 박물관 Hallstatt Museum | 할슈타트 무제움

7천 년 할슈타트의 긴 역사를 품은 박물관이다. 빙하 시대 말, 초기 신석기 시대부터 중세를 거쳐 유네스코 문화유산으로 지정되기까지의 할슈타트의 생활상을 보여준다. 입체 안경을 끼고 관람하는 3D 영상부터 석기 시대 사슴뿔 곡괭이, 켈트족들의 암염 채굴 도구 등 마을 곳곳에서 발굴한 유물들이 호기심을 자극한다. 전시물마다 언어별 설명서가 비치돼 있는데, 한글이 있어 더욱 반갑다. 고증 자료를 바탕으로 재현한 옛 마을이나 옛 사람들의 미니어처도 정교하다. 아이와 함께 여행 중이라면 생생한 체험 교육의 장이 될 것이다. 단, 월별로 오픈 시간이 달라지니 미리 확인하고 방문하자.

**Data** Map 237A **Access** 마르크트 선착장ATO Hallstatt Markt에서 도보 5분 **Add** Seestrasse 56, Hallstatt **Tel** 6134-828-0015 **Open** 4·10월 10:00~16:00, 5~9월 10:00~18:00, 11~3월11:00~15:00 **Cost** 성인 10유로, 어린이 8유로 **Web** www.museum-hallstatt.at

### 교회 옆 납골당이 궁금해?
## 가톨릭 교회 Maria am Berg | 마리아 암 베르크

전망 좋은 언덕에 자리한 카톨릭 교회. '산 위의 마리아'란 뜻의 '마리아 암 베르크'라고도 불린다. 내부에는 16세기 고딕 양식과 19세기 네오고딕 양식의 제단이 공존한다. 이 교회의 가장 큰 특징은 앞마당의 묘지와 납골당Beinhaus이다. 워낙 작은 마을인 할슈타트는 묘지가 부족해, 1720년부터 무덤에 묻힌 시신의 유골을 10~20년 후 꺼내 두개골에 그림을 그려 납골당에 안치해왔다. 이 풍습이 점점 발달해 이제는 두개골에 그린 그림이 예술로 승화될 정도. 주로 떡갈나무, 월계수, 장미 등을 그리는데, 각각 영광, 승리, 사랑을 상징한다고. 이처럼 독특한 장묘 문화를 엿볼 수 있는 납골당은 입장료를 내야 입장 가능하다.

**Data** Map 237D **Access** 마르크트 선착장ATO Hallstatt Markt에서 도보 3분 **Add** Kirchenweg 40, Hallstatt **Tel** 6134-8279 **Open** 납골당 10:00~17:00 **Cost** 교회 무료, 납골당 성인 1.5유로, 6~15세 0.5유로 **Web** www.kath.hallstatt.net

### 뾰족한 시계탑이 돋보이는
## 할슈타트 개신교회 Hallstatt Lutheran Church | 할슈타트 루터른 처치

그림엽서 같은 호숫가 마을 할슈타트 풍경 중심에 있는 뾰족한 시계탑 건물이 바로 마틴 루터 교회다. 독일어권에서는 1417년 마틴 루터의 종교개혁 후 세워진 개신교Protestant를 마틴 루터 교회라고 부르는데, 할슈타트의 개신교회도 그런 곳. 언덕 위의 마리아 암 베르크와는 대조적으로 소박한 외관, 절제미 있는 내부 장식이 특징이다. 마르크트 선착장ATOHallstatt Markt 바로 옆이라 오가며 들르기 좋은 위치다.

**Data** Map 237D
**Access** 마르크트 선착장ATO Hallstatt Markt에서 도보 2분
**Add** Landungsplatz 101, Hallstatt
**Tel** 699-1887-8496

> **Tip** *마틴 루터는 누구?*
> 로마 가톨릭교회의 부패에 반기를 든 독일의 종교개혁자다. 가톨릭의 교리와 폐쇄성에 이의를 제기하고 라틴어로 되어 있던 성경을 독일어로 번역했다.

세계 최초의 소금 광산
## 할슈타트 소금 광산
**Salzwelten Hallstatt** | 잘츠벨텐 할슈타트

BC 2000년경부터 중세까지 어떻게 소금을 채취했는지 생생하게 체험할 수 있는 소금 광산은 할슈타트 제1의 명소. 케이블카를 타고 산 위에 내려 다시 산길을 15분쯤 걸으면 옛 소금 광산이 모습을 드러낸다. 소금 광산은 반드시 가이드 투어(영어+독일어 동시)로 둘러봐야 한다. 위생과 안전을 위해 옷 위에 작업복을 덧입어야 입장 가능하다. 광산 깊은 곳으로 내려갈 때 타는 나무 미끄럼틀도 소소한 재미. 동심으로 돌아가 전속력으로 슝~타도 좋다. 중간중간 영상 상영을 통해 소금 광산의 지구과학적 배경과 역사의 깊이 있는 설명도 들을 수 있다. 막판 반전은 광산을 빠져나올 때 타는 꼬마기차! 꼬마기차를 타면 순식간에 밖으로 나온다. 기념품 가게에서 소금을 살 수 있다. **Don't Miss** 케이블카에서 내려 광산으로 올라가기 전 왼쪽에 있는 스카이워크Skywalk! 그 위에 서면 할슈타트 호수와 마을이 한눈에 쏙 들어온다.

**Data** Map 237C **Access** 소금 광산 케이블카 마르크트 선착장ATO Hallstatt Markt에서 도보 10분 또는 할슈타트 란Hallstatt Lahn 정류장에서 도보 3분 **Add** Salzbergstraße 21, Hallstatt **Tel** 6132-200-2400 **Open** (케이블카) 4/25~9/20 09:00~18:00, 9/21~11/1 09:00~16:30, (소금 광산 투어) 4/25~9/20 09:30~16:30, 9/21~11/1 09:30~15:00(11/2~4/24 휴무) **Cost** (광산+케이블카 왕복) 성인 40유로 **Web** www.salzwelten.at

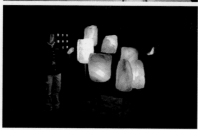

**Tip** *소금 광산 투어, 얼마나 걸릴까?*
투어만 약 1시간 30분. 케이블카를 타고 올라가서 도보로 15분쯤 걸어야 소금 광산에 도착하고, 내려오는 케이블카 등을 기다렸다 타다 보면 3시간은 훌쩍 지나간다. 시간을 넉넉히 잡고 관람하시길. 참고로, 소금 광산에서 마을까지 트레킹 코스로 걸어가면 약 40분 정도 걸린다. 광산 안이 어둡고 서늘하니 편안한 신발과 따뜻한 복장은 필수.

**Writer's Pick!**

자연이 빚어낸 절경, 인생의 장관
### 다흐슈타인 Dachstein | 다흐슈타인

　　다흐슈타인은 석회암 지역에서 용식으로 형성된 카르스트Karst 지형의 산이다. 동굴도 많고, 스키, 트레킹 코스가 발달돼 있다. 해발 2,995m, 북쪽 라임스톤 알프스에서 두 번째로 높은 산이 주는 위용을 느껴보자. 3개 구역으로 나눠져 있으며, 15분 간격으로 운행되는 케이블카로 각 정거장에 갈 수 있다. 섹션 1은 쇤베르감Schönbergalm역에서 하차한다. 해발 1,350m. 역 좌우로 도보 15분 거리에 얼음 동굴(아이시 욀레Eish Öhle)과 맘모스 동굴(마무스 욀레Mammuth Öhle)이 있다. 다흐슈타인은 몰라도 얼음 동굴은 아는 사람이 많을 정도로 유명하다. 빙하기 이후, 지하수가 희귀한 형태의 빙하산을 만들었고, 이것들이 동굴 안에 가득 차 자연이 빚은 최고의 조각품이 되었다. 500년 된 얼음이 덮고 있는 실내, 9m 높이 얼음이 눈길을 끌지만 이 동굴이 처음 발견된 1910년에는 그 높이가 두 배였다고. 다양한 색의 조명이 신비로움을 배가시키는 이곳, 여름에는 음악회도 열린다. 매년 8월 주 1회 성악, 바이올린, 관악기, 재즈 등 다양한 공연이 있다. 한여름에도 내부 온도가 −2℃이니 도톰한 외투는 필수.

맘모스 동굴은 70km의 길이 때문에 붙여진 이름. 얼음 동굴과 함께 이곳은 가이드를 동반한 투어로만 볼 수 있다. 다시 케이블카를 타고 섹션 2로 이동하자. 크리펜슈타인Krippenstein역은 해발 2,100m에 있다. 이곳에 전망대 3곳이 있고, 그중 하나가 파이브 핑거스5Fingers이다. 역에서 30분

을 걸어야 도착하는데, 어린 아이도 엄마 손 잡고 걸어갈 수 있는 곳이니 걱정 말자. 파이브 핑거스는 쫙 펼친 손가락 다섯 개 모양의 전망대가 산기슭 밖으로 뻗어 있는 것. 보기만 해도 심장이 쫄깃해진다. 할슈타트 호수, 셀 수 없이 많은 산봉우리들, 저 멀리 보이는 만년설, 코앞에 닿을 것 같은 구름까지. 인생 최고의 절경이 될 것이다. 각 손가락마다 보이는 광경이 다른 것도 매력 포인트. 철재성 같은 웰터비스파이랄Welterbespirale, 8m 길이 상어모양 다흐슈타인 하이Dachstein Hai 전망대도 섹션 2에 있다. 이곳에는 호텔도 있다. 통나무 산장 같은 로지Lodge 식당에서 맥주 한잔하며 다흐슈타인의 여운을 느껴보자.

**Data** Map 237E

**Access** (할슈타트 출발) 할슈타트 란Hallstatt Lahn 정거장에서 버스 542번 543번 탑승, 오베르트라운 다흐슈타인자일반 Obertraun Dachsteinseilbahn정거장에서 하차/약 15분 소요(비엔나, 잘츠부르크 출발) 기차 오베르트라운Obertraun역 하차-버스 542번 543번로 환승-오베르트라운 다흐슈타인자일반 정거장에서 하차(하차 정거장에 케이블카 매표소 위치, 도착 시 돌아가는 버스 일정 확인-정거장 안내판에 부착, 버스는 시간당 1회 운행) **Add** Winkl 34,Obertraun **Tel** 050-140 **Open** * 케이블카 08:40~17:40 (섹션 1), ~17:30(섹션 2), ~17:20(섹션 3) / 하절기 기준(세부내용은 홈페이지 참고) *얼음 동굴 09:20~15:30 *맘모스 동굴 10:30~14:00 **Web** www.dachstein-salzkammergut.com
**Cost**

| 구분 | 파노라마 티켓 | | | 얼음동굴 티켓 | | | 콤바인 케이브 티켓 | | | 다흐슈타인 잘츠카머구트 티켓 | | | 올인클루시브 티켓 | | |
|---|---|---|---|---|---|---|---|---|---|---|---|---|---|---|---|
| | (1) 성인, (2) 17세~19세, (3) 6세~16세 | | | | | | | | | | | | | | |
| | (1) | (2) | (3) | (1) | (2) | (3) | (1) | (2) | (3) | (1) | (2) | (3) | (1) | (2) | (3) |
| 입장료 | 38.9 유로 | 35 유로 | 21.4 유로 | 44.2 유로 | 39.7 유로 | 24.3 유로 | 51.8 유로 | 46.6 유로 | 28.5 유로 | 55.5 유로 | 50 유로 | 30.6 유로 | 58.4 유로 | 52.5 유로 | 32.1 유로 |
| 케이블카 섹션 1 | ○ | | | ○ | | | ○ | | | | | | ○ | | |
| 케이블카 섹션 2 | ○ | | | | | | | | | ○ | | | ○ | | |
| 케이블카 섹션 3 | ○ | | | | | | | | | | | | ○ | | |
| 얼음 동굴 | | | | ○ (택1) | | | ○ | | | ○ (택1) | | | ○ | | |
| 맘모스 동굴 | | | | | | | ○ | | | | | | ○ | | |
| 파이브 핑거스 | ○ | | | | | | | | | | | | ○ | | |
| Welterbespirale | ○ | | | | | | | | | | | | ○ | | |
| Dachstein Shark | ○ | | | | | | | | | | | | ○ | | |

# EAT

## 전망과 맛의 하모니
### 레스토란테 춤 잘츠바론 Restaurante zum Salzbaron

호숫가 호텔 그뤼너 바움Seehotel Grüner Baum 1층에 자리한 할슈타트 대표 맛집. 환상적인 전망을 바라보며 식사를 즐길 수 있다. 화창한 낮엔 야외, 저녁에는 분위기 있는 실내가 인기. 전망과 맛, 친절함까지 두루 갖춘 덕에 한국, 일본, 중국 관광객들 사이에서 이미 입소문이 자자하다. 때론 여기가 유럽인지 아시아인지 헷갈릴 정도. **Don't Miss** 라타투이를 곁들인 부드러운 양고기 로스트나 구운 소고기 요리를 추천. 여기에 와인 한 병 곁들이면 금상첨화. 레드와인 중에서 츠바이겔트Zweigelt로 만들어 섬세하고 부드러운 올리빈Olivin이 일품이다. **Bad** 전체적으로 가격이 비싼 편.

**Data** Map 237A
**Access** 마르크트 선착장ATO Hallstatt Markt에서 도보 1분
**Add** Marktplatz 104, Hallstatt **Tel** 6134-82-630
**Open** 런치 12:00~15:00 디너 18:00~22:00
**Cost** 메인코스 15.9~28.9유로, 올리빈 1병 37유로, 글라스 와인 3.9~4.1유로
**Web** www.gruenerbaum.cc

## 눈이 즐거운 레스토랑
### 브로이가스트호프 로비서 Bräugasthof lobisser

할슈타트의 낭만적인 전망을 만끽하며 식사를 즐길 수 있는 레스토랑. 찾기 쉬운 위치와 아름다운 전망, 무난한 음식 3종 세트를 갖췄다. 가벼운 점심을 즐기기 제격이다. **Don't Miss** 할슈타트 호수가 한눈에 들어오는 노천 테이블은 관광객들에게 인기 만점. 호수에서 불어오는 바람을 맞으며 마시는 시원한 맥주 한 잔에 캬~ 소리가 절로 나온다. **Bad** 브루어리라는 뜻의 '브로이Bräu'에 독특한 하우스맥주를 기대했다간 실망한다. 1504년 막시밀리안 황제로부터 양조권을 부여받아 맥주를 빚던 브루어리였던 과거를 기념해 이름만 '브로이', 실제로 파는 맥주는 스티글이다.

**Data** Map 237C
**Access** 마르크트 선착장ATO Hallstatt Markt에서 도보 5분, 호숫가에 위치
**Add** Seestraße 120, Hallstatt
**Tel** 6134-20-673
**Open** 5~10월 런치 12:00~15:00, 디너 18:00~22:00, 11~4월 휴무 **Web** brauhaus-lobisser.com

# SLEEP

### 조용하고 포근한 숙소
## 그뤼너 앙거 Grüner Anger

할슈타트 호수에서 200m 거리 아늑한 분위기의 펜션. 방도 널찍하고 호텔 못지않게 쾌적하다. 푸짐한 조식 외에도 무료 와이파이와 주차장, 자전거 대여 서비스를 제공한다. 나이 지긋한 주인장도 친절하다. 시내보다 할슈타트 소금 광산에서 가깝다. 고로, 기차와 배를 이용해서 할슈타트에 도착할 경우 마르크트 선착장ATOHallstatt Markt ATO(Schiffstation)에서부터 10분 이상 걸어야 하는 거리라는 게 함정. 반면, 바트 이슐에서 포스트버스를 이용할 경우 정류장에서 4분 거리다. 호텔에는 엘리베이터가 없어 계단을 이용해야 한다. 여러 가지 점을 고려할 때 짐이 많지 않은 여행자에게 추천. 체크아웃이 오전 10시 반으로 다소 이르다는 점도 참고하자. 체크인은 오후 3시 이후부터.

**Data** Map 237F
**Access** 마르크트 선착장ATO
Hallstatt Markt에서 도보 12분
또는 할슈타트 란Hallstatt Lahn
정류장에서 도보 3분
**Add** Lahn 10, Hallstatt
**Tel** 6134-8397
**Web** anger.hallstatt.net

### 호숫가의 로맨틱한 밤
## 제호텔 그뤼너 바움 Seehotel Grüner Baum

1700년대 건물을 개조한 4성급 부티크 호텔로 3개의 스위트룸, 26개의 더블룸 그리고 1개의 싱글룸을 갖추고 있다. 시시 황후를 비롯해 작가 아가사 크리스티Agatha Christie 등 많은 명사들이 머물렀던 호텔로 유명하다. 2006년 KBS 방영 드라마 〈봄의 왈츠〉 촬영지기도 하다. 한쪽은 할슈타트 호수, 다른 한쪽은 마르크트 광장을 바라보는 절묘한 위치도 강점. 더블룸의 경우 마르크트 광장 전망보다 호수 전망 객실이 더 비싸다. 호수를 향해 발코니가 딸려 있어 비싼 만큼 값어치를 하는 편. 비용을 아끼려면 마르크트 광장 전망 룸에 묵으며 1층 레스토랑에서 호수 전망을 만끽하는 것도 방법. 마르크트 선착장ATOHallstatt Markt ATO(Schiffstation)에서도 엎어지면 코 닿을 거리라 이동이 편리하다. 단지 엘리베이터가 없어 계단을 이용해야 하는 불편함만 있을 뿐.

**Data** Map 237A
**Access** 마르크트 선착장ATO
Hallstatt Markt에서 도보 1분.
마르크트 광장 앞 호숫가에 위치.
**Add** Marktplatz 104, Hallstatt
**Tel** 6134-826-30
**Web** www.gruenerbaum.cc

# 04

# 그문덴
## Gmunden

그문덴은 트라운 호수를 통한 소금 무역으로 부자 도시가 되었다. 고마운 트라운 호수는 가끔 심통을 부렸다. 마을로 물을 쏟아내 사람들을 곤란에 빠뜨렸다. 아직도 그 흔적이 곳곳에 남아 있지만, 덕분인지 도자기를 만들기에 딱 좋은 땅이 됐다. 오스트리아 사람들은 그문덴을 도자기의 수도라 부른다. 도자기로 빚은 듯한 오르트성이 호수 위에 떠 있고, 아틀리에 밀집한 골목골목은 동화 같다. 머무르는 이를 위해 극장을 짓고, 정성스레 음식을 준비하는 포근한 이곳은 그문덴이다.

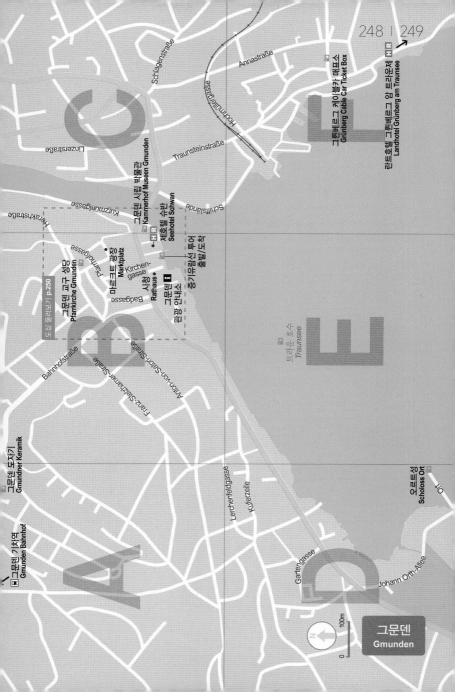

그뤼베르그 케이블카 매표소
Grünberg Cable Car Ticket Box

란트호텔 그뤼베르그 암 트라운제
Landhotel Grünberg am Traunsee

Schlägenstraße

Annastraße

Hochmüllergasse

Traunsteinstraße

Linzerstraße

그문덴 시립 박물관
Kammerhof Museen Gmunden

Kurzmühlgasse

제호텔 슈반
Seehotel Schwan

Schiffslände

증기유람선 투어 출발/도착

Herrkhstraße

마르크트 광장
Marktplatz

Kirchen-gasse

그문덴 교구 성당
Pfarrkirche Gmunden

Pfannhofgasse

Badgasse

시청
Rathaus

그문덴 관광 안내소

도심 훑어보기 p.250

Bahnhofstraße

Anton-von-Salm-Straße

Franz-Steinbauer-Straße

트라운 호수
Traunsee

그문더 도자기
Gmundner Keramik

그문덴 기차역
Gmunden Bahnhof

Lerchenfeldgasse

Kuferzeile

어르트성
Schloss Ort

Gartengasse

Johann Orth-Allee

0   100m

그문덴
Gmunden

# Gmunden
# GET AROUND

## 🚙 어떻게 갈까?

기차로 비엔나에서 2시간 30분, 잘츠부르크에서는 1시간 10분 소요된다. 아트낭 푸하임역에서 지역열차 3410번이나 4422번으로 갈아타야 한다. 바트 이슐에서는 직행으로 50분 소요. 장크트 길겐에서 이동할 경우 바트 이슐(150번 버스, 40분 소요)로 가서 기차를 타면 된다.
**Data** Add Bahnhofstraße 68, Gmunden Tel 761-264-2070 Web www.oebb.at

### | 기차역에서 시내로 들어가기 |

**트램** 기차역에서 프란츠 요제프 광장Franz Josef Platz까지 순환한다. 가장 짧고(2.3Km) 가파른 (경사 10도) 구간을 운행하는 걸로 세계기록을 가지고 있다. 기차역에서 프란츠 요제프 광장까지 14분, 요제프 광장에서 라트하우스 광장Rathausplatz까지 도보 4분이면 오케이.
**Data** Open 월~금 05:00~20:40, 토 06:15~20:20, 일 07:25~20:20(기차역 출발 기준)
Cost 성인 2.1유로, 어린이 1.1유로 Web www.gmundner-strassenbahn.at

## 🚶 어떻게 다닐까?

그문덴은 걸어도 충분하다. 단, 오르트성은 버스를 타야 한다. 라트하우스 광장에서 2번 버스 탈 것(노선 참고 verkehrsauskunft.ooevv.at).

### INFO 그문덴 관광 안내소

**Data** Map 249B Access 라트하우스플라츠Rathausplatz에서 도보 1분
Add Rathausplatz 1, Gmunden Tel 761-265-752
Open 월~금 08:30~17:00(7월~8월 기준, 기타 기간은 웹사이트 참고) Web www.traunsee.at

## 그문덴 도심

그문덴 교구 성당 Pfarrkirche Gmunden
J. E. Habertstrasse
키르헨 광장 Der Kirchenplatz
Fellingergasse
Pfarrhofgasse
암그라벤 도로 Am Graben
린홀즈 광장 Rinnholzplatz
마르크트 광장 Marktplatz
Köllmühlgasse
키르헨 도로 Die Kirchengasse
Kammerhofgasse
Theatergasse
무제움 광장 Museumplatz
극장 Theater
Kursaalgasse
시청 Rathaus
라트하우스 광장 Rathausplatz
그문덴 시립 박물관 Kammerhof Museen Gmund
카머호프 도로 Die Kammerhofgasse
프란츠 요제프 황제 공원 Kaiser Franz Joseph Park
트라운 호수 Traunsee
부둣가 산책로 Die Esplanade

**SEE**

**Writer's Pick!** 그문덴 발달의 중심
## 트라운 호수 Traunsee | 트라운제

트라운 호수는 수심 191m로 오스트리아에서 가장 깊은 호수다. 잘츠카머구트 지역 호수 중 가장 동쪽에 있고, 비엔나에서 기차로 2시간 30분 거리이다. 오늘날 여유로운 그문덴을 만든 일등공신은 트라운 호수다. 호수 이곳저곳에서 소금 실은 배들이 몰려들었고, 소금 무역과 함께 그문덴도 발전했다. 트라운 호수는 낮은 바람이 물결을 일으켜 요트 항해에 좋다. 특히 정오쯤이 최적의 시간. 트라운 호숫가에 있는 그문덴 세일링 협회는 1888년 왕실 요트 클럽으로 시작했다. 협회기에는 국기와 동일한 빨간색, 흰색 그리고 합스부르크 왕가의 왕관까지 그려져 있다. 요제프 황제의 특별허가로 만든 것이라고 하니, 당시 그문덴 요트 문화의 열기를 짐작할 수 있다. 트라운 호수에 증기유람선이 처음 등장한 건 1838년. 소피Sophie를 시작으로 왕가 여인의 이름을 붙인 배들이 속속 등장했다. 요제프 황제의 딸의 이름인 기젤라Gisela는 1872년 첫 항해를 시작으로 지금까지 운항 중이다. 배로는 유일하게 국가 문화유산으로 지정돼 있다. 항구를 가득 채운 증기유람선은 결혼식, 파티 장소로 인기 있다. 50분 동안 오르트성을 포함, 트라운 호수를 둘러볼 수 있는 증기유람선 투어도 있다.

**Data** 증기유람선 투어

Map 249B Access 라트하우스플라츠Rathausplatz에서 도보 1분 Add Sparkassegasse 3, Gmunden Tel 761-266-700 Open 월~토 10:00~12:00, 13:15~15:15 일요일 09:00~12:00, 13:15~16:45 (그문덴 시청 앞 부두 출발 기준, 코스별 상이 / 최소 40분 소요~) Cost 성인 8유로, 10~15세 5유로, 9세 이하 무료(시청~호이즌 호텔Gasthof Hoisn 기준, 소요시간 50분) Web www.traunseeschifffahrt.at

## 😊 | Theme |
## 걸어서 그문덴 시내 둘러보기

© Holiday Region Traunsee

걸어다니며 구경하기 딱 좋은 그문덴 시내. 그 중심은 라트하우스 광장Rathausplatz이다. 소금 실은 배를 기다리던 부두와 맞닿아 있고, 마차 터미널이 있던 광장이다. 소금 창고로도 쓰였던 시청 건물에는 도자기 종 24개가 걸려 있다. 그문덴을 상징하는 초록색 줄무늬로 치장한 종은 오전 10시부터 2시간 간격으로, 일 5회 멋진 연주를 한다. 청아한 종소리에 맞춰 부둣가 산책로를 걸어보자. 프란츠 요제프 황제 공원Kaiser Franz Joseph Park과 극장으로 이어진다. 오스트리아인들이 선호하는 여름 휴양지 그문덴. 오래 머무는 이들을 위해 극장을 짓고 오페라, 연극 등을 공연했다. 슈니첼러의 〈야수Freiwild〉가 첫 공연된 곳이기도 하다. 도자기의 도시답게 벽화 대신 도자기 장식이 있는 건물들이 멋스럽다. 도자기 구경의 백미는 린홀즈 광장Rinnholzplatz. 그문덴 도자기 제조사가 만든 소금 운반하는 남자 조각상이 여기에 있다. 13세기부터 지금까지 매주 화요일 장이 열리는 마르크트 광장Marktplatz에서 이곳 사람들의 정취를 느껴보는 것도 좋겠다(시내 둘러보기 추천 루트 250p 참고).

**볼거리, 놀거리가 넘치는 산**
## 그륀베르그 Grünberg | 그륀베르그

© Seilbahnholding

그륀베르그는 시내에서 가장 가까운 산이다. 20km 등산 코스를 비롯 산악자전거, 패러글라이딩 코스가 잘 발달돼 있다. 2014년에 새로 만들어진 케이블카를 타고 정상(해발 1,000m)까지 올라갈 수 있다. 최신기술로 만들어져 정상에 이르는 5분 동안 미동도 느껴지지 않을 정도다. 최대 탑승 인원은 60명. 정상에 서면 트라운 호수, 잘츠카머구트의 수호자라는 별명의 트라운슈타인Traunstein이 눈앞에 펼쳐진다. 천국 같은 풍경을 선사하는 이곳은 가족 여행의 천국. 아이들 놀거리가 지천이다. 놀이터, 어드벤처 게임장은 기본, 무려 길이가 1.4km의 슬라이드 토보간Toboggan도 있다. 소형 봅슬레이와 유사한 토보간은 직선과 곡선, 평지와 경사로를 적절히 섞어 어른들에게도 인기가 있다.

**Data** Map 249F Access 라트하우스플라츠Rathausplatz에서 도보 10분 Add Karl-Josef-von-Frey-Gasse 4, Gmunden Tel 50-140 Open 5~9월 10:00~18:30 Cost (성인) 편도 15.3유로, 왕복 21.9유로로 (17~19세) 편도 12.6유로로, 왕복 18유로 (7~16세) 편도 8.4유로로, 왕복 12유로 / 토보간 성인 9유로로, 어린이 6.5유로로 Web www.gruenberg.info

**재미없으면 반칙, 흥미진진한 박물관**
## 그문덴 시립 박물관 Kammerhof Museen Gmunden
### (K-Hof) | 카머호프 무젠 그문덴

두 가지 테마가 있는 박물관이다. 첫 번째는 그문덴의 역사, 소금과 토양, 천문학자 요하네스 폰 그문덴의 삶의 재조명한 곳이다. 합스부르크 왕가 이야기로 넘어가기 전, 실내는 작은 교회로 이어진다. 1340년에 지어진 그문덴의 첫 번째 교회, 성 야곱 교회가 박물관의 일부이다. 덕분에 티롤 정통 스타일 스테인드글라스가 조화로운 고딕 스타일 교회를 구경할 수 있다. 두 번째 테마는 욕실용품이다. 말 그대로 세면대, 욕조, 변기가 전시되어 있는데, 세계적 욕실용품 회사 '라우펜Laufen'이 이곳에 뿌리를 두고 있기 때문. 브람스의 세면대, 요제프 황제와 시시의 변기부터 카라얀의 것까지 흥미로운 볼거리가 가득하다. 화려한 꽃그림이 그려진 합스부르크 왕가의 욕실용품은 하나의 예술품 같다. 관람 후 트라운 강을 마주한 K-Hof 카페테라스에서 커피 한잔과 함께 휴식을 취해보자.

**Data** Map 249C Access 라트하우스플라츠Rathausplatz에서 도보 1분 Add Kammerhofgasse 8, Gmunden Tel 761-279-4420 Open 수~일 10:00~15:00(월·화 휴관) Cost 성인 6유로, 학생 4유로, 18세 이하 2유로 Web www.k-hof.at

Writer's Pick!

### 그문덴의 상징, 호수 위의 성
# 오르트성 Schloss Ort | 슐로스 오르트

트라운 호수에 유유자적 떠 있는 오르트성. 그 신비로운 자태를 보기 위해 여행객들이 그문덴에 올 정도로 유명하다. 1080년에 지어진 후 수차례 개축이 진행됐다. 그만큼 주인도 바뀌었는데, 그중 한 명이었던 요한 오르트 대공의 이름을 따서 오르트성이 됐다. 20세기, 요제프 황제의 손을 거쳐 지금은 그문덴의 소유다. 성에 이르는 유일한 방법은 120m 길이의 나무다리. 호수에 비친 구름까지 더해져 몽환적 자태의 오르트성을 대면하는 순간, 다리에 힘이 풀릴 정도. 오르트성은 오스트리아인들이 가장 선호하는 웨딩촬영, 결혼식 장소. 연간 300커플 이상이 이곳에서 결혼식을 올린다. 이곳을 배경으로 한 TV 시리즈 〈오르트성 호텔Schlosshotel Ort〉이 방영된 1996년 이후로 더욱 뜨거운 사랑을 받고 있다. 내부에는 성 야곱에게 봉헌된 교회, 세상에서 제일 작은 종탑 예배당, 박물관이 있다. 호수 성의 비애랄까. 홍수로 인해 1594년에는 거의 3m까지 잠겼었고, 그 이후로도 여러 차례 피해를 입은 흔적이 성벽에 표시되어 있다.

© GmundenHoliday Region

**Data** Map 249D Access 버스 2번 프란츠 라이젠비흘러스트라세 Franz-Reisenbichler-Straße 역 하차 후 도보 8분 또는 라트하우스플라츠Rathausplatz에 택시 5분 소요 Add Ort 1, Gmunden Tel 761-279-4400 Open 부활절~10월 26일 10:00~17:00 Cost 성인 5유로, 10인 이상 단체 4유로, 타워 투어 3유로 Web www.schloss-ort.at

### 성모 마리아와 동방박사를 기리며
# 그문덴 교구 성당 Pfarrkirche Gmunden | 파르키르셰 그문덴

라트하우스 광장Rathausplatz 북쪽 언덕에 있는 성당으로, 13세기에 지어졌다. 부드럽지만 위용이 느껴지는 황금색 성당을 향해 주민들의 발걸음이 이어진다. 이곳은 성모마리아와 3명의 동방박사를 기리기 위해 건립됐다. 고딕 양식의 건물이었으나, 17세기 바로크 양식으로 탈바꿈하며 51m의 양파 모양 돔을 갖게 됐다. 아기 예수에게 경배하는 동방박사를 조각한 토마스 스반탈러의 대제단도 이때 자리 잡았다. 성당 주변에서 묘비와 명판이 자주 눈에 띄는데, 이곳이 묘지였기 때문. 성당에서 이어지는 키르헨거리Kirchengasse는 그문덴에서 가장 오래된 거리로 소금 무역업자들의 집이 밀집해 있던 곳이다. 중세의 모습이 현대와 어우러져 멋스럽다. 영감을 얻고자 하는 예술가, 사진작가들이 즐겨 찾는 곳이니 느린 걸음으로 둘러보자.

**Data** Map 249B Access 라트하우스플라츠Rathausplatz에 도보 3분 Add Kirchenplatz 5, Gmunden Tel 761-277-670 Open 08:00~17:00 Cost 무료

### Writer's Pick!
그문덴의 얼굴, 국민 도자기
## 그문덴 도자기 Gmundner Keramik | 그문드너 케라믹

오스트리아 도자기의 수도, 그문덴. 그 중심에는 그문드너 케라믹Gmundner Keramik이 있다. 1492년부터 시작된 역사는 500년이 넘었다. 17세기, 그문덴 수공예산업의 발달로 예술가, 기술자들이 몰려들었다. 이때 그문드너 케라믹의 상징적 디자인이 탄생하며 전성기가 시작된다. 통계에 따르면 오스트리아 전 국민의 50%가 최소 하나는 갖고 있다니, 명실상부 국민 도자기다. 국내 판매처만 120군데가 넘는다. 접시 하나를 만드는데 60단계 공정을 거치고, 모두 수작업으로 이루어진다. 제품은 오직 그문덴 공장에서만, 관련 학교를 졸업한 130명 직원이 만드니 더욱 믿음이 간다. 생생한 현장을 직접 볼 수 있는 투어 프로그램이 있다. 그문드너 케라믹의 상징, 그륑거플람트 Grüngeflammt가 그려지는 모습을 직접 보다니! 녹색으로 불꽃을 형상화한 이 디자인은 흡사 예술작품이다. 다듬어 굽기만 16시간. 열기를 식힌 그릇들이 도착한 곳에서는 쉿! 조용히 해야 한다. 나무망치로 툭 치는 소리로 제품에 이상 유무를 판단하기 때문. 투어 참가자는 직접 도자기를 만들어 볼 수 있다. 이럴 땐 과장된 장인 코스프레도 좋다. 나만의 디자인도 좋고, 그문드너 케라믹의 유명한 사슴을 그려봐도 된다. 세상 단 하나뿐인 그릇보다 더 좋은 여행 기념품이 있을까.

**Data** Map 249A **Access** 버스 505번 그문덴 케라믹Gmunden Keramik역 하차 후 도보 3분 **Add** Keramikstrasse 24, Gmunden **Tel** 761-278-60 / 공장투어 761-278-6381 **Open** (공장 투어) 월~토 10:30, 13:00 / (매장) 월~금 09:00~18:00, 토 09:00~17:00, 일 10:00~16:00 (하절기 기준) **Cost** (공장 투어) 9.5유로, 학생 5유로, 14세 이하 무료 **Web** www.gmundner.at

**EAT**

### 가성비 높은 식당
## 제호텔 슈반 Seehotel Schwan

고급진 호텔 음식을 캐주얼 레스토랑 가격에 먹을 수 있다. 산맥에 둘러싸여 있는 호수 도시인 만큼 특별한 음식을 먹어보자. 제호텔 슈반의 송어구이는 호수에서 갓 잡아 어찌나 고소하게 구웠는지, 이미 아는 사람은 다 알 정도로 유명하다. 황제의 사냥터였던 곳답게 야생동물을 이용한 요리도 많다. 토끼, 야생 돼지의 다양한 부위를 이용한다. 특히 추워지기 시작하면 사슴요리를 꼭 먹어보자. 사슴은 10월부터가 제철이라는 사실. **Don't miss** 토펜크뇌델! 치즈와 달걀로 만든 만두 모양 후식이다. 빵가루 입힌 만두를 입에 쏙 넣으면 자두잼이 톡 터진다. 함께 나오는 카우베리 소스도 별미.

**Data** Map 249B **Access** 라트하우스플라츠Rathausplatz에서 도보 1분 **Add** Rathausplatz 8, Gmunden **Tel** 761-263-3910 **Open** 07:00~22:00 **Cost** 사슴구이 18.5유로, 사슴라구 23.9유로, 민물농어구이 21.8유로, 연어구이 18.9유로, 토펜크뇌델 7.8유로, 애플 슈트루들과 아이스크림 5.2유로 **Web** www.seehotel-schwan.at

---

Writer's Pick!

### 전문가의 손맛을 느껴봐
## 란트호텔 그륀베르그 암 트라운제 Landhotel Grünberg am Traunsee

가정집 분위기의 레스토랑. 여주인 인그리드Ingrid씨는 오스트리아 전통 음식으로 알아주는 요리사. 지난 10년간 출판한 요리책만 14권, 오스트리아 방송 OFR2에는 매주 출연하고 있다. 그녀의 손맛을 느껴보자. 훈제생선과 시금치로 만든 생선살 크로켓은 신세계다. 감자나 밀가루는 보이지 않고 생선살만 가득하다. 그런데 어떻게 입 안에서 녹아 없어지는지, 솜사탕 같다. 지역 특산물인 곤들매기와 차르Char는 허브와 마늘버터로 풍미가 두 배. 어린 양고기로 만든 스튜는 감칠맛 난다. **Don't miss** 무스카텔러Muskateller 와인을 꼭 마셔보자. 복숭아와 망고향의 달콤한 아로마로 청량한 목 넘김이 최고.

**Data** Map 249F **Access** 버스 3번 그문덴 그륀베르그 Grünberg 역 하차 후 도보 2분 **Add** Traunsteinstraße 109, Gmunden **Tel** 761-277-700 **Open** 11:30~22:00 **Cost** 곤들매기구이 21유로, 타펠슈피츠 18.9유로, 노루라구 18.9유로, 훈제송어 9.5유로, 글라스 와인 2.7유로~ **Web** www.gruenberg.at

### 인그리드의 쿠킹 클래스
오스트리아 전통 음식을 쉽게 알려준다. 레스토랑이 위치한 호텔의 쿠킹 스튜디오에서 진행된다. 실습과 시식을 포함한 1일 쿠킹 클래스(142유로)와 숙박, 쿠킹 클래스 패키지(217유로~)가 있다.

## SLEEP

호수 위 백조를 닮은 호텔
### 제호텔 슈반 Seehotel Schwan

라트하우스 광장Rathausplatz에 있다. 근방에 시내 유명 관광지가
몰려 있고, 대중교통이 모두 라트하우스 광장을 거쳐 가니, 관광
객에게는 이만한 위치가 없다. 백조라는 이름처럼 우아한 흰색 건
물, 널찍한 테라스는 보는 이를 기분 좋게 만든다. 나무와 차분한
녹색으로 꾸며진 객실은 절로 힐링될 것 같은 분위기다. 깔끔한
욕실에서 레인샤워기로 마사지까지 할 수 있으니 일석이조. 침대
에 눕는 건 잠시 미루고 창문을 열어보자. 트라운 호수가 눈앞에
쫙 펼쳐진다. 시원한 맥주 한 캔을 손에 들고, 별빛으로 일렁이는
트라운 강을 바라보자. 비싼 강가 카페가 부러울쏘냐. 기분 좋게
하루 피로를 털어낸다.

**Data** Map 249B
**Access** 라트하우스플라츠
Rathausplatz에서 도보 1분
**Add** Rathausplatz 8,
Gmunden
**Tel** 761-263-3910
**Cost** 더블룸 150유로~,
슈페리어 190유로~
**Web** www.seehotel-
schwan.at

맛있는 호텔
### 란트호텔 그륀베르그 암 트라운제

Landhotel Grünberg am Traunsee

그륀베르그 산 아래 별장 같은 곳이다. 가족이 운영해 아기자기한 호텔. 아이를 동반한 가족 손님을
배려하여 1층에 어린이 놀이방도 준비했다. 란트호텔은 트라운 호수를 가운데 두고 오르트성과 마
주하고 있어 경치가 일품이다. 테라스는 등산이나 산악자전거를 타고 온 현지인들도 선호하는 명소.
이곳에서 아침 물안개 자욱한 호수를 바라보며 먹는 조식은 꿀맛이다. 여주인장이 직접 만든 빵과
잼으로 활기차게 하루를 시작해보자. 유명 요리사인 그녀의 또 다른 요리를 맛보고 싶다면 하프보드
(3코스, 25유로)를 추가하는 것도 좋은 방법. 낭만적인 위치, 정평이 난 음식 덕분에 호텔에서는 결
혼식과 각종 파티가 자주 열린다.

**Data** Map 249F **Access** 버스
3번 그문덴 그륀베르그Grünberg
역 하차 후 도보 2분
**Add** Traunsteinstraße109,
Gmunden **Tel** 761-277-700
**Cost** 더블룸 80유로~, 싱글룸
95유로~ (인당 가격, 조식 포함)
**Web** www.gruenberg.at

# 인스부르크
## INNSBRUCK BY AREA

© Innsbruck

오스트리아의 알프스 중심에는 해발 574m 고원 도시, 인스부르크가 있다. '인
강 위의 다리'라는 의미의 이름처럼 대자연과 합스부르크 왕가의 문화유산을 잇는
징검다리 같은 매력을 품은 곳이다. 인 강의 남쪽 구시가에는 중세풍의 거리가
이어지고, 북쪽으로는 만년설 모자를 쓴 노르트케테 산맥이 병풍처럼 펼쳐진다.
천혜의 자연환경 덕에 1946년과 1976년 두 차례 동계올림픽을 개최하며 겨울
스포츠 도시로 명성이 자자하다.

Innsbruck

# PREVIEW

*인스부르크를 반나절이면 다 본다는 얘기는 몰라서 하는 말이다. 후다닥 둘러보기 아까운
구시가지, 케이블카 타고 오르는 해발 2,256m의 알프스, 노르트케테와 인스부르크 근교의
스와로브스키 크리스털월드까지 둘러보려면 적어도 1박 2일은 필요하다.*

**SEE**

노르트케테반을 타고 하펠레카르까지 구름 위의 트레킹을 하고 구시가로
내려와 황금 지붕, 왕궁, 마리아 테레지아 거리를 둘러보면 알프스의 대자연과
중세풍 거리를 넘나드는 놀라운 여정이 완성된다. 그 다음은 취향에 따라
베르기젤 스키 점프대, 암브라스성, 스와로브스키 크리스털월드 등 색다른
명소를 섭렵할 차례. 흥겨운 요들송 리듬에 몸을 맡겨보고 싶다면,
티롤 전통공연(277p)도 볼 만하다.

**EAT**

괜찮은 레스토랑과 카페는 구시가에 모여 있다. 출출한 오후엔 슈트르델 크롤에서
얇은 반죽에 과일과 갖은 재료를 얹어 말아 구운 오스트리아의 전통 과자
슈트르델을 맛보자. 왕궁 옆 카페 자허에서 커피와 자허토르테 타임을
가져도 좋다. 맛있는 저녁 식사로 하루를 마감할 땐
바이세스뢰슬이나 디 빌더린을 추천한다. 야경에 취하고
와인에 반하는 밤을 꿈꾼다면 요즘 뜨는 루프톱바 리히트블
린 360°와 아들러스 호텔 레스토랑&바를 기억할 것.

**BUY**

스와로브스키의 본고장 인스부르크에서 황금 지붕 옆, 스와로브스키 매장은
빼놓을 수 없는 쇼핑 스폿이다. 스와로브스키 크리스털월드까지 갈 수 없다면
이 매장에서 쇼핑을 해도 충분하다. 아기자기한 기념품을 사고 싶다면 황금 지붕
에서 호프부르크로 가는 길의 작은 숍들이 답이다. 마트 쇼핑이나 자라, 코스 등
패션 브랜드 숍을 찾는다면 마리아 테레지아 거리를 향해 직진!

**SLEEP**

접근성과 분위기, 두 마리 토끼를 잡는 숙소를 원한다고? 인스부르크를
효율적으로 둘러보기에도, 맛집을 섭렵하기에도 구시가지의 숙소가 제격이다.
이왕이면 독일의 대 문호 괴테도 묵고 간 골드너 아들러 호텔이나, 인 강변의
인스부르크 호텔에 묵어보자. 인스부르크의 밤이 더욱 로맨틱해질 테니.

Innsbruck
# ONE FINE DAY

인스부르크의 매력은 뭐니뭐니 해도 대자연과 중세 도시를 넘나들 수 있다는 데 있다.
아침부터 부지런히 움직이면 오전은 알프스를 누비고,
오후에는 구시가지를 활보하는 알찬 일정이 완성된다.

이른 아침, 인 강변 산책

도보 5분+
노르트케테반
40분
→

**오스트리아 알프스**,
**노르트케테**에 올라
구름 위의
점심식사 즐기기

도보 5분+
노르트케테반
40분
→

**호프부르크**, 합스부르크
왕가의 왕궁 둘러보기

도보 1분
↓

**마리아 테레지아 거리**
만년설과 어우러진
활기찬 쇼핑가 구경

← 도보 3분

**시의 첨탑**에 올라
노트르케테부터
인스부르크 시내
전망 즐기기

← 도보 1분

**황금 지붕**
왕의 개인정원 거닐기

도보 2분
↓

**스와로브스키**
나를 위한 쇼핑 타임

도보 4분
→

**바이세스뢰슬**
티롤 전통 요리 맛보기

도보 5분
→

**리히트 블릭 360°**에서
로맨틱한 칵테일 타임

Innsbruck
# GET AROUND

## 어떻게 갈까?

서울에서 인스부르크까지는 직항이 없다. 뮌헨, 프랑크푸르트, 파리, 런던 등 유럽 주요 도시에서 경유하거나, 비엔나에서 국내선인 오스트리아 항공으로 갈아타서 갈 수 있다. 비엔나에서 인스부르크까지는 오스트리아 항공으로 약 1시간 소요.

### | 인스부르크 공항에서 시내가기 |

공항(innsbruck-airport.com)에서 시내까지 거리는 약 4km. 버스 F번을 타면 15~20분 내에 도착할 정도로 가깝다. 택시로는 약 10분 소요.

**Data** **Add** 인스부르크 공항 Fürstenweg 180, Innsbruck

### 기차

오스트리아 남쪽에 위치한 인스부르크는 비엔나보다 잘츠부르크, 뮌헨, 취리히와 가깝다. 그래서 OBB(오스트리아 철도)가 오스트리아의 비엔나, 잘츠부르크뿐 아니라 독일의 뮌헨, 스위스의 취리히를 오간다. 잘츠부르크나 뮌헨에서 인스부르크까지는 기차로 약 2시간, 취리히에서는 약 3시간 50분이 걸린다. 비엔나에서는 기차로 5시간 30분이 소요된다.

인스부르크 중앙역

### 인스부르크 카드 *Innsbruck Card*

가는 곳마다 일일이 티켓을 사다 보면 살 때마다 환율 계산하랴 잔돈 챙기랴 여행이 피곤해진다. 그럴 땐 교통부터 관광지 입장료까지 한 장으로 해결해주는 인스부르크 카드가 정답! 비엔나 카드에 비해 황금 지붕, 왕궁, 암브라스성 등 무료 입장 스폿이 많다. 게다가 노르트케테반(산

악열차+케이블카) 상·하행 각 1회 이용과 시티투어 버스는 물론 인스부르크의 모든 대중교통이 무료라 더욱 알차다. 인스부르크 관광안내소에서 구입 가능하다.

**Data** **Cost** 24시간 53유로, 48시간 63유로, 72시간 73유로(6~15세 어린이 50% 할인).

# 어떻게 다닐까?

구시가는 도보로 충분히 둘러볼 수 있다. 중앙역에서 시내로 이동할 때나 외곽을 돌아볼 땐 트램, 버스, 시티투어 버스를 적절히 활용하면 된다. 외곽은 트램이나 시티투어 버스가 여행자의 든든한 발이 돼준다. 단, 근교에 있는 스와로브스키 크리스털월드를 갈 경우 별도의 셔틀버스(275p)를 타는 게 가장 효율적.

## 1. 트램 Strassenbahn | 스트라센반

인스부르크 중앙역과 구시가 사이를 이동할 땐 트램 1번, 베르기젤 스키 점프대, 암브라스성 등 구시가를 벗어난 관광지를 갈 땐 트램 3번, 6번을 이용하면 된다.

## 2. 시티투어 버스 Sightseer | 사이트시어

암브라스성, 베르기젤 스키 점프대 등 구시가에서 걸어가기 먼 거리는 인스부르크 시티투어 버스가 해결사! 호프부르크에서 출발해 중앙역, 마리아 테레지아 거리, 개선문 등을 지나 암브라스성까지 순환 운행한다. 하루에 여러 곳을 둘러볼 요량이라면 1일권이 경제적. 티켓은 인스부르크 관광안내소에서 판매하며, 인스부르크 카드가 있으면 무료!

**Data** **Open** 09:00~22:00, 40분 간격

## 3. 택시 Taxi

중앙역 앞이나 도시 곳곳의 택시 정류장에서 탈 수 있다. 호텔에서 중앙역으로 이동할 경우 리셉션에 불러달라고 하거나, 전화로 부르면 된다.

**Data** **Tel** 512-33-500, 512-53-11, 512-24-411

### INFO

**관광안내소** Innsbruck Infomation

인스부르크 관광에 대한 전반적인 정보를 얻을 수 있다. 인스부르크 카드 및 스키 패스도 구매 가능하며, 티롤 민속 쇼 등 각종 예약 서비스도 제공한다. 환전도 가능. 지도 및 각종 기념품도 판매한다.

**Data** **Map** 265C

**Access** 인스부르크 중앙역에서 도보 10분 **Add** Burggraben 3, Innsbruck **Tel** 512-598-500 **Open** 09:00~18:00 **Web** www.innsbruck.info

하펠레카르
**Hafelekar**

제그루베
**Seegrube**

노르트케테반 Nordkettebahnen

Grammartrasse

훙거부르크
**Hungerburg**

알펜 동물원
**Alpenzoo**

Anton-rauch-straße

Hallerstraße

인 강 Inn

인스부르크 상세도 p.265

인스부르크 중앙역
**Hauptbahnhof**

Amraser-see-straße

Luitgenstraße

Philippine-Welser-Straße

Wiesengasse

앙브라스성
**Schloss Ambra**

그라스마이어 종 박물관
**Grassmayr Gloken Museum**

Schlossstraße

Innsbrucksti

빌텐 바실리쿤 성당
**Wilten Basilica**

티롤 파노라마 박물관
**Das Tirol Panorama**

베르기젤 스키점프대
**Bergisel Stadion**

Sistranserstraße

이글스
**Igls**

Ⓢ 시티투어 버스 노선

N

인스부르크
**Innsbruck**

0                1km

**Writer's Pick!** 구름 위의 휴식,
제그루베 Seegrube

여기서부터 진정한 알프스다. 스키 철이 아니어도, '제
그루베 레스토랑'이 여행자들의 휴식처가 돼준다. 알프스도 식후
경이라면, 눈부신 전망을 바라보며 구름 위의 식사부터 즐겨보
자. 레스토랑 테라스에 앉아 청량한 맥주 한 잔 쭉 들이키면 마음
까지 맑아지는 느낌. 구름 한 점 똑 따서 주머니에 담아오지 못해
아쉬울 따름이다. 식사 후엔 오롯이 두 발로 알프스를 느껴보자.
멀리 가지 않고 '제그루베 파노라믹 트레일'만 한 바퀴 돌아도 시
시각각 다른 전망이 눈에 담긴다. 소요시간은 약 25분.

**Data** Map 264A
**Access** 훙거부르크
Hungerburg에서 케이블카를
타고 제그루베Seegrube
정류장에 하차
**Add** Seegrube, Innsbruck
**Open** 08:30~17:30
**Web** seegrube.at

---

**노트르케테의 정상**
하펠레카르 Hafelekar

구름 위 신들의 세상에 와버린 것을 아닐까 하는 착각마저 드는
이곳은, 오스트리아 최대의 카르벤델 국립 공원에 속해 있다.
케이블카에서 내려 오르막을 오르면 정상. 정상까지 상쾌한 공
기를 마시며 구름 위로 솟은 길을 걷다 보면 숨 쉬고 있는 자체
가 축복이라는 생각이 절로 든다. 현지인들은 정상을 향해 직진
만 하지 말고, 벤치나 바위에 앉아 풍경을 음미하라 말한다. 그
게 바로 노트르케테를 뒷산 오르듯 드나드는 인스부르크 사람들
의 트레킹 스타일이다.

**Data** Map 264A
**Access** 제그루베Seegrube
에서 케이블카를 타고 하펠레카르
정류장에 하차
**Add** Hafelekarspitze
Station, Innsbruck
**Open** 08:30~17:30

### 중세 고딕 양식의 우아함
## 헬블링하우스 Helblinghaus

화려한 외벽으로 시선을 사로잡는 헬블링하우스는 15세기 귀족
의 저택이다. 그 시절 가장 유행하던 고딕 양식에 1730년 베소부
르너 실레가 작업한 모르타르 장식이 더해져 꽃처럼 화사한 건물
로 거듭났다. 건물 중앙에는 어린 예수와 성모 마리아의 그림이
있는데, 한때 가톨릭 집회소로도 사용한 흔적이라고. 현재 1층은
상점, 2층부터는 주거용으로 쓰이고 있다. 황금 지붕을 바라보고
왼편에 있으니 지나치지 말고 둘러보자.

**Data** Map 265C
**Access** 황금 지붕Goldenes Dachl 바라보고 왼편 모퉁이 건물
**Add** Herzog-Friedrich-Straße 10, Innsbruck

---

**Writer's Pick!**

### 구시가의 랜드마크
## 황금 지붕 Goldenes Dachl | 골데네스 다흘

'황금 지붕'이란 이름 그대로 금박 지붕을 올린 건물.
1420년 프리드리히 4세가 티롤 영주의 저택 겸 집무실로 지었는
데, 16세기 신성 로마제국의 황제로 군림했던 막시밀리안 1세가
지금의 모습으로 증축했다. 원래는 발코니가 없었는데, 막시밀리
안 황제가 광장 행사를 관람하기 위해 발코니를 냈다. 발코니 지
붕에 금박 기와 2,657개를 얹고, 기둥에는 황제와 여왕, 문장
등을 세밀한 부조로 새겼다. 그 시절 황제의 사생활을 엿보고 싶
다면 내부의 박물관 관람을 추천한다. 오디오 가이드(영어)를 들
으며 황제 가족들의 초상화, 갑옷 등을 쭉 둘러본 후, 발코니에
서서 광장을 내려다보면 과거로 시간 여행을 떠나온 기분. 단, 내
부 사진 촬영 금지, 내부에서 창밖만 촬영할 수 있다. 박물관 아
래는 결혼식이 열리는 연회 홀이 있어 주말에는 황금 지붕 앞에서
신랑 신부들의 모습을 볼 수도 있다.

**Data** Map 265C
**Access** 트램 1번을 타고 마리아 테레지아 거리Maria Theresien Straße역 하차 후 도보 3분. 또는
인스부르크 중앙역Innsbruck Hbf에서 도보 13분 **Add** Herzog Fridrich Straße 15, Innsbruck
**Open** 5~9월 월~일 10:00~17:00 / 10~4월 월 휴관, 화~일 10:00~17:00
**Tel** 512-5360-1441 **Cost** 성인 5.3유로, 학생 2.8유로

---

**Tip** **인스부르크 번성의 주역, 막시밀리안 1세는 누구?**

인스부르크는 15세기에 합스부르크 왕가의 막시밀리안 1세가 남 티롤(현 이탈리아, 당시 합스
부르크 영토)에서 이곳으로 수도를 옮기며 번성했다. 막시밀리안 1세는 '결혼하라'라는 가훈을 남길
정도로 결혼으로 세력을 확장하는 정략결혼의 달인이었다. 솔선수범, 언행일치의 차원(?)에서 결혼
을 2번이나 했는데, 그중 부르고뉴 공작의 딸 마리아와 결혼을 통해 부르고뉴의 화려한 궁정 문화를
오스트리아에 도입했다.

### 360도 파노라믹 뷰
**시의 첨탑** Stadtturm | 슈타트트룸

양배추 모양의 지붕이 사랑스러운 시계탑. 575살로 옛 시가지에서 최고령이자 51m의 최장신 건물. 유심히 보지 않으면 위에 전망대가 있는지 모르고 지나치기 일쑤. 첨탑 안 31m 지점에 인스부르크를 한눈에 담을 수 있는 360˚ 전망대가 있다. 성 야콥 대성당, 마리아 테레지아 거리 너머 베르크이젤 스키 점프대까지 한눈에 들어온다. 전망대는 계단 148개만 오르면 근사한 전망이 눈앞에 펼쳐진다. 인 강에서 불어오는 시원한 바람은 덤. 황금 지붕과 가까워 함께 둘러보는 코스로 잡으면 딱 좋다.

**Data** Map 265C
**Access** 황금 지붕Goldenes Dachl에서 도보 1분 **Add** Herzog-Fridrich-Straße 21, Innsbruck
**Tel** 512-587-113 **Open** 6~9월 10:00~20:00, 10~5월 10:00~17:00 **Cost** 성인 5.5유로


**합스부르크 왕가의 왕궁**
### 왕궁 Hofburg | 호프부르크

지그문트 대공과 막시밀리안 1세가 후기 고딕 양식으로 지은 성을 마리아 테레지아 여제가 웅장한 로코코 양식으로 재건했다. 이후 1753년부터 1773년까지 연회장, 예배당, 갤러리 등을 추가했다. 비엔나의 왕궁만큼 호화롭진 않아도 왕가의 무도회가 열리던 연회장과 다이닝룸 등을 둘러볼 수 있다. 연회장에는 테레지아 여제와 막내 마리 앙투아네트의 초상화가 걸려 있다. 1765년 레오폴드 2세가 마리아 루도비카와 웨딩마치를 올린 곳으로 유명하다. 입구에 자허토르테로 유명한 카페 자허(279p)도 있다.

**Data** Map 265C
**Access** 황금 지붕Goldenes Dachl에서 도보 2분
**Add** Rennweg 1 Innsbruck **Tel** 512-587-186
**Open** 09:00~17:00 **Cost** 성인 9.5유로, 19세 이하 무료
**Web** hofburg-innsbruck.at

프레스코 천장화가 아름다운
### 성 야콥 대성당 Dom zu St. Jakob | 돔 주 장크트 야콥

호프부르크 모퉁이를 돌면 나타나는 고색창연한 성당. 외관은 로마네스크와 고딕 양식이 혼재하며 내부는 화려한 바로크 양식으로 장식돼 있다. 중앙에는 거장 루카스 크라나흐Lucas Cranach의 알프스 산기슭 배경으로 종교화를 그린 〈마리아의 보살핌〉이 안치돼 있다. 아삼형제가 그린 프레스코 천장화와 모르타르 장식도 볼거리. 관람은 무료지만 내부 사진 촬영을 하려면 촬영비로 1유로를 내야 한다. 매일 아침 9시 30분(일요일은 10시)부터 미사가 열리며, 낮 12시 10분에 평화를 기원하는 종이 울린다. 성당 앞 작은 광장에 쉬어가기 좋은 벤치는 인기 만점.

**Data** Map 265C Access 버스 H, T를 타고 호프부르크Hofbrug / 콩그레스Congress역에서 하차 또는 황금지붕Goldenes Dachl에서 도보 2분 Add Domplatz 6, Innsbruck Tel 512-583-902 Cost 무료

막시밀리안 1세를 기리는
### 궁정 교회 Hofkirche | 호프키르셰

티롤의 영주였던 페르난디트 대공이 막시밀리안 1세의 묘를 꾸미기 위해 건립한 왕궁 성당. 1555년부터 10년에 걸쳐 르네상스 양식으로 지었다. 외관보다 화려한 내부가 압도적이다. 실물보다 큰 28인 청동상이 막시밀리안 황제 묘를 호위하고 있는 모습이 중국 진시황의 묘를 떠올리게 한다. 표정뿐 아니라, 옷차림까지 세밀하게 조각했다. 막시밀리안 1세의 아내였던 두 왕비의 패션을 비교해보는 재미도 있다. 네덜란드 출신인 첫 부인 마리아 폰 부르군트의 옷과 모자는 고딕 양식, 이탈리아 출신 두 번째 부인 비앙카 마리아 스프르차는 르네상스 양식이다. 막시밀리안의 호화로운 묘 안에 시신이 없다는 것은 반전. 2층에는 1558년에 만든 에베르트 파이프 오르겔이 세월이 흘러도 변치 않는 아름다움을 뽐낸다. **Don't miss** 이름은 궁정 교회이지만 티롤 민속 박물관Tiroler Volkskunstmuseum 안에 있어 입구가 같다.

**Data** Map 265D
Access 버스 H, T를 타고 호프부르크Hofbrug / 콩그레스Congress역에서 하차 후 도보 1분 또는 황금 지붕Goldenes Dachl에서 도보 3분. Add Universitätsstraße 2, Innsbruck Tel 512-584-302 Open 월~토09:00~17:00, 일 12:30~17:00 Cost 성인 12유로, 어린이 9유로

인스부르크 최고령 성당
# 빌텐 바실리쿤 성당
## Wilten Basilica | 빌텐 바실리카

인스부르크에서 가장 오래된 성당, 빌텐 바실
리카는 14세기부터 티롤의 성물 순회소로 쓰
이던 초기 기독교식 성당이다. 1755년 프란츠
드 파울라 펜츠가 로코코풍으로 개축했다. 겉보
다 안이 화려하다. 규모는 작지만, 마토이스 귄
터가 그린 천장 프레스코화와 안톤 기글이 작업
한 화려한 모르타르 장식이 볼거리다. 구시가와
다소 떨어져 있어, 걸어서 가긴 먼 편이니 시티
투어 버스를 이용하자. 베르기젤 스키 점프대
가는 길에 둘러보기 좋다. 단, 요일별 오픈 시
간이 다르고, 오픈 시간이 짧으니 미리 확인 후
방문하자.

**Data** Map 264E **Access** 시티투어 버스 타고
빌텐 바실리카Wilten Basilica역 하차
**Add** Haymongasse 6a, Innsbruck
**Open** 월~금 09:00~11:00, 수요일 16:00~17:30
**Tel** 512-583-385 **Web** basilika-wilten.at

티롤 종의 모든 것
# 그라스마이어 종 박물관 Grassmayr Gloken Museum | 그라스마이어 글로켄 무제움

1599년 이래, '종'으로 대를 이어온 그라스마이어 가문이 운영하는 종 박물관 겸 주조공장. 박물
관에서는 광석으로 종을 만드는 과정과 전통적인 모양의 종들을 살펴볼 수 있다. 박물관 옆 공장
에선 워낭Cowbell부터 웨딩 종, 세례용 종, 성당 종탑의 종까지 각종 종을 만들어 유럽 각지로 수
출한다. 음과 향을 느낄 수 있는 공간도 마련돼 있다. 수십 개의 종으로 연주하는 왈츠 등 뜻밖의
종소리를 듣는 재미가 쏠쏠하다. 종의 모양뿐 아니라 '소리'에 집중해, 종을 악기 수준으로 승화시
키려는 노력이 돋보인다. 기념품 숍에서 작은 종도 구입할 수 있다.

**Data** Map 264E **Access** 시티투어 버스를 타고 빌텐 바실리카Wilten Basilica역 하차 후 도보 3분
**Add** Leololdstraße 407, Innsbruck **Tel** 512-59-416 **Open** 월~금 09:00~17:00, 토 09:00~17:00,
일요일 휴무 **Cost** 성인 9유로, 6~14세 5유로 **Web** www.grassmayr.at

> **Tip** **티롤 종이 유명한 이유**
> 오래전부터 종은 알프스를 누비는 양치기의 필수 아이템이었다. 그러다 보니 자연스럽게 종이
> 발달했다는 게 티롤 종의 기원!

### 체험, 스키 점프의 현장!
**Writer's Pick!** 베르기젤 스키 점프대
**Bergisel Stadion** | 베르기젤 스타디온

© Innsbruck

스키 점프대 위에서 알프스를 바라보고 싶다면 꼭 들러야 할 곳. 37도 경사, 98m 길이의 U자형 스키 점프대도 아찔한데, 그 위에 50m 높이의 야외 전망대가 있다. 입구에서 푸니쿨라를 타고 스키 점프대를 지나 엘리베이터를 타고 한층 오르면 발아래는 1964년, 1976년 동계올림픽을 개최한 스키 점프대요, 눈앞은 웅장한 알프스의 풍광! 전망대 아래층의 '베르기젤 스카이'는 로컬들이 특별한 날 찾는 로맨틱 레스토랑. 특히, 브런치가 인기다. 미래적인 전망대 디자인은 훙거베르크 정류장을 설계한 건축가 자하 하디드의 작품.

**Data** Map 264E Access 시티투어 버스를 타고 티롤 파노라마Tirol Panorama/베르기젤Bergisel역 하차 Add Bergiselweg 3, Innsbruck Tel 레스토랑 예약 512-589-259 Open 스키 점프대 / 레스토랑 6~10월 09:00~18:00, 11~5월 10:00~17:00(화 휴무) Cost 성인 11유로, 6~14세 5.5유로 Web www.bergisel.info

**Tip** 스키 점프란?
평균 경사 35~40도의 스키점프대에서 점프를 한 후 공중에서 최대한의 거리를 주파하는 경기로, 선수의 점프 거리와 스타일에 대해 심판이 점수를 매긴다.

### 로맨티스트의 결혼 선물
**Writer's Pick!** 암브라스성 Schloss Ambras | 슐로스 암브라스

페르디난드 2세Ferdinand II 대공이 부인에게 결혼선물로 준 성이다. 평민 출신 아내를 선택하며 왕위계승까지 포기한 그의 로맨틱한 면은 그림 같은 정원에서부터 느껴진다. 상궁과 하궁으로 이루어진 성에 대공의 수집품을 전시했고, 많은 유럽 박물관의 모델이 되기도 했다. 가장 아름다운 곳은 스페인 홀. 1572년에 지어져 연회장으로 쓰였으며, 티롤 군주 27명의 벽화가 그려져 있다. 깊이 1.6m로 수영장을 방불케하는 아내의 욕실도 상궁에 있다. 페르디난드 대공이 수집한 다양한 갑옷은 하궁 박물관에서 볼 수 있다. 얼굴에 털이 가득한 부녀 초상화처럼 흥미진진한 전시, 아트&큐리오시티스Art&Curiosities도 둘러보자.

**Data** Map 264D Access 시티투어 버스 슐로스 암브라스Sightseer Schloss Ambrass역 하차(성 입구), 버스 3번 필리피네-벨서스트라세 Philippine-Welser-Straße역 하차 후 도보 14분 또는 버스 6번 투멜플라츠Tummelplatz역 하차 후 도보 6분 Add Schlossstraße 20, Innsbruck Tel 525-244-802 Open 월~일 10:00~17:00 (11월 휴관) Cost 성인 16유로, 25세 이하 학생 12유로, 19세 이하 무료 Web www.schlossambras-innsbruck.at

marq을 흔드는 반짝임

**Writer's Pick!** **스와로브스키 크리스털월드** Swarovski Kristallwelten | 스와로브스키 크리스탈벨텐

스와로브스키는 170개국, 2,560개 매장을 가지고 있는 쥬얼리 브랜드다. 우리에게도 친숙한 스와로브스키의 고향이 오스트리아라는 사실. 게다가 본사가 인스부르크에 있다. 1995년, 창립 100주년을 기념해 스와로브스키 크리스털월드를 오픈했다. 75,000㎡ 정원에 박물관, 매장, 4층짜리 어린이 놀이타워, 레스토랑까지 갖췄으니 테마파크라 해도 손색없다. 오스트리아 예술가 앙드레 휠러가 디자인한 이곳의 콘셉트는 '호기심 세상'. 모험과 신비의 세계로 여행을 떠난다는 거인 Giant 입속으로 들어가보자. 30만 캐럿짜리 크리스털이 있는 블루 홀부터 몽환적 크리스털 전시가 시작된다. 총 13개 전시실, 세계 유명 예술가들의 크리스털 작품으로 꾸며져 있다. 595개 거울이 달려 있는 크리스털 돔, 한국인 현대 예술가 이불Lee, Bul의 'Into Lattice Sun', 발길 닿는 곳에 길이 열리는 얼음 복도 등 볼거리가 가득하다. 전시가 끝나는 지점에는 매장이 있다. 스와로브스키는 물론 카덴자, 롤라&그레이스 등 계열사 제품까지 선택의 폭이 넓다. 오스트리아는 75유로 이상 구매 시, 세금 환불이 가능하니 참고하자. 떠나기 전 80만 개의 조각이 만든 크리스털 구름 밑에서 기념사진도 찍어보자.

**Data** **Access** 인스부르크 중앙역 Hauptbahnhof (10:20/12:40/14:40/16:40) 또는 호프부르크 Hofburg (10:24/12:44/14:44/16:44)에서 매일 4회 셔틀버스 운행 / 성인 왕복 10유로, 17세 이하 무료 / 중앙역 기준 약 30분 소요 **Add** Kristallweltenstraße 1, Wattens **Tel** 522-451-080 **Open** 09:00~19:00 (입장 마감 18:00) **Cost** 성인 23유로, 6~17세 7유로, 5세 이하 무료 **Web** kristallwelten.swarovski.com

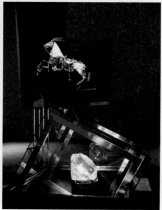

## | Theme |

### 티롤 Tirol이란?

*티롤은 오스트리아 행정구역 9개 중 하나로, 티롤 주의 주도가 인스부르크다. 티롤은 1세기부터 고대로마의 통치를 받다가 13세기 독립 제국이 됐다. 그러나 합스부르크와 바이에른의 끝없는 영역 싸움 끝에 합스부르크의 영지가 된다. 티롤 고유의 문화와 음악, 언어, 심지어 패션까지 오스트리아 타 지역에 영향을 미쳤고, 오늘날까지 유지되고 있다.*

## 티롤 파노라마 박물관 Das Tirol Panorama | 다스 티롤 파노라마

자그마치 길이 100m, 높이 10m의 대형 파노라마 그림이 있는 박물관이다. 1809년 베르기젤Bergisel, 안드레아스 호퍼Andreas Hofer가 이끈 티롤 군대가 바이에른과 나폴레옹 연합군을 무찌르는 장면을 그린 유화다. 지하 1층 특별전시장을 360°로 감싸고 있어, 자유를 위해 싸우는 티롤군의 용맹함이 생생하게 전해진다. 제노 디마르Zeno Diemar가 그린 것으로, 원래 훙거부르크Hungerburg에 있던 것을 2011년에 이곳으로 옮겼다. 1층 전시관에는 티롤의 자연, 정치, 종교에 관련된 다양한 전시품이 있다. 통유리창을 따라 길게 난 복도에는 티롤 역사를 연대별로 정리하며, 요제프 황제를 비롯한 주요 인물들의 동상을 진열했다. 안드레아스 호퍼의 것도 있다. 황제의 보병에 관련된 전시가 복도를 따라 이어진다. 파노라마 전망대도 들러보자. 인스부르크 전경이 시원스레 눈앞에 펼쳐진다.

**Data** **Map** 264E **Access** 버스 1번, 6번 스투바이탈반Stubaitalbahn역 하차 후 도보 11분
**Add** Bergisel 1-2, Innsbruck **Tel** 512-594-89 **Open** 수~월 09:00~17:00(화 휴관)
**Cost** 성인 9유로, 19세 이하 무료, 인스부르크 카드 소지 시 무료 **Web** www.tiroler-landesmuseen.at

### Tip 티롤 전통 의상

티롤 사람들은 일상에서도 전통 의상을 즐겨 입는다. 거리에서 전통 의상 입은 주민들을 자주 볼 수 있다. 트라흐트Tracht라고 불리는 남성 전통복은 가죽바지가 기본인데, 여름에는 반바지, 겨울에는 무릎 아래부터 발목까지 쫙 달라붙는 긴 바지 형태다. 동물 뼈로 만든 단추가 달린 재킷, 동물 털로 만든 모자를 쓴다. 여성의 것은 디른들Dirndl이며 주름 있는 원피스에 퍼프 소매 블라우스를 입는다. 여기에 앞치마도 필수.

## 티롤 민속 박물관 Tiroler Volkskunstmuseum | 티롤러 폭스쿤스트무제움

축제, 예술과 밀접했던 티롤의 역사를 볼 수 있는 곳이다. 민속 박물관은 이들의 축제 현장에서 시작한다. 알프스 산맥 아래, 풍요로운 자연환경과 티롤 민족의 즐거운 생활이 모형으로 표현돼 있다. 특이한 점은 그 속에 성모 마리아, 아기 예수, 동방박사가 항상 있다는 점. 생활 중심이 종교였음을 알게 한다. 18세기부터 현재까지 그들이 지키고 있는 전통 의상, 생활 및 주방용품 도 빼곡히 전시돼 있다. 흥부자 티롤 민족이라도 삶에 대한 두려움과 근심이 있기 마련. 시선을 끄는 특이한 회화, 조각 작품으로 정서의 이면도 살펴볼 수 있다. 시민 계급별로 구분한 거실 모 형도 흥미롭다. 서민인지, 상류층의 집인지 한눈에 알 수 있는 척도는 벽난로다. 삶의 여유가 있 을수록 화려하고 큰 벽난로를, 입구보다는 거실 안쪽에 놓는다. 궁정 극장 바로 옆에 있으며, 통 합권을 판매하니 함께 둘러보자.

**Data** Map 246C Access 시티투어 버스, 버스 1번, A번, M번, O번, J번, C번 무제움스트라세 Museumstraße역 하차 후 도보 3분 Add Universitätsstraße 12, Innsbruck Tel 512-594-89 Open 09:00~17:00 Cost 궁전교회Hofkirche 통합권 성인 12유로, 어린이 8유로 Web www.tiroler-landesmuseen.at

## 티롤 전통 공연

인Inn 강가에 위치한 산장에서 티롤 전통 공연을 볼 수 있다. 공연 은 슈니첼을 포함한 3코스 식사와 함께 진행된다. 공연은 알프스 소녀 하이디도 울고갈 만큼 꾀꼬리 같은 요들송으로 시작한다. 친 숙한 멜로디로 금세 모든 관람객이 따라 부르게 된다. 바통을 이 어 받는 건 민속춤. 'Shoe-Slapping'이라 부르는 이 춤은 제자 리 뛰기를 하며 손으로 신발을 치는 것. 알록달록한 전통 의상을 입은 남녀 배우들이 제대로 흥을 돋운다. 알프혼Alphorn, 라펠레 Raffele 같은 전통 악기의 청아한 연주도 들을 수 있다. 제법 익숙 한 소 방울, 하프도 등장한다. 1967년부터 시작된 이곳의 공연은 안정된 팀워크로 수준이 높다. 공연의 피날레로 관람객 각각의 민 속 국가를 불러준다. 공연장에 도착하면 국적을 물어보는데, 이를 위한 것. 한국말로 또박또박 부르는 아리랑에서 티롤 민족의 따스 함이 느껴진다.

**Data** Access 인스부르크 왕복 셔틀버스 이용 가능, 유료 Add Reichenauerstr. 151, Innsbruck Tel 512-263-263 Open (4~10월) 월~일 20:30~22:00 / 1~3월은 매주 목, 12월은 매주 토만 공연 Cost 성인 58유로, 6~14세 20유로, 5세 이하 무료(식사제공 제외) Web www.tiroler-abend.com/en.html

# EAT

**사냥꾼의 오두막집**
## 바이세스뢰슬 WeissesRössl

인스부르크에 몇 안 되는 오너 셰프 식당이다. 그가 운영하는 호텔에 있다. 모던한 호텔과 상반되는 통나무 오두막 같은 내부에는 사슴 박제가 군데군데 붙어 있다. 주인장이 알아주는 사냥꾼이라고. 티롤의 전통 음식을 주로 판다. 소고기랑 감자 달달 볶고, 계란 탁 올려서 주는데 한번 시작하면 끝을 보게 하는 맛이다. 돼지고기 스테이크는 쫀득한 뇨끼와 곁들여 더 맛있다. 인스부르크 와인도 다양하게 구비되어 있다. **Don't miss** 주인장이 직접 생산한 착한 가격의 바이세스뢰슬 와인.

**Data** Map 265C Access Sightseer, 버스 1번, A번, M번, O번, J번, C번 무제움스트라세Museumstraße역 하차 후, 도보 3분 Add Kiebachgasse 8, Innsbruck Tel 512-583-057 Open 월~토 11:45~14:30, 18:00~22:00 (일 휴무) Cost 티롤러 그뢰스틀 15.5유로, 하우스판들 19.5유로, 뢰슬 와인(글라스) 4.6유로~ Web www.roessl.at

**막힘없는 전망**
## 리히트블릭 360° Lichtblick 360°

속 시원히 360° 전망을 보여주는 곳이다. 라트하우스 갈레리엔 건물 7층, 볼록 튀어나온 원형 바. 전면이 유리로 되어 있어, 도심부터 알프스 산맥까지 쭉 뻗은 절경을 어느 자리에서나 볼 수 있다. 이쯤 되니 구경만 하러 오는 관광객이 있을 정도. 밤이면 연인들의 자리 쟁탈전이 뜨겁다. 조명은 최소로, 달과 별이 배경이라 웬만하면 미남미녀로 보인다. 알프스 산맥 청정 공기를 안주 삼을 수 있는 발코니 자리도 좋다.

**Data** Map 265C Access 버스 1번,A번, M번, O번, J번, C번 무제움스트라세Museumstraße역 하차 후 도보 6분 Add Maria-Theresien_Straße 18, Innsbruck Tel 512-566-550 Open 10:00~01:00 (일 휴무) Cost 스파클링와인(글라스) 4.6유로~, 화이트와인(바틀) 31유로~, 디너 코스 메뉴 44유로~, 단품 10유로~, 모둔치즈 11.8유로 Web www.restaurant-lichtblick.at

**아름다운 밤이 더 아름다워지는 곳**
## 아들러스 호텔 레스토랑&바
Adlers Hotel Restaurant&Bar

트렌드 세터들의 잇 플레이스! 아들러스 호텔 12층에 테라스까지 갖춘 레스토랑&바다. 나무와 조명이 절묘하게 조화를 이루는 모던한 인테리어로 인기몰이 중. 호텔 셰프가 준비하는 음식이니 맛있는 건 기본. 늦은 밤 칵테일이나 와인 한잔하러 갈 것을 추천한다. 중앙역 근처에 있는데, 도시가 그리는 색다른 야경을 볼 수 있다.

**Data** Map 265D Access 버스 4번, D번, E번, S번 하우프반호프 Haupbahnhof역 하차 후 도보 3분 또는 버스 3번, C번, F번, J번, O번 실파르크Sillpark역 하차 후 도보 2분 Add Bruneckerstraße 1, Innsbruck Tel 512-563-100 Open 07:00~01:00 Cost 칵테일 8.5유로~, 와인(글라스) 5.2유로~ Web www.adlers-innsbruck.com

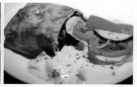

#### 슈트루델 완전 정복!
## 슈트루델카페 크뢸 Strudelcafe Kröll

소용돌이라는 뜻의 슈트루델은 다양한 재료를 넣어 얇은 빵 반죽에 돌돌 말아 만든다. 크뢸의 진열장은 30여 가지가 넘는 슈트루델로 가득 차 있다. 35년간 한결같이 슈트루델만 만든 집이니 믿어도 좋다. 시금치, 페타치즈, 살라미 등을 넣은 슈트루델은 식사용으로 샐러드와 함께 제공된다. 루바브, 자두, 딸기로 만든 것은 커피와 함께 먹기 좋다. 크뢸은 커피의 일리lily와 율리우스 마이늘 Julius Meinl 중 고를 수 있다. 왕궁Hofburg 앞 기념품 숍이 밀집한 골목에 있어 쇼핑 중간 출출할 때 들르기 좋다.

**Data** Map 265C **Access** 시티투어 버스 또는 버스 H번 호프부르크Hofburg역 하차 후 도보 4분
**Add** Hofgasse 6, Innsbruck **Tel** 512-574-347 **Open** 07:00~21:00(하절기 07:00~23:00)
**Cost** 애플슈트루델 4.3유로, 코티지치즈 슈트루델 4.3유로, 복숭아 슈트루델 4.3유로,
커리 슈트루델 5.3유로 **Web** www.strudel-cafe.at

**Writer's Pick!**
#### 쉿! 나만 알고 싶은 맛집
## 디 빌더린 Die Wilderin

맛집 꽤나 다닌다는 현지인들의 아지트. 눈에 잘 띄지 않는 작은 문을 열고 들어가면 싱싱한 음악과 맛있는 이야기로 꽉 찬 공간이 나온다. 무조건 지역에서 생산된 제철 식재료만 사용하고, 속임수 같은 진한 양념은 쓰지 않는다. 메뉴판은 있지만, 주인장 추천 메뉴를 먹으면 만족도 200%! 인스부르크에서만 마실 수 있는 끝내주는 맥주도 다양하게 있다.

**Data** Map 265C
**Access** 시티투어 버스 또는 버스
H번 호프부르크Hofburg역 하차 후 도보 4분
**Add** Seilergasse 5, Innsbruck
**Tel** 512-562-728 **Open** 화~일
17:00~02:00(월 휴무)
**Cost** 소고기 타르타르 14.5유로,
훈제연어 15유로, 사슴라구 23.5유로
**Web** www.diewilderin.at

#### 원조 자허토르테를 인스부르크에서도
## 카페 자허 Café Sacher

인스부르크에서 가장 맛있는 자허토르테를 먹을 수 있는 곳. 황후가 티타임을 즐겼을 것 같은 우아한 공간에 모던함을 덧입혔다. 우유로만 만든 고소한 크림과 함께 원조의 맛을 느껴보자. 이곳은 오전 8시 30분부터 조식을 판매하며 레스토랑, 와인 바도 겸하고 있어 하루 중 언제 들러도 좋다. **Don't miss** 다이어트 중인 당신을 위해 일반 조각 크기보다 작은, 한입 크기 자허토르테도 판다.

**Data** Map 265C **Access** 시티투어 버스 또는 버스 H번 호프부르크Hofburg역 하차 후 도보 1분
**Add** Rennweg 1, Innsbruck **Tel** 512-565-626
**Open** 일~수 08:30~22:00, 목~토 08:30~24:00
**Cost** 오리지날 자허 토르테 세트(자허토르테+휘핑크림+무알콜음료+생수) 15.5유로, 오리지날 자허 토르테 8.9유로, 자허 큐브 11.9유로, 아인슈페너 4.8유로
**Web** www.sacher.com/sacher-cafes/
sacher-cafe-innsbruck/

# BUY

### 빙하수 콘셉트의 향수
## 아쿠아 알프스 Aqua Alpes

황금 지붕에서 왕궁을 잇는 골목 안, 에메랄드빛 매장이 시선을 끈다. 아쿠아 알프스란 이름처럼 빙하수를 콘셉트로 한 로컬 향수 브랜드. 장인이 만든 수제향수를 지향한다. 평소 남들 다 아는 브랜드 향수가 성에 차지 않았다면, 아쿠아 알프스에서 향을 찾아봐도 좋겠다. 화이트&에메랄드 톤의 디자인도 산뜻. 집안을 알프스의 꽃향기로 채워줄 디퓨저도 판매한다.

**Data** **Map** 265C **Access** 황금 지붕Goldenes Dachl에서 호프부르크 방향 호프가세Hofgasse로 직진 도보 1분 **Add** Hofgasse 2, Innsbruck **Tel** 523-880-110 **Open** 월~토 10:00~18:00, 일 휴무 **Web** acquaalpes.com

---

**Writer's Pick!**

### 시청이야? 쇼핑몰이야?
## 라트하우스 갈레리엔 Rathaus Galerien

시청과 연결되는 모던한 쇼핑 아케이드. 로컬들이 즐겨 찾는 쇼핑 스폿! 마르코 폴로, 망고, 콤마, 라코스테 등 유러피언 패션 브랜드숍과 다양한 카페, 레스토랑이 있다. 살랑살랑 쇼핑을 하다 카페에서 시간을 보내기 그만이다. 특히, 7층에 위치한 리히트블릭 360°(278p)은 파노라마 전망을 즐길 수 있어 인기. 채광이 좋아 실내지만 밝다. 마리아 테리지아 거리 중간에 있어 찾아가기 쉽다.

**Data** **Map** 265C **Access** 트램 1번을 타고 마리아 테레지아 거리Maria Theresien Straße역 하차, 거리 중간에 위치 **Add** Maria-Theresien-Straße 18, Innsbruck **Tel** 512-574-861 **Open** 월~금 09:00~19:00, 토 10:00~18:00, 일 휴무 **Web** rathausgalerien.at

---

### 블링블링, 크리스털로 가득한
## 스와로브스키 스토어 Swarovski Kristallwelten Store Innsbruck |
스와로브스크 크리드탈벨텐 스토어 인스부르크

인스부르크 근교 바텐스에 본사를 둔 스와로브스키의 인스부르크 매장. 황금 지붕과 마리아 테레지아 거리 사이에 있어 지나다 들르기 딱 좋은 위치다. 인스부르크에 온 한국 사람은 다 여기 왔나 싶을 정도로 많다. 입구부터 벽을 화려하게 장식한 아티스트의 작품, 반짝이는 크리스털 계단, 블링블링한 바까지 구경만 해도 기분이 화사해진다. 국내 미 수입 브랜드도 함께 판매한다. 가격은 한국에 비해 약간 저렴한 편.

**Data** **Map** 265C **Access** 트램 1번을 타고 마리아 테레지아 거리Maria Theresien Straße역 하차 후 도보 1분, 또는 황금 지붕에서 도보 2분 **Add** Herzog-Friedrich-Straße 39, Innsbruck **Tel** 512-573-100 **Open** 09:00~19:00 **Web** kristallwelten.swarovski.com

# SLEEP

**역사와 모던함이 공존하는**
## 베스트 웨스턴 호텔 골드너 아들러 Best Western Hotel Goldener Adler

인스부르크에서 가장 유서 깊은 호텔, 골드너 아들러를 베스트 웨스턴에서 인수했다. 막시밀리안 1세 시대부터 유명세를 떨쳤다. 오스트리아가 낳은 천재 음악가 모차르트와 독일의 대 문호 괴테도 묵고 갔다. 그 흔적은 호텔 입구의 현판에 새긴 투숙객의 이름으로 남아 있다. 역사를 차치하더라도 접근성이 좋다. 구시가 중심에 있어 웬만한 관광지는 걸어서 갈 수 있다. 세월의 흔적이 느껴지는 외관과 달리 모던한 객실도 매력적이다. '괴테의 방'이었던 레스토랑도 유명하다. 괴테가 이탈리아를 여행할 때 자주 이용해, 괴테의 방이 남아 있으며 이곳에서 티롤 전통 요리를 맛볼 수 있다

**Data** Map 265C
**Access** 황금 지붕Goldenes Dachl에서 도보 1분
**Add** Herzog-Friedrich-Straße 6, Innsbruck
**Tel** 512-571-1110
**Web** goldeneradler.com

**위치도 인테리어도 굿**
## 호텔 인스부르크 Hotel Innsbruck

호텔 정문을 나서면 빙하수가 흐르는 인 강변, 조금만 걸어가면 구시가지, 노르트케트반과도 가깝다. 무엇보다 최근 리뉴얼해 스타일리시한 인테리어가 돋보인다. 객실 타입은 싱글룸, 더블룸, 트리플룸, 스위트로 3가지. 어느 객실에 묵든 머리만 닿으면 스르르 잠이 들 만큼 푹신한 침대가 일품이다. 더블룸은 크기에 따라 요금이 달라지니 미리 확인하고 예약할 것. 조식 레스토랑 인테리어에는 나무를 주로 사용해 알프스 산장처럼 아늑한 분위기가 물씬 난다. 아담한 실내 수영장과 파노라마 전망을 즐길 수 있는 스파 시설도 갖추고 있다.

**Data** Map 265C
**Access** 황금 지붕Goldenes Dachl에서 도보 2분
**Add** Innrain 3, Innsbruck
**Tel** 512-598-680
**Web** hotelinnsbruck.com

# 여행준비 컨설팅

여행을 떠날 생각에 설레지만, 어떻게 갈지, 잘 다닐 수 있을지 걱정이라고?
막상 다녀오면 별것 아닌데 괜히 걱정했다 싶지만, 누구나 떠나기 전엔 그렇다.
두려움과 설렘은 미묘한 차이일지도 모른다. 자, 날짜에 맞춰 준비하고 챙겨보자.
걱정은 기분 좋은 설렘으로 변신할 테니.

## D-60

## MISSION 1 두근두근, 여행을 꿈꾸다

'그래! 결심했어.' 이번엔 오스트리아다. 낯선 곳으로의 여행이라니.
얼마나 설레는가. 여행은 목적지를 선택한 순간 이미 시작된다.

### 1. 큰 그림 그리기

혼자인지 친구와 함께인지, 아이나 부모님을 동반하는지에 따라 여행은 많이 달라진다. 피곤한 여행을 싫어하는지, 아니면 발가락에 물집이 잡혀도 있는 건 다 보고 와야 직성이 풀리는가도 중요하다. 오스트리아에 대해 알고 있는 것들을 떠올리고, 누구와 어떤 여행을 할지 생각해보자.

### 2. 여행 시기 정하기

여행 시기와 기간을 정하자. 휴가나 연휴를 이용해 갈 것인가. 며칠 정도 다녀올 수 있는지 구체화해보자. 특별한 축제, 공연을 유념해두고 있는지, 계절 스포츠를 즐길 것인지도 검토하자.

### 3. 여행 테마 구상하기

중세풍의 멋스러운 도시 투어, 알프스 산맥을 배경으로 펼쳐진 자연 탐험, 먹방, 문화 관광 등 테마를 정하고 조금씩 준비해보자. 음악, 미술에 관심이 있다면 예술의 전당이나 작은 아트센터에서 진행하는 클래식 음악 강좌를 듣거나 모차르트, 브람스의 대표곡을 들어보는 것도 좋다. 미술전시 관람으로 화가들과 조금 친숙해진다면 당신의 오스트리아 여행이 더욱 즐거워질 것이다.

# D-40

## MISSION 2 진짜 가나 봐, 항공권 예약

여행경비에서 큰 부분을 차지하는 것 중 하나가 항공권이다. 직항편은 비싸지만 최단시간 소요되니 편하다. 경유편은 싼 대신 갈아타야 하고 오래 걸린다. 아예 경유지에 머무는 시간을 길게 해 관광하는 것도 괜찮다. 항공권 비교 사이트도 부지런히 살펴보자. 여러 항공사의 가격을 검색, 비교하여 최저 금액을 제시해준다. 항공사 웹사이트도 간과해서는 안 된다. 그곳에서만 살 수 있는 프로모션이나 특가상품이 있다. 미리 준비할수록 착한 가격을 만날 가능성이 높다.

**스카이스캐너** www.skyscanner.co.kr
**와이페이모어** www.whypaymore.co.kr
**인터파크투어** www.tour.interpark.com
**칩오에어** www.cheapoair.com
**웹투어** www.webtour.com
**카약** www.kayak.co.kr

### Tip 항공권 예약 시 주의사항

❶ 탑승자명 – 여권과 동일해야 한다. 다를 경우, 탑승이 거부될 수도 있다.
❷ 발권일 – 예약 후 정해진 시간 내에 결제하고 발권하자. 미루다가 취소되면 낭패다.
❸ 항공권 조건 – 수화물 규정, 날짜 변경 및 취소 조건을 미리 확인하자.

### 여행의 기본, 여권 만들기

해외여행 필수품은 여권이다. 이미 여권을 가지고 있다면 잔여 유효기간이 6개월 이상인지만 확인하자. 신규 및 재발급은 서울시의 모든 구청, 지방 도청이나 구청의 민원여권과에서 신청하면 된다. 필요서류는 신청서 1통, 여권용 사진 1매(6개월 내에 촬영한 것), 신분증. 단, 병역 미필 남성은 5년 복수여권 발급이 가능하나 출국 시에는 국외여행허가서가 필요하다. 발급 수수료는 53,000원(전자여권 10년, 58면 / 비전자여권 1년 이내 기준)이며, 발급 소요기간은 4일이다. 기타 정보는 www.passport.go.kr 참고.

# D-30

## MISSION 3 개성 있게, 숙소 예약

오스트리아는 관광산업이 잘 발달돼 있어, 어떤 숙소든 기본은 한다. 시설이 노후하거나 직원이 불친절해 여행을 망치는 일은 거의 없다. 일정에 맞는 위치와 예산만 고려하면 된다. 비엔나의 경우, 최고급 호텔은 500유로를 호가하고, 중급 호텔은 200~250유로로, 저가 호텔은 100~120 유로 정도다. 링도로 주변일수록 비싸고, 도나우 운하를 건너가면 가격이 훅 떨어진다. 잘츠부르크는 구시가지보다 신시가지가 저렴한 편. 에어비앤비를 고려해보는 것도 좋겠다. 2명이면 방하나, 가족 여행처럼 인원이 많다면 집 전체를 빌리면 된다. 에어비앤비를 처음 이용해 불안하다면 슈퍼호스트의 숙소를 선택하자. 쾌적한 환경과 신속 정확한 서비스로 검증된 집주인들이다.

**트립어드바이저** www.tripadvisor.co.kr
**부킹닷컴** www.booking.com
**호텔스컴바인** www.hotelscombined.co.kr
**아고다** www.agoda.com
**에어비앤비** www.airbnb.com

---

**이때쯤 예약해야 하는 것, 추가요!**

• 비엔나 국립 오페라 극장 공연
매일 다양한 공연으로 선택의 폭이 넓지만, 유명한 만큼 표는 빠른 속도로 팔려나간다. 어영부영하다 보면 원하는 공연이 매진되거나, 가장 비싼 티켓 또는 시야를 가리는 자리밖에 남지 않을 수도 있다.
**Web** www.wiener-staatsoper.at

• 비엔나 궁정 예배당 미사
매주 일요일 미사에 빈 소년 합창단이 성가대로 참가한다. 세계적으로 유명한 천상의 목소리를 직접 들을 수 있는 기회.
**Web** www.hofmusikkapelle.gv.at

# D-20

## MISSION 4 쓱~ 여행정보 수집

정보를 얻고 싶다면 오스트리아 관광청 홈페이지(www.austria.info)를 참고하자. 지역별, 여행 콘셉트별 관광지, 레스토랑, 호텔 정보가 잘 정리돼 있다. 각 지역 관광청 사이트로도 연결된다. 한국어 사이트도 있다. 여행자가 직접 쓴 리뷰를 보고 싶다면 트립어드바이저(www.tripadvisor.co.kr)가 좋다. 온라인 서핑으로 감을 잡았다면, 이제 가이드북을 펴자. 〈오스트리아 홀리데이〉는 국내 최초의 오스트리아 단독 가이드북이다. 장기간 오스트리아를 누비고 다닌 저자들이 추천하는 일정, 관광지 그리고 소곤소곤 들려주는 역사, 예술 이야기로 구체적인 계획을 짜자.

> **Tip** **여행자 보험, 꼭 들어야 하나요?**
>
> 하루 이틀 다녀오는 것도 아니고, 비행기를 10시간 이상 타고 가는 해외여행이다. 보험을 가입하도록 하자. 보험료는 성별, 연령, 기간, 보장 범위 등에 따라 상이하나, 보험사 홈페이지를 통해 가입하는 게 가장 저렴하다. 바쁜 일정으로 미리 챙기지 못했다면, 출국 당일 국내 공항에서도 가입할 수 있다. 고가의 카메라나 휴대폰을 가지고 가는 여행자라면 분실물 보상도 가능한지 확인하자. 보상 시 필요한 서류도 미리 확인할 것. 병원 영수증, 경찰서 증명서 등이 일반적이다.

# D-3

## MISSION 5 똑소리 나게, 여행경비 준비

### 1. 환전

주거래 은행에서 하면 수수료 할인을 받을 수 있다. 주거래 은행의 인터넷 또는 전화 환전은 수수료 할인율이 가장 좋다. 인터넷이나 전화로 신청하고 공항이나 지정 은행 창구에서 찾으면 된다. 직접 은행에서 환전하고 싶다면 서울역에 가자. 서울역에 위치한 우리은행과 기업은행은 환전 수수료가 가장 저렴하다. 그러나 대기 시간이 매우 길어 큰 금액이 아니라면 추천하고 싶지 않다.

### 2. 신용카드

대부분의 관광지와 식당에서 신용카드(Master, Visa)를 쓸 수 있다. 본인이 소지한 신용카드가 해외사용이 가능한 것인지 확인하자. 신용카드 혜택 중에는 환율 우대를 받을 수 있는 것도 있다. 새로 만들어야 한다면 참고하자. 오스트리아에서 현금이 필요한 경우, ATM에서 현금서비스를 받을 수도 있다.

### 3. 국제 현금카드

내 통장에 있는 돈을 오스트리아의 ATM에서 유로로 인출할 수 있다. 많은 현금을 들고 다닐 필요 없이, 그때그때 필요한 만큼 찾아 쓸 수 있어 좋다. Plus나 Cirrus 등의 마크가 찍힌 국제 현금카드로 준비하자. 인출 ATM에 따라 약간의 수수료가 붙는다. 낮은 수수료율로 각광받던 씨티은행은 최근 국제현금카드 발급 수수료를 인상했다. 그러나 방문 없이 인터넷으로 신청해 받는 경우 수수료가 무료이니 참고하자.

## MISSION 6 영차영차, 짐 싸기

### 체크리스트

**여권** 없으면 출국부터 불가능. 분실을 대비해 스마트 폰으로 사진을 찍어두자. 여권용 사진을 2~3매 더 챙기는 것도 방법.

**항공권** 전자항공권이라도 예약확인서를 출력해 가져가자.

**바우처(호텔, 기차, 버스)** 출력하여 클리어 파일에 넣어 놓으면 허둥지둥하는 일이 없다.

**각종 증명서** 국제 학생증을 제시하면 할인받을 수 있는 곳이 있다. 만일의 경우에 대비해 여행자보험도 챙기자.

**계절에 맞는 의류** 현지 날씨를 미리 확인해 적당한 옷을 준비하자.

**카디건, 스카프** 실내외의 온도차 또는 일교차에서 내 몸을 보호할 수 있는 필수 아이템!

**편한 신발** 발이 힘들면 이도저도 싫어진다. 여행할 때는 편한 신발이 최고.

**3단 우산 또는 일회용 우비** 부피가 작은 우산이 좋다. 혹시 갖고 있지 않다면 다이소에서 판매하는 1~2천원짜리 우비도 훌륭하다.

**세면도구** 호텔에서는 기본 세면도구를 제공하니 치약, 칫솔만 가져가면 된다. 호스텔, 게스트하우스는 본인이 모두 가져가야 하는 경우도 있다. 예약한 숙소에 따라 챙겨가자.

**충전기** 휴대폰, 카메라, 노트북 등의 충전기. 플러그는 한국과 같이 별도로 챙기지 않아도 된다.

**비상약** 감기약, 소화제, 반창고, 생리용품 등을 챙기자.

**가이드북&필기구** 여행의 길라잡이 '오스트리아 홀리데이'와 메모를 위한 필기구를 가방에 쏙!

**물티슈 또는 손세정제** 뜻밖에 유용한 아이템. 올리브영, 왓슨스 같은 드러그 스토어에서 휴대용 미니 사이즈를 판다.

**보조가방** 가벼운 작은 가방을 준비하면 유용하다.

**카메라** 메모리 카드도 넉넉히 준비하자.

**반짇고리** 단추가 떨어지거나 가방이 망가졌을 때 참 유용하다.

**선글라스&자외선 차단제** 유럽의 태양으로부터 내 피부를 지키는 방법!

**화장품** 작은 용기에 덜어가거나 샘플로 짐을 줄이자.

**소형 자물쇠** 소매치기 방지용. 가방 지퍼 부분을 잠글 수 있는 날씬한 자물쇠로 준비하자.

> **Tip** 오스트리아는 실,내외 마스크 착용이 더 이상 의무가 아니다. 하지만 박물관을 비롯한 유명 관광지에서는 마스크 착용을 권하고 있다. 또한 대부분의 호텔 컨시어지에서는 가장 가까운 병원과 약국의 위치를 설명해주니, 체크인 시 미리 확인하는 것이 좋겠다.

# D-day

## MISSION 7 룰루랄라, 출발&도착

### 1. 출발

❶ 최소 2시간 전에는 공항에 도착하자. 입구 쪽 모니터를 통해 자신이 이용할 항공사의 카운터 위치를 확인할 수 있다.

❷ 항공사 카운터에서 여권과 전자항공권을 제시하고 보딩 패스를 받는다. 온라인 예약 시 좌석을 선택하지 않았다면, 카운터에서 자신이 원하는 자리를 선택할 수 있다.

❸ 수하물을 부치고, 5분간 카운터 근처에 머물자. 짐 안에 부적합 수하물이 있는지 확인이 끝난 후 이동해야 한다.

❹ 출국 검사장으로 들어가 짐 엑스레이와 몸 검사를 통과한다. 노트북을 소지했을 경우, 가방에서 꺼내 별도로 바구니에 넣자.

❺ 여권과 보딩 패스를 제시하고 이민국 심사를 받는다.

❻ 탑승구에는 최소 30분 전까지 도착해야 한다. 외국 항공사의 경우 모노레일을 타고 별도의 청사로 이동해야 하니, 시간적 여유가 필요하다.

### 2. 도착

❶ 비행기에 놓고 내리는 물건은 없는지 재차 확인하자.

❷ 별도 서류 없이 여권만 제시하고 입국 심사를 받는다. 대부분 질문을 하지 않지만, 방문 목적과 기간, 숙소 등을 물어볼 때도 있다. 숙소 바우처를 준비해도 좋다.

❸ 먼저 해당 항공편의 짐이 도착하는 레일 번호 확인! 이동하여 짐을 찾는다.

❹ 특별히 세관 신고할 물건이 없으면 'Nothing to Declare' 쪽으로 나가면 된다.

# | 친절한 홀리데이 씨의 소소한 팁 |

## 1. 카페에서 커피와 함께 나오는 물, 마실까 말까?

오스트리아의 카페에서 커피를 주문하면, 물 한 잔(수돗물)이 따라 나온다. 비엔나, 잘츠부르크, 인스부르크처럼 알프스 약수가 수돗물로 공급되는 도시에선 마셔도 무방하다.

## 2. 레스토랑에서 물을 주문할 땐?

유럽은 탄산수를 즐겨 마신다. 탄산수를 원할 땐 영어로 스파클링 워터sparkling water나 독어로 콜렌조이레스 바써kohlensaueres Wasser를 달라고 하자. 반대로 탄산이 없는 물을 원할 땐 영어로 스틸 워터Still water 또는 독어로 프리쉬 바써Frisch Wasser를 요청하면 된다.

## 3. 화장실 입장료를 내야 한다?

카페, 레스토랑 내의 화장실에도 요금을 받는 직원이 앞을 지키고 있는 경우가 많다. 화장실 이용료는 1유로 내외. 대신, 요금을 내고 입장하는 궁전, 박물관, 미술관, 공연장 등의 화장실은 무료다.

## 4. 0층이 뭐예요?

유럽의 대부분 나라들은 0층이 지상층의 시작이다. 즉, 오스트리아의 0층은 우리나라의 1층이다. 우리나라와 다르다는 점을 염두에 두고 찾아가자.

## 5. 일요일은 가게 문을 닫는다?

오스트리아 소매 유통점의 영업시간은 평일 오전 6시~오후 9시, 토요일의 경우 오전 6시부터 오후 6시 범위 내에서 자율 운영하도록 돼 있다. 일요일의 경우 슈퍼마켓, 약국 할 것 없이 문을 닫는다. 생수, 음료수 등 평일에 미리 사둘 것.

## 6. 호텔에서 팁은 얼마나 줘야 할까?

객실 청소를 해주는 경우 1유로 정도를 침대 위나 옆 테이블 같이 눈에 잘 띄는 곳에 놓아두자. 포터가 짐을 옮겨준 경우 여행용 가방 1개당 약 1유로 정도의 팁을 주면 된다.

## 7. 레스토랑 팁 문화

오스트리아 레스토랑에서의 팁은 단순한 관습이 아니라, 실질적으로 웨이터의 서비스에 대한 대가를 지불한다는 의미를 지니고 있다. 서버의 월급을 책정할 때 예상되는 팁 액수를 계산에서 제하기 때문. 또 하나, 팁을 테이블 위에 두고 가는 것이 아니라 웨이터/웨이트리스에서 직접 줘야 한다. 금액은 음식 가격의 10% 정도면 적당. 현금으로 계산할 경우 팁을 포함한 금액을 주면 되고, 카드로 계산할 경우 계산서 아래 팁을 얼마 줄지 쓰면 된다.

## 8. 성당에서는 예의를 지키자

오스트리아 인구의 75%가 가톨릭이다. 그만큼 크고 작은 성당이 많다. 성당을 방문할 때는 복장부터 마음가짐까지 예의를 갖추자. 특히, 일요일 오전 미사가 진행 중일 때 사진을 찍는 것은 실례. 발걸음도 조심조심.

# | 읽어보자 독일어! |

독일어, 읽기 어렵지 않다. 영어처럼 혀를 굴릴 필요 없이 있는 그대로 정직하게 발음하면 된다. 일부 알파벳만 제외하면 영어와 비슷해서 더욱 쉽다.

| 알파벳 | 발음 | | 알파벳 | 발음 | |
|---|---|---|---|---|---|
| A a | [a:] | 아 | P p | [ku:] | 페 |
| B b | [be:] | 베 | Q q | | 쿠 |
| C c | [tse:] | 체 | R r | [er] | 에르 |
| D d | [de:] | 데 | S s | [es] | 에스 |
| E e | [e:] | 에 | T t | [te:] | 테 |
| F f | [ha:] | 에프 | U u | [u:] | 우 |
| G g | [i:] | 게 | V v | [fau] | 파우 |
| H h | [jot:] | 하 | W w | [ve:] | 베 |
| I i | [ka:] | 이 | X x | [iks] | 익스 |
| J j | [tse:] | 요트 | Y y | [Ypsilon] | 윕실론 |
| K k | [ka:] | 카 | Z z | [tset] | 체트 |
| L l | [el] | 엘 | A ä | [a:umlaut] | 아-움라우트 |
| M m | [em] | 엠 | O ö | [o:umlaut] | 오-움라우트 |
| N n | [en] | 엔 | U ü | [u:umlaut] | 우-움라우트 |
| O o | [o:] | 오 | ß ss | [es tset] | 에스체트 |

# | 말해보자 독일어! |

여행지에서 알아두면 유용한 독일어 표현만 쏙쏙 모았다. 간단한 인사 정도는 독일어로 말해보자.

환영합니다 Willkommen [빌콤멘]
좋은 아침입니다 Guten Morgen! [구텐 모르겐]
안녕하세요 Grüß Gott! / Guten Tag!
[그뤼쓰 고트/ 구텐 탁]
좋은 저녁입니다 Guten Abend! [구텐 아벤트]
좋아요! Sher gut! [제어 구트]
저도 좋아요 Ich auch [이히 아우흐]
맥주 하나 주세요 Ein Bier bitte [아인 비어 비테]
건배! Prost [프로스트]
고맙습니다 Danke [당케]
네 Ja [야]
맞아요/정확해요 Genau [게나우]
아니요 Nein/Ne [나인/네]
좋은 여행 되세요! Gute Reise [구테 라이제!]
안녕히 계세요 Auf Widersehen [아우프 비더젠]
내일 만나요 Bis Morgen [비스 모르겐]

실례합니다 Entschuldigung / Entschuldigen Sie
[엔트슐디궁 / 엔트슐디겐 지]
이름이 뭐예요? Wie heissen Sie? [비 하이쎈 지?]
제 이름은 000입니다 Ich heisse 000
[이히 하이세 000]
어디서 왔습니까? Woher Kommen Sie?
[보헤어 콤멘 지?]
한국에서 왔어요 Ich Komme aus Korea
[이히 콤메 아우스 코레아]
영어를 할 수 있습니까? Sprechen Sie Enlish?
[슈프레헨 지 앵리쉬?]
이게 뭐예요? Was ist das? [바스 이스트 다스?]
이거 얼마예요? Wie veil kostet das?
[비 필 코스테트 다스?]
이 자리가 비어 있습니까? Ist hier noch frei?
[이스트 히어 노흐 프라이?]

# | INDEX |

# | INDEX |

# 꿈의 여행지로 안내하는 친절한 길잡이

최고의 휴가는 **홀리데이 가이드북 시리즈**와 함께~